中国科学技术法学会网络空间法专业委员会
重庆邮电大学网络空间安全与信息法学院
上海交通大学网络空间治理研究中心
中国科学技术法学会重庆研究基地
组织编写

网络空间治理前沿

（第一卷）

寿　步　黄东东　陈　龙　主　编

郭　亮　徐　伟　副主编

上海交通大学出版社
SHANGHAI JIAO TONG UNIVERSITY PRESS

内容提要

　　《网络空间治理研究》是由中国科学技术法学会网络空间法专业委员会、重庆邮电大学网络空间安全与信息法学院、上海交通大学网络空间治理研究中心、中国科学技术法学会重庆研究基地组织编写的系列论文集。本书是第一卷,内容涉及人工智能与网络安全、网络犯罪与信息保护、网络法务与平台治理等领域,还有专门为硕士研究生开设的"青年论坛"专栏。这些论文反映了我国网络空间治理领域的理论工作者和实务工作者的最新研究和实务成果,对广大同行具有参考借鉴作用。

　　本书可供关注网络空间治理领域新问题的各界人士和相关专业学生阅读。

图书在版编目(CIP)数据

　　网络空间治理前沿.第一卷/寿步,黄东东,陈龙主编.
—上海:上海交通大学出版社,2020
　　ISBN 978 - 7 - 313 - 22768 - 3

　　Ⅰ.①网… Ⅱ.①寿…②黄…③陈… Ⅲ.①互联网络-治理-文集 Ⅳ.①TP393.4 - 53

　　中国版本图书馆 CIP 数据核字(2020)第 041739 号

网络空间治理前沿(第一卷)
WANGLUO KONGJIAN ZHILI QIANYAN(DI-YI JUAN)

主　　编:寿　步　黄东东　陈　龙
出版发行:上海交通大学出版社
邮政编码:200030
印　　刷:上海天地海设计印刷有限公司
开　　本:710mm×1000mm　1/16
字　　数:326 千字
版　　次:2020 年 4 月第 1 版
书　　号:ISBN 978 - 7 - 313 - 22768 - 3
定　　价:78.00 元

地　　址:上海市番禺路 951 号
电　　话:021 - 64071208
经　　销:全国新华书店
印　　张:18.25

印　　次:2020 年 4 月第 1 次印刷

前　言

一

　　根据国际标准 ISO/IEC 27032：2012，网络空间（the cyberspace）是指不以任何物理形式存在的，通过技术设施和网络接入其中的，由因特网上的人员、软件、服务的相互作用所产生的复杂环境。网络空间可以描述为一个虚拟环境。

　　网络空间正在全面改变人们的生产生活方式，深刻影响人类社会历史发展进程。一方面，网络空间已经成为信息传播的新渠道，生产生活的新空间，经济发展的新引擎、文化繁荣的新载体、社会治理的新平台、交流合作的新纽带、国家主权的新疆域；另一方面，网络空间治理的形势日益严峻，网络渗透危害政治安全，网络攻击威胁经济安全，网络有害信息侵蚀文化安全，网络恐怖和违法犯罪破坏社会安全，网络空间的国际竞争方兴未艾。

　　网络空间的治理问题是涉及国家安全和国家战略的重大问题。网络空间的治理研究涉及技术、战略、法律、管理等多学科、多领域的交叉融合。在网络空间治理中，技术是基础，没有技术的支撑，治理就是一句空话；战略是指引，没有正确的战略，治理的方向就可能走偏；法律是保障，没有法律的规制，治理就无章可循；管理是抓手，没有措施的落实，治理就无法实现。

　　因此，在多学科、多领域的深度交叉融合基础上进行网络空间治理研究，是我们的必由之路。"网络空间治理中国论坛"就是基于这一理念诞生的全国性的网络空间治理研究的交流平台。

二

　　网络空间治理面临的问题，与传统的法律问题相比，具有明显的特殊性，已经引起国内外各界的广泛关注，迫切需要加强研究。

　　以网络空间治理的法律政策问题为主要研究对象的网络空间法，是科学技术法中有待进一步开拓发展的一个重要领域。为适应网络空间法的研究需要，提高网络空间法的研究水平，提升网络空间法学科的建设水平，加大网络空间法的人才培养力度，促进网络空间法的普及传播，中国科学技术法学会审时度势，于2018年6月决定设立网络空间法专业委员会，以其为平台，团结国内从事网络空间法的教学、科研、法律服务的单位和个人，对网络空间治理的新情况新问题给予理论和实践方面的积极回应。中国科学技术法学会副会长寿步兼任网络空间法专业委员会主任。

三

2016年11月，重庆邮电大学抓住网络空间安全国家战略的重大机遇，将原法学院与计算机学院信息安全系整合，成立网络空间安全与信息法学院。吴渝教授任该学院院长。

该学院坚持以学科交叉为发展路径和办学特色，是校内唯一拥有自然科学、社会科学类本科专业、硕士点、重点学科的学院，更是国内唯一集网络空间安全（工学）一级学科和法学一级学科于一体的二级学院。该学院现有法学、知识产权、信息安全、网络空间安全4个本科专业，有法学、网络空间安全两个一级学科硕士学位授权点，且两个学科均为重庆市"十三五"重点学科，法学专业和信息安全专业入选重庆市2019年本科一流专业建设名单。在学院的领导下，陈龙教授具体组织了新兴的网络空间安全学科建设工作，负责网络空间取证与治理学科方向。学院在学科交叉特色和优势的进一步发展与凸显方面有着十分有利的条件。

该学院师资实力雄厚。拥有教授13人，副教授14人，博士生导师2人，硕士生导师28人，国家和省部级人才8人次，64%的教师拥有博士学位；拥有重庆市级教学团队、科研团队2支，重庆市科研机构5个。近年来获国家级、省部级科技进步奖及社科成果奖30余项。

该学院按照重庆市政府把学校建设成为大数据智能化试验场所、人才高地、科技高地的要求，依托两个国家级学会/研究会的研究基地"中国科学技术法学会重庆研究基地"和"中国法学会网络与信息法学研究会重庆研究基地"，依托两个校级科研基地"数据信息与人工智能法律研究中心"和"网络法治研究中心"，围绕物联网、云计算、大数据、人工智能等信息技术探讨新时期的互联网、大数据与人工智能产业发展前景和相关的法律问题与信息安全问题。

四

上海交通大学信息内容分析技术国家工程实验室于2019年1月决定设立网络空间治理研究中心。

2009年3月国家发展和改革委员会正式批准组建信息内容分析技术国家工程实验室。上海交通大学为该实验室的主体建设单位。上海交通大学网络安全技术研究院院长李建华教授任该实验室主任。该实验室主要围绕国家信息化建设对网络信息安全管理的需求,重点开展网络发布内容智能获取、多媒体内容主题提取与分类、基于内容的网络访问控制等关键技术研究,建设了信息获取、信息分析、访问控制等技术研发平台,内容态势认知和安全调控、个性化网络信息内容安全管理等系统开发平台,以及网络信息内容安全仿真与测试平台,为国家、区域网络内容安全管理战略决策规划、重大工程建设保驾护航。

上海交通大学网络空间治理研究中心在网络空间治理领域的技术专家和法律专家长期密切合作的基础上建立,由信息内容分析技术国家工程实验室副主任潘理研究员和上海交通大学法学院寿步教授共同出任该中心主任。该中心致力于网络空间治理相关的理论与技术研究,提供与网络空间治理相关的法律、技术、战略、管理等方面的前瞻性成果,促进高水平网络空间安全一级学科建设,加大网络空间治理的人才培养力度。

该中心研究人员近几年先后出版《社交网络群体行为分析》《网络安全法实务指南》《网络空间安全法律问题研究》《网络安全法实用教程》等著作,为网络空间治理的理论研究和实务运作的大厦添砖加瓦。

该中心积极组织由官、产、学、研、用各方参加的学术研讨会。2019年1月成立后,该中心先后主办4月的"上海数据安全与隐私保护高峰论坛"、9月的浙江乌镇"网络安全合规主题峰会"、12月的"网络空间治理上海论坛"。

五

为发挥重庆邮电大学网络空间安全与信息法学院的法学和网络空间安全两个一级学科的交叉优势,加强科技法学、网络空间法学、信息法学的研究,促进建成国内独树一帜、国际有一定影响力的学术高地,2019年11月,中国科学技术法学会批复同意在重庆邮电大学设立"中国科学技术法学会重庆研究基地"。

　　该基地的办公场所设在重庆邮电大学网络空间安全与信息法学院。基地主任是寿步教授，执行主任是黄东东教授，副主任是陈龙教授、王志刚教授、刁胜先教授、夏燕教授、朱涛教授，秘书长是郭亮博士、徐伟博士。该基地的日常运转由主任寿步教授和执行主任黄东东教授负责。

六

　　2019年5月起，在中国科学技术法学会和重庆邮电大学指导下，中国科学技术法学会网络空间法专业委员会、重庆邮电大学网络空间安全与信息法学院、上海交通大学网络空间治理研究中心共同筹办"网络空间治理中国论坛暨中国科学技术法学会网络空间法专业委员会2019年会"。

　　2019年10月12日，会议在重庆邮电大学召开。会议的召开，得到了中国科学技术法学会名誉会长段瑞春教授、会长房建成院士、常务副会长兼秘书长张平教授、副会长谭启平教授、副会长马治国教授、执行秘书长刘瑛教授的大力支持。段瑞春名誉会长亲临会议，在开幕式上致辞并作大会报告。

　　会议的召开，得到了重庆邮电大学党委书记、校长李林教授和副校长符明秋教授的大力支持。李林书记、校长在会前会见了段瑞春名誉会长；符明秋副校长在开幕式上致辞。

　　会议的召开，得到了重庆邮电大学网络空间安全与信息法学院的领导和广大师生的大力支持和积极参与。在吴渝院长的领导下，副院长黄东东教授组织了整个会议的会务工作。

　　会议的召开，得到了上海交通大学信息内容分析技术国家工程实验室和网络空间治理研究中心的全力支持。李建华教授和潘理研究员专程到会并作大会报告。

　　这次会议有来自全国各地的约百位参会者热情参与，反映了社会各界对网络空间治理的高度关注。经过全体参会人员的共同努力，会议取得了圆满成功。

　　这次会议的学术支持单位有：《山东社会科学》编辑部、《重庆邮电大学学报（社会科学版）》编辑部、《科技与法律》编辑部、《学习论坛》编辑部。

　　这次会议的协办单位包括：重庆扬华律师事务所、重庆邮电大学数据信息与人工智能法律研究中心、重庆邮电大学网络法治研究中心、智能司法研究重庆市2011协同创新中心、西南政法大学中国信息法制研究所、中华全国律师协会网络与高新技术专业委员会、北京邮电大学互联网治理与法律研究中心。

这次会议的征文通知于 2019 年 5 月底发出。其后三个月累计收到应征论文 140 多篇。论文作者既有高校和研究机构的研究者，也有律师和来自公安、检察、法院系统的实务工作者；在高校中，既有教授、副教授、讲师，也有博士生、硕士生。

本书即来源于这次会议的应征论文和大会报告。为了鼓励青年学子，本书特设"青年论坛"，收录硕士生的学术论文。

由于论文作者和论文集汇编者的水平限制，本书难免存在不足之处，欢迎读者批评指正。

寿　步　黄东东　陈　龙

2019 年 12 月

目　录

专题四　青年论坛

专题一
人工智能与网络安全

网络安全法的演进路径

寿　步[*]

（上海交通大学法学院，上海 200030）

摘　要：应当将我国网络安全法升级为网络空间安全法，参考 ISO/IEC 27032：2012 构建网络空间安全法的逻辑体系。可引入"网络空间安全态"（cybersafety）概念，为规制网络安全法中现已涉及的个人信息保护、违法信息监管、数据跨境传输、未成年人网络保护、知识产权保护等内容提供依据。在将个人信息保护法、数据安全法（包括违法信息监管、跨境数据传输等）单列、未成年人网络保护条例单列、涉及网络空间的知识产权保护事项在知识产权相关法律中加以规定之后，未来网络空间安全法既可以对现行网络安全法定义的"网络安全"范围内的事项进行具体规制，也可以对个人信息保护、违法信息监管、数据跨境传输、未成年人网络保护、知识产权保护等涉及"网络空间安全态"的情况作出原则性规定。未来可由网络空间安全法与涉及个人信息保护、违法信息监管、数据跨境传输、未成年人网络保护、知识产权保护等的单行法律法规一起，构成我国网络空间安全法律体系。cyber 宜音译为"赛博"。

关键词：网络；网络安全；网络空间；网络空间安全；网络空间安全态；赛博

一、问题的提出

《中华人民共和国网络安全法》（下称"该法"或"网络安全法"）2017 年 6 月 1 日起施行。该法第二条规定了它的调整范围："在中华人民共和国境内建设、运营、维护和使用网络，以及网络安全的监督管理，适用本法。"该法第七十六条定义的"网络"，"是指由计算机或者其他信息终端及相关设备组成的按照一定的规则和程序对信息进行收集、存储、传输、交换、处理的系统"。

在 2018 年 9 月 7 日公布的《十三届全国人大常委会立法规划》中，个人信

---

* 作者简介：寿步，上海交通大学知识产权研究中心主任、网络空间治理研究中心主任，法学院教授、博士生导师，研究方向：网络法学、知识产权法学。

息保护法和数据安全法的立法计划已被列入"第一类项目：条件比较成熟、任期内拟提请审议的法律草案"之中。

在网络安全法已对个人信息保护和数据安全（包括但不限于违法信息监管、数据跨境传输）进行规制的情况下，未来的个人信息保护法、数据安全法如何与网络安全法分工和协调？

（一）法律的核心概念

该法的核心概念是"网络安全"。下面首先回顾近几年我国官方的相关论述。

1. 总体国家安全观中"信息安全"的提法

2014年4月15日习近平总书记在中央国家安全委员会第一次会议上提出总体国家安全观。他强调，要准确把握国家安全形势变化新特点新趋势，坚持总体国家安全观，走出一条中国特色国家安全道路。他指出：当前我国国家安全内涵和外延比历史上任何时候都要丰富，时空领域比历史上任何时候都要宽广，内外因素比历史上任何时候都要复杂，必须坚持总体国家安全观。他要求：构建集政治安全、国土安全、军事安全、经济安全、文化安全、社会安全、科技安全、信息安全、生态安全、资源安全、核安全等于一体的国家安全体系。

这里所说的国家安全体系所涵盖的十一种安全中包括"信息安全"。

2. 国家安全法中"网络与信息安全"的提法

2015年7月1日通过并施行的《中华人民共和国国家安全法》是在总体国家安全观指导下进行的立法。其中第二十五条规定："国家建设网络与信息安全保障体系，提升网络与信息安全保护能力，加强网络和信息技术的创新研究和开发应用，实现网络和信息核心技术、关键基础设施和重要领域信息系统及数据的安全可控；加强网络管理，防范、制止和依法惩治网络攻击、网络入侵、网络窃密、散布违法有害信息等网络违法犯罪行为，维护国家网络空间主权、安全和发展利益。"

其中与总体国家安全观中"信息安全"对应的条款中采用了"网络与信息安全"的提法。

3. 网络安全法中"网络安全"的提法

2016年11月7日通过的《中华人民共和国网络安全法》，从名称到正文，"网络安全"出现108次；"网络空间安全"出现1次（出现在第五条最后的"维护网络空间安全和秩序"这句话中）。虽然就国家安全法与网络安全法的关系而言，前者是"纲"，后者是"目"，纲举则目张，但是，在网络安全法中并没有沿用国家安全法中"网络与信息安全"的提法，而是自始至终采用了"网络安全"的提法。

4. 国家网络空间安全战略中"网络空间安全"的提法

网络安全法颁布后,在经中央网络安全和信息化领导小组批准、国家互联网信息办公室于 2016 年 12 月 27 日发布的《国家网络空间安全战略》中,却并没有沿用该法关于"网络安全"的提法,而是在标题中明确采用了"网络空间安全"的提法,并且在正文一开始就采用了"网络空间安全(以下称网络安全)"的提法,其后"网络安全"总计出现 42 次。注意,这里 42 次出现的"网络安全"是"网络空间安全"的简称,并不必然等于网络安全法中的"网络安全"。换言之,《国家网络空间安全战略》是用"网络空间安全(以下称网络安全)"作为过渡,舍去了"网络安全"的提法而改用"网络空间安全"的提法。

5. 网络空间国际合作战略中"网络安全"的官方英译是 cyber security

在经中央网络安全和信息化领导小组批准、由外交部和国家互联网信息办公室于 2017 年 3 月 1 日共同发布的《网络空间国际合作战略》中文版中,"网络安全"出现 14 次;"网络空间安全"出现 1 次。在《网络空间国际合作战略》的官方英译本(这是网络安全法律相关官方文件中少见的官方英译本)中,network security 完全没有出现;cyber security 出现 13 次;cyberspace security 出现 1 次。

显然,在《网络空间国际合作战略》的发布机关外交部和国家互联网信息办公室看来,该文件中文版中的"网络安全"并不对应于 network security,而是对应于 cyber security/ cyberspace security。

官方表述的上述变迁过程可用图 1 表示。在此过程中,我们看到的趋势是:中文表述转为"网络空间安全";英文表述转为"cyber security"。

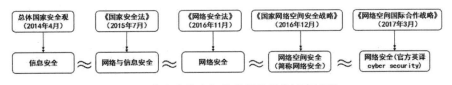

图 1　官方文件中相关术语使用的演变过程

英文中,network security 与 cyberspace security / cyber security / cybersecurity 的含义并不相同;同理,中文中的"网络安全"与"网络空间安全"这两个术语的含义也不相同。它们之间的差异并不是将"网络空间安全"简称为"网络安全"就可以解决的。

(二)法律的自洽

法律应当自洽。该法的自洽要求有待满足。该法的名称是"网络安全法",其中第七十六条将"网络安全"定义为:"是指通过采取必要措施,防范对网络的攻击、侵入、干扰、破坏和非法使用以及意外事故,使网络处于稳定可靠运行的状态，以及保障网络数据的完整性、保密性、可用性的能力。"但该法的内容却包含了如个人信息保护、违法信息监管、数据跨境传输、未成年人网络保护、知识产权保护等内容。这些内容显然并不属于该法定义的"网络安全"的范围之内。

如何解决该法的自洽问题？

如果以国际标准 ISO/IEC 27032:2012 为依据，则可以使该法的核心概念建立在国际标准基础上，可以解决该法的自洽问题，可以在该法中给规制个人信息保护、违法信息监管、数据跨境传输、未成年人网络保护、知识产权保护等找到国际标准的依据，可以构建该法的完备的逻辑体系。

二、ISO/IEC 27032:2012 中定义的四个基础概念

在国内外相关立法和学术文献中，信息安全（information security）、网络安全（network security）、因特网安全（Internet security）、网络与信息安全（network and information security）、网络空间安全（cybersecurity）等概念都常见到。对这些术语如何进行取舍，我们可以借鉴 ISO/IEC 27032:2012。

我们知道，信息安全管理体系（Information Security Management System, ISMS）是国际标准化组织（ISO）发展的一个信息安全管理标准族，用以保障各机构的信息系统和业务的安全和正常运作。从 2000 年 ISO/IEC 17799:2000《信息技术—信息安全管理实施细则》正式发布以来，信息安全管理体系被世界各国逐渐认可和接受，由此发展成为 ISO/IEC 27000 系列标准族。该标准族中包括国际标准 ISO/IEC 27032:2012　信息技术—安全技术—网络空间安全指南（ISO/IEC 27032:2012 Information Technology—Security Techniques-Guidelines for Cybersecurity）。

ISO/IEC 27032:2012 阐述了"网络空间"（the cyberspace）所面临的独特的安全问题。目前网络空间存在着信息安全、应用程序安全、网络安全和因特网安全等多种安全领域所不能涵盖的安全问题，原因在于这些安全领域之间存在差距。网络空间安全将解决在网络空间中由于不同的安全领域差距所导致的安全问题。同时，网络空间安全为网络空间中不同的安全利益相关者提供合作框架基础。

在 ISO/IEC 27032:2012 中已经给出了相关术语的准确定义。首先看其中关于四个基础概念的定义。

（一）网络空间（the cyberspace）[①]

网络空间：不以任何物理形式存在的，通过技术设施和网络接入其中的，

---

① 此处及后续术语的定义均来自 ISO/IEC 27032:2012，并由作者译出。

由因特网上(on the Internet)的人员、软件、服务的相互作用所产生的复杂环境。

网络空间可以描述为一个虚拟环境。

(二) 网络空间安全(cybersecurity /cyberspace security)

网络空间安全:在网络空间里(in the cyberspace)保护信息的保密性、完整性、可用性。此外,像真实性、可追责性、不可抵赖性、可靠性等特性,也可以提及。

注意到,"网络空间安全"的定义比 ISO/IEC 27000:2009 中"信息安全"(information security)的定义只是增加了"在网络空间里"(in the cyberspace)。

(三) 网络空间安全态(cybersafety)

网络空间安全态:是一种状态,可免受身体的、社会的、精神的、财务的、政治的、情感的、职业的、心理的、教育的或者其他类型或后果的失败、损害、错误、事故、伤害及其他在网络空间中可以视为不希望发生的事件。

注释1:这可采用避免将引起健康损害或经济损失的某种经历或披露某事的形式。它包括对人和对财产的保护。

注释2:安全态(safety)通常也定义为一种特定的状态,这时负面影响将不会通过某种代理引发或者在设定条件下引发。

注意到,网络空间安全态(cybersafety)不同于网络空间安全(cybersecurity)。用"网络空间安全态"翻译 cybersafety、用"网络空间安全"翻译 cybersecurity 是为了在中文中明确区分这两者。后面将详细讨论"网络空间安全态"相关问题。

(四) 网络空间犯罪(态)(cybercrime)

网络空间犯罪(态):是指在网络空间中的服务或应用程序被用于犯罪或者成为犯罪目标的犯罪活动,或者网络空间是犯罪来源、犯罪工具、犯罪目标或者犯罪地点的犯罪活动。

注意到,"网络空间犯罪(态)"(cybercrime)是与"网络空间安全态"(cybersafety)对应的一个概念。它们构成网络空间安全的两种极端状态,若以二进制表示,即一为"零"(0)状态、一为"壹"(1)状态。网络空间安全的实际状态通常是在这两个极端状态之间。

三、在我国立法中引入网络空间安全态(cybersafety)的必要性

为什么需要在我国立法中引入网络空间安全态(cybersafety)的概念,这是因为仅有网络空间安全(cybersecurity)的概念还不够。

网络空间安全态：cybersafety＝cyber＋safety＝cyberspace＋safety；

网络空间安全：cybersecurity ＝ cyber ＋ security ＝ cyberspace ＋ security。

因此，网络空间安全态（cybersafety）与网络空间安全（cybersecurity）的辨异问题实质上是 safety 与 security 的辨异问题。

（一）安全态（safety）与安全（security）的辨析

从词源看，security 源于拉丁词 secura，意即 free of concern（没有忧虑）。se 表"没有"，cura 表"忧虑"。safety 源于拉丁词 salvus，意为 healthy（健康的）。safety 更具有个人色彩，针对意外伤害；而 security 则更多针对人为事件。例如，说一条道路很安全，用 safe 表示这条路不会遭遇山体滑坡等自然灾害；用 secure，则说明这条道路有重兵把守，恐怖分子不会在这条道路上伏击你。中文中的"安全第一"，如果说 safety first，这表明说话者希望不会有伤及安危的意外发生（比如小朋友去河边玩水，母亲这样叮嘱是希望孩子不会溺水出危险）；如果说 security first，则表明说话者希望不会发生人为的坏事（比如密码被盗银行存款被盗刷等等，故 security first 可以用在网络购物上）。

通过对若干词典中 safety 和 security 的释义和例句的比较可以发现，两者在很多方面有共通之处，比如两者都可以翻译成"免受伤害的状态"，细微的区别在于：safety 意为不危险的或无伤害的安全状态（freedom from harm or danger：the state of being safe）[1]，而 security 意为被保护的或免受伤害的状态（the state of being protected or safe from harm）[2]。

虽然两者同有"安全"之意，但是两者之间有下列区别：

（1）safety 通常指免于意外发生的安全，而 security 是指免于人为故意破坏伤害的安全。两者的区别在于人和意图。中文此前常用"安全"（safety）和"安保"（security）来区分。

（2）safety 常表示人体健康和生产技术活动的安全问题。常见的有生产安全、劳动安全、安全使用、安全技术、安全产品、安全设施等。security 表示社会政治性的安全问题，常见的有社会安全、国家安全、国际安全等。而 safety and security 则表示人体健康、技术性的安全概念和社会政治性的安全联系到一起的安全。

（3）safety 表示安全的状态（the state of being safe），即如果一个人或者物是 safety 的，则表示其处于安全状态，可以理解为此状态毫无危险存在，是一种完全安全的情况。security 表示受保护的状态（the state of being

---

① 《韦氏高阶英语词典》，中国大百科全书出版社 2009 年 7 月版，第 1434 页。
② 《韦氏高阶英语词典》，中国大百科全书出版社 2009 年 7 月版，第 1468 页。

protected），受保护并不表示没有危险存在，只是当一个人或物是 security 时，他(它)已经受到了一定的保护,处于相对安全的状态。

因此，在这个意义上，我们可以将 safety 理解为 security 的"极限"状态：当危险和伤害变为零，受保护的状态(security)就变成了完全安全的状态(safety)。当然，现实情况下,safety 往往是一种永远不可能达到的理想状态。

如果引入 crime(犯罪状态)一词，将其视为毫无安全可言的混乱状态，则可以认为：crime 是"零"(0)状态；safety 是"壹"(1)状态。security 是"零"和"壹"之间的一个变量。

(二) 网络空间安全态与网络空间安全的辨析

从 ISO/IEC 27032:2012 的定义可以看出，网络空间安全态是指网络空间的一种安全状态。在此状态下，可以免受身体的、社会的、精神的、财务的、政治的、情感的、职业的、心理的、教育的或者其他类型或后果的失败、损害、错误、事故、伤害或者其他在网络空间中可以视为不希望发生的事件。可见，cybersafety 大体上排除了网络空间中任何可能出现的不安全因素。

与此对照的是，网络空间安全是指在网络空间里保护信息的保密性、完整性、可用性以及真实性、可追责性、不可抵赖性、可靠性等特性。其侧重点与网络空间安全态有显著区别。

在明确 crime、safety、security 三者之间的关系后，就不难理解和说明 cybercrime、cybersafety、cybersecurity 三者之间的关系，即：cybercrime 是"零"(0)状态；cybersafety 是"壹"(1)状态。cybersecurity 是"零"和"壹"之间的一个变量。

(三) 我国立法中引入"网络空间安全态"的意义

保持"网络空间安全态"的要求本身，已经为个人信息保护、违法信息监管、数据跨境传输、知识产权保护、未成年人网络保护等提供了依据。这是在我国立法中引入"网络空间安全态"的意义之所在。

其一，个人信息保护就与 cybersafety 定义中涉及的在网络空间中出现的身体的、精神的、情感的、职业的、心理的等方面的负面情况直接相关。

其二，违法信息监管就与 cybersafety 定义中涉及的在网络空间中出现的社会的、财务的、政治的、教育的等方面的负面情况直接相关。

其三，数据跨境传输就与 cybersafety 定义中涉及的在网络空间中出现的社会的、政治的等方面的负面情况直接相关。

其四，知识产权保护就与 cybersafety 定义中涉及的在网络空间中出现的社会的、精神的、财务的等方面的负面情况直接相关。

其五，未成年人网络保护就与 cybersafety 定义中涉及的在网络空间中出现的身体的、社会的、精神的、情感的、心理的、教育的等方面的负面情况直接相关。

因此，如果能够以该国际标准关于"网络空间安全态"的定义为依据，在网络安全法中给出其定义，则可以为该法个人信息保护、违法信息监管、数据跨境传输、知识产权保护、未成年人网络保护等提供依据。

鉴于网络空间的违法信息监管问题涉及国家主权、宗教文化、意识形态等敏感领域，在国际间争议很大，因此，若能以国际技术标准的既有定义作为管控违法信息的立法依据，则有助于中国争取更多的国际共识，获得更多的国际支持。

四、ISO/IEC 27032：2012 中区分的六个相关概念

该国际标准对与 cybersecurity（网络空间安全）相关且容易混淆的下列五个相关概念给出了定义，进行了区分，提供了它们之间相互关系的示意图：

(1)information security（信息安全）；

(2)application security（应用程序安全）；

(3)network security（网络安全）；

(4)Internet security（因特网安全）；

(5)critical information infrastructure protection（CIIP，关键信息基础设施保护）。

该国际标准中的相关说明和定义如下。

网络空间安全依赖信息安全、应用程序安全、网络安全和因特网安全作为基础性的构建模块。网络空间安全是关键信息基础设施保护的必要活动之一，同时，对关键基础设施服务的足够保护有助于满足为达到网络空间安全之目标的基本安全需求（即关键基础设施的安全性、可靠性、可用性）。

然而，网络空间安全并不是因特网安全、网络安全、应用程序安全、信息安全或关键信息基础设施保护的同义词。它有独一无二的范围，需要利益相关者发挥积极作用以维持（如果不是改善的话）网络空间的可用性和可信性。

信息安全（information security）通常涉及对信息的保密性、完整性、可用性的保护，以满足可用信息的用户需求。

应用程序安全（application security）是通过对机构的应用程序实施控制和量度以管理其使用风险所完成的过程。这种控制和量度可以施加于应用程序本身（它的进程、组件、软件和结果），施加于应用程序的数据（配置数据、用户数据、组织数据），施加于应用程序生命周期中涉及的所有技术、进程和参与者。

网络安全（network security）涉及网络的设计、实施和运营，以达到在机构内部的网络上、机构与机构之间的网络上、机构与用户之间的网络上的信

息安全。

　　因特网安全(Internet security)作为机构中和家庭中的网络安全的扩展，涉及保护因特网相关的服务和相关的信息通信技术系统与网络，以达安全目的。因特网安全也确保因特网服务的可用性和可靠性。

　　关键信息基础设施保护(CIIP)涉及由能源、电信和水务部门之类的关键基础设施提供商提供或运营的系统的保护。关键信息基础设施保护确保这些系统和网络受到保护，并可承受信息安全风险、网络安全风险、因特网安全风险以及网络空间安全风险。

　　该国际标准给出的网络空间安全与其他安全领域的关系图如图 2 所示。[①]

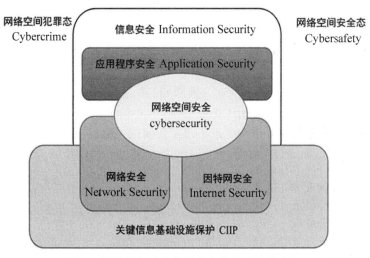

图 2　网络空间安全与其他安全领域的关系图

　　该国际标准对图 2 给出了如下说明：该图展示了网络空间安全和其他安全领域的关系。这些安全领域与网络空间安全的关系非常复杂。某些关键基础设施服务，如水务和交通，不会直接地或者显著地影响网络空间安全的状态。然而，网络空间安全的缺失却可能对关键基础设施提供商提供的关键信息基础设施系统的可用性产生负面影响。另一方面，网络空间的可用性和可靠性在许多情况下依赖于与之相关的关键基础设施服务的可用性和可靠性，例如电信网络基础设施。网络空间的安全通常也与因特网安全、企业/家庭的网络安全和信息安全密切相关。值得注意的是，该国际标准中本节所定义的安全域都有其自己的目标和关注范围。关于网络空间安全的话题，需要

---

① 　该图引自 ISO/IEC 27032:2012。图中中文为作者所译。

来自不同国家和组织的不同的私有和公共实体间的实质性的交流与合作。关键基础设施服务被一些国家视为国家安全相关的服务，因此可能不会公开探讨和披露这些服务。此外，关于关键基础设施脆弱点的知识，如果被不当使用，将直接牵涉国家安全。因此，有必要建立用于信息共享、问题或事故合作的基础框架以缩小差距，为网络空间的利益相关方提供充分的保障。

通过上述定义和图解，我们可以非常清晰地了解网络空间安全（Cybersecurity）与信息安全（Information Security）、网络安全（Network Security）、因特网安全（Internet Security）、应用程序安全（Application Security）、关键信息基础设施保护（CIIP）等概念之间的异同和相互关系。

显然，不论在中文还是在英文中，不论是从内含还是从外延看，网络空间安全（cybersecurity）都不可能等于网络安全（network security）。因此，网络空间安全（cybersecurity）也就不应该简称为网络安全（network security）。我们不能因为英文中的 cyberspace 可以简写为 cyber，英文中的 cyberspace security 可以简写为 cyber security 进而合成为一个单词 cybersecurity，就将中文的"网络空间"简称为"网络"，进而将"网络空间安全"简称为"网络安全"。因为，在英文中，cyberspace＝cyber≠network。

因此，如果能以该国际标准为基础在我国的网络空间安全立法中定义并且区分使用这些概念，则可避免在相关法律中相关术语的模糊、混淆和争论。

五、Cyber 应译为"赛博"

其实，仔细思考将"网络空间安全"简称为"网络安全"的缘由，不难看出一个思维误区：cyberspace ＝ cyber ＋ space，既然对 space 译为"空间"没有异议，用"网络空间"翻译 cyberspace 又似乎是约定俗成的，则意味着译者已经默认 cyber 应该译为"网络"。但这与 cyber ≠ network 矛盾。由此形成悖论。

显然，问题的关键在于译名。如果我们找到一个不同于"网络空间"的译名来翻译 cyberspace，就可以避免上述悖论。

这里可以参考唐代玄奘法师主持翻译佛经时制定的"五不翻"原则：

（1）多含不翻：如"薄伽梵"，是佛陀名号之一，又含有自在、炽盛、端严、吉祥、尊重等义；又如"摩诃"，含有大、殊胜、长久及深奥等义。

（2）秘密不翻：如楞严咒、大悲咒、十小咒以及各种经咒，一经翻出，就会失去它的神秘性。

（3）尊重不翻：如"般若"，不可直译为智慧；"三昧"不可直译为"正定"；"涅磐"不可直译为圆寂或解脱等。

（4）顺古不翻：如"阿耨多罗三藐三菩提"不可直译为"无上正等正觉"；

"阿罗汉"不可直译为"无生";"菩萨"不可直译为"觉悟"等。

（5）本无不翻："本无"即中国没有。如阎浮树，中国没有，所以不翻。

cyber 的翻译问题，涉及上述五种情况中的三种：多含，尊重，本无。参照"五不翻"原则，宜音译，即为"赛博"。这样的话，对于同以 cyber 作为词根的不同的英文组合词，就可以得到一致的译名。例如，cybernetics 可译为"赛博学"；cyberspace 可译为"赛博空间"，而不宜将 cybernetics 译为"控制论"，将 cyberspace 译为"网络空间"。那样就会使不知道"控制论"和"网络空间"英文原文的读者无法了解到它们在英文中本来是源于同一个词根。

显然，将 cyberspace/cyber 译为"赛博空间"是最佳译法。此时，cyberspace security 就译为"赛博空间安全"。当 cyberspace security 简写为 cyber security / cybersecurity 时，在中文中就自然可以表述为"赛博空间安全"简称为"赛博安全"。这样，在英文和中文中都不会与 network security（网络安全）和 Internet security（因特网安全）相混淆。

目前国内用"网络空间"翻译 cyberspace，用"网络空间安全"翻译 cyberspace security 似已约定俗成。本文也暂且使用"网络空间安全"的译法。但是，如果将"网络空间安全"简称为"网络安全"，则显然不妥。理想的解决方案就是直接将 cyberspace 译为"赛博空间"，这时，由 cyber 衍生的其他词汇组合（如 cyber security / cybersecurity）的译成中文就没有混淆之虞。

六、网络安全法中"网络"的外延界定和 cyberspace 在中国的外延拓展

该法所涉"网络"，除了因特网（Internet）之外，还应该包括不与因特网连接的其他网络（network），如局域网、工业控制系统、国家机关政务网络（该法第七十二条）、军事网络（该法第七十八条）。考虑到不与因特网相连接的国家机关政务网络和军事网络的安全问题的重要性，将它们纳入该法所涉范围，既是不言而喻的，也是该法已经明文规定的。

不与因特网连接的其他网络的安全问题，就是上述国际标准中网络安全（network security）定义所涉及的安全问题。通过图二"网络空间安全与其他安全领域的关系图"中所示的"网络安全"与"网络空间安全"之间的交叉关系可以看到，我国不与因特网连接的其他网络（network）的安全问题，仍可在网络空间安全法（cybersecurity law）中进行规范，并无遗漏。

另一方面，在该国际标准的"网络空间"（the cyberspace）定义中，用"因特网上"（on the Internet）指明其所在。也就是说，cyberspace 或其简写 cyber 只存在于因特网（Internet）上。因此，在该国际标准用"在网络空间里"（in the cyberspace）的"信息安全"来定义"网络空间安全"（cybersecurity /

cyberspace security）时，也就将此安全问题之所在领域限定在"因特网上"（on the Internet）。

考虑到我国网络空间安全立法所涉网络必须包括不与因特网相连接的国家机关政务网络、军事网络、局域网、工业控制系统等，因此，当我们在中文语境之下谈论中国的网络空间安全法（cybersecurity law）时，这个"网络空间"（cyberspace/cyber）应该并不限定在因特网上，即应该包括不与因特网相连接的那些网络。cyberspace/cyber 在中国法律中或中文语境下的外延拓展到不与因特网相连接的网络上，是应当明确的也是不可忽视的。

七、小结

我国《网络安全法》未来应当更名为《网络空间安全法》，不以"网络安全"（network security）作为该法的核心概念。未来《网络空间安全法》的基本概念，应当以 ISO/IEC 27032:2012 为依据，以"网络空间""网络空间安全""网络空间安全态""网络空间犯罪"这四个术语为逻辑起点，将"网络空间安全"与另外五个术语"信息安全""应用程序安全""网络安全""因特网安全""关键信息基础设施保护"等进行明确区分，以此为基础构建我国《网络空间安全法》的逻辑框架。

在《网络空间安全法》中，应当引入"网络空间安全态"概念，为规制网络安全法中现已涉及的个人信息保护、违法信息监管、数据跨境传输、未成年人网络保护、知识产权保护等内容提供依据。

在将个人信息保护法单列、数据安全法（包括但不限于违法信息监管、跨境数据传输等）单列、未成年人网络保护条例单列、涉及网络空间的知识产权保护事项在知识产权相关法律中加以规定之后，未来《网络空间安全法》既可以对现行网络安全法定义的"网络安全"范围内的事项加以具体规制，也可以对个人信息保护、违法信息监管、数据跨境传输、未成年人网络保护、知识产权保护等涉及"网络空间安全态"的情况作出原则性规定。

未来可由《网络空间安全法》与涉及个人信息保护、违法信息监管、数据跨境传输、未成年人网络保护、知识产权保护等的单行法律法规一起，构成我国网络空间安全法律体系。这样，既可以使法律本身建立在严谨、周密、坚实的技术基础上，给法律规制未来出现在"网络空间"中的新问题预留空间，也有助于建立科学的、完整的网络空间安全法学理论体系。

从长远考虑，宜将 cyber 音译为"赛博"，将 cyberspace 译为"赛博空间"。

基于社交圈的信息分享策略

潘　理[*]

（上海交通大学网络安全技术研究院，上海 200240）

摘　要：随着大数据时代下以社交网络为代表的网络新媒体技术的发展，信息能够通过这些新媒体快速传播和扩散，这不仅增进了人们之间的自由交流，而且又促进了社会生产。然而，在享受信息广泛分享传播给生产、生活带来便利的同时，用户也不可避免地面临着更复杂多样的隐私泄露风险。本文首先基于大数据分析处理技术对网络空间中的主要隐私保护技术进行了分类讨论。在此基础上，分析了社交网络动态信息传播对信息隐私保护技术的新挑战。为了应对动态信息传播环境下的网络空间治理需求，提出了一种基于社交圈的个人信息传播控制策略机制，并在真实社交网络数据集上进行了实验验证。该策略机制能够帮助个人用户在动态社交网络环境中提供具有隐私保护意识的传播访问控制服务。

关键词：网络空间；在线社交网络；隐私保护；社交圈；信息传播

一、引言

随着智慧城市、在线社交网络等 Web 3.0 信息技术的发展，人们的衣食住行等信息被广泛数字化，也促成了大数据时代的到来。大数据时代下新媒体技术的发展，极大促进了用户之间的自由交流，主要包括社交媒体、移动媒体、智能手机、数字媒体、即时通信等不同的形式[①②]。信息能够通过这些新媒

---

*　作者简介：潘理，上海交通大学信息内容分析技术国家工程实验室副主任、网络空间治理研究中心主任，网络安全技术研究院研究员、博士生导师，研究方向：网络安全管理，网络大数据分析等。

① WOO J R，CHOI J Y，SHIN J，et al. The effect of new media on consumer media usage：an empirical study in South Korea[J]. Technological forecasting and social change，2014，89(C):3 - 11.

② WORKMAN M. New media and the changing face of information technology use：the importance of task pursuit，social influence，and experience[J]. Computers in human behavior，2014(31): 111 - 117.

体快速传播和扩散,而分享的信息可看作一种多维的知识,在大数据挖掘分析下蕴含着巨大的商业价值。人们在享受信息广泛分享传播给生产、生活带来便利的同时,也不可避免地面临着更复杂的隐私泄露风险。用户在使用 PC 端和移动端的各种社交应用,如微博、微信、Facebook、Twitter 等与他人进行交互时,会主动或被动地披露自己的姓名、职务、工作单位、兴趣爱好和生活习惯等信息。但如果个人信息被不法分子恶意传播利用,则可能会引发信息隐私泄露风险。虽然目前在社交网络中都存在一些与隐私保护相关的安全机制,如用户分组访问等,但是这些简单的保护机制往往不能满足用户对社交网络隐私保护的多样化需求,需要寻找更加合适的社交网络信息分享策略机制,提供对用户个人信息的隐私保护服务。

本文首先对网络空间安全中的信息隐私含义进行了分析,接着根据大数据生命周期的四个不同阶段简单介绍了已有的隐私保护模型和策略。随着在线社交网络的发展,社交网络中的隐私保护研究已成为网络空间治理中的热点。而当前已有面向社交网络的隐私保护模型及策略难以满足动态信息传播环境下的新安全需求,因此如何提供面向传播的隐私保护方法是网络空间治理研究的新方向。基于社交网络分布式管理机制,本文提出了一种基于社交圈的个人信息传播控制策略,能够帮助个人用户在动态社交网络环境中提供具有隐私保护意识的传播访问控制服务。

二、网络空间中的隐私保护

在维基百科中,隐私的定义是个人或团体将自己或自己的属性隐藏起来的能力,从而可以选择性地表达自己。具体什么被界定为隐私,不同的文化或个体可能有不同的理解[1][2],但主体思想是一致的,即某些数据是某人(或团体)的隐私时,通常意味着这些数据对他们而言是特殊的或敏感的。在当前的大数据环境下,隐私即用户不愿意泄露的敏感信息。因此,在网络信息的传播和分享中必须考虑如何提供安全机制,能对用户具有隐私保护意识的信息进行安全保障。《中华人民共和国网络安全法》中包含了与网络空间隐私治理相关的条例。例如,总则第十二条提及"不得侵害他人名誉、隐私、知识产权和其他合法权益等活动",第四章网络信息安全第四十五条"依法负有网络安全监督管理职责的部门及其工作人员,必须对在履行职责中知悉的个人信息、隐私和商业秘密严格保密,不得泄露、出售或者非法向他人提供"。因

---

① BELANGER F,CROSSLER R E. Privacy in the digital age: a review of information privacy research in information systems [J]. MIS Quarterly,2011,35(4):1017-1042.

② SMITH H J,DINEV T,XU H. Information privacy research: an interdisciplinary review[J]. MIS Quarterly,2011,35(4):989-1016 .

此,有效地解决网络空间安全治理中的隐私保护问题是对个人、社会、国家都至关重要的。

目前已有的信息隐私保护技术主要是围绕着对数据分析处理过程中不同阶段的隐私泄露风险进行的,如图1所示。

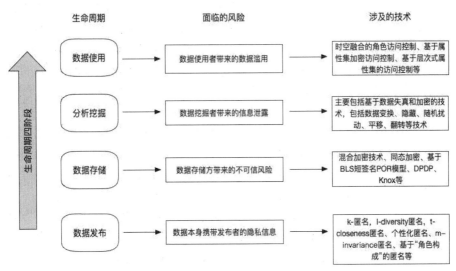

图1　基于大数据生命周期的信息隐私保护技术分类

如图1所示,根据大数据生命周期进行划分可划分为四个时期,重点对不同隐私泄露风险进行隐私保护,包括:①数据发布期,针对数据发布者带来的数据隐私泄露风险保护;②数据存储期,针对数据存储方带来的不可信风险保护;③数据挖掘期,针对数据挖掘带来的信息泄露风险保护;④数据使用期,针对数据使用者带来的数据滥用风险保护。隐私信息所处的不同周期将面临不同类别的隐私问题以及不同程度的泄露风险,因此将采取相应的隐私保护模型及策略。

三、社交网络中的隐私保护研究

随着在线社交网络的发展,社交网络中的隐私保护研究成为网络空间治理中的热点。在线社交网络是一种信息网络上由社会个体集合及个体之间的连接关系构成的社会性结构。在现实中的朋友关系延续到了社交网络上,并且在社交网络上可能认识和发展更多用户。随着使用社交网络的人越来越多,社交网络已经逐渐成为人们日常生活中不能缺少的部分,从而导致更多的隐私泄露问题。依照大数据生命周期的划分方式,能够将社交网络中的隐私问题定义为数据安全和使用安全两个维度的问题,其中数据安全层面涉及数据发布和数据存储两个生命周期，而使用安全层面涉及数据挖掘和数据使用两个生命周期。

对于数据安全层面而言，着重考虑数据资源的三大安全要素：机密性、完整性和可用性，来构建一系列数据保护的方法模型。通过数据加密或者匿名方法等方式来模糊敏感信息，决定数据发布和数据存储两个生命周期中的隐私问题。面对数据发布阶段的隐私问题，主要采用匿名化方法进行处理。针对数据的匿名发布技术，包括 k－匿名[①]、l-diversity 匿名[②]、m-invariance 匿名[③]、基于"角色构成"的匿名[④]等方法，可以实现对发布数据时的匿名保护。面对数据存储阶段的隐私保护问题，主要采用加密技术和访问控制技术进行处理，如基于属性的加密体制（ABE）[⑤]。在 ABE 体制下，加密者无须知道解密者的具体身份信息，而只需要掌握解密者一系列描述的属性，然后在加密过程中用属性定义访问策略对消息进行加密，当用户基于属性特征的密钥满足这个访问策略时就可以对密文消息解密。例如 Persona[⑥] 和 Liang[⑦] 这两种基于 ABE 的方法，近年来被广泛地应用在 OSN 的隐私保护策略中。

对于使用安全层面而言，用户更关心的是使用社交网络服务时的分享体验及其隐私安全。近年采用访问控制模型来定义用户及资源间关系，制定相应访问控制策略来限制用户行为，有效地解决了许多应用场景中用户分享隐

---

① SWEENY L. k-anonymity：a model for protecting privacy［J］. International Journal on Uncertainty，Fuzziness and Knowledge Based Systems，2012，10(5)：557－570.

② BARBARO M，ZELLER T. A face is exposed for AOL searcher No. 4417749［N/OL］. New York Times，(2006-08-09)［2013-09-10］.

③ XIAO X K，TAO Y F. m-invariance：towards privacy preserving re-publication of dynamic datasets［C］// Proceedings of the 2007，ACM SIGMOD International Conference on Management of Data，June 12-14，2007，Beijing，China. New York：ACM Press，2007：689－70.

④ BUYY，FUAWC，WONGRCW，etal. Privacy preserving serial data publishing by role composition［C］// Proceedings of the 34th International Conference on Very Large Data Bases，August 23-28，2008，Auckland，New Zealand.［S.l.：s.n.］，2008：845－856.

⑤ GOYAL，V.，PANDEY，O.，SAHAI，A.，and WATERS，B.，2006. Attribute-based encryption for fine-grained access control of encrypted data. In Proceedings of the 13th ACM conference on Computer and Communications Security Ac.

⑥ BADEN，R.，BENDER，A.，SPRING，N.，BHATTACHARJEE，B.，and STARIN，D.，2009. Persona：an online social network with user-defined privacy. In ACM SIGCOMM Computer Communication Review ACM，135－146.

⑦ IANG，X.，LI，X.，LU，R.，LIN，X.，and SHEN，X.，2011. An efficient and secure user revocation scheme in mobile social networks. In Global Telecommunications Conference (GLOBECOM 2011)，2011 IEEE IEEE，1－5.

私保护问题。国内外研究已经提出了许多面向社交网络的访问控制模型①②③④，表1对这常见的四大类模型进行了总结和对比。其中，基于属性的访问控制模型能够详细地定义客体（即资源）的各种属性，以及描述客体与主体之间的属性关联，解决了社交网络中客体复杂度太高的问题。基于关系的访问控制模型能够详细刻画主体之间的关系类型、联系程度等，解决了在某些特殊的社交网络应用场景下主体之间存在诸多复杂的社交关系的问题。基于信任的访问控制模型解决了在 P2P 社交网络环境中难以区分对等实体之间社交关系的问题。基于语义的访问控制模型采用 RDF 等技术来分析用户及资源之间的复杂语义联系，有效地处理无论是主体用户还是客体资源中大量存在的语义信息。

表 1　常见社交网络访问控制模型对比

方法	控制粒度	灵活性	动态性	优点	缺点
基于关系	较粗	不灵活	较弱	能够准确刻画社交网络中的用户关系类型及其强度	控制因素单一，扩展性以及适用性较弱
基于信任	较粗	不灵活	较强	比较符合常见的用户隐私保护需求	信任值计算效率低，扩展性差
基于属性	细	一般	较强	控制因素多且复杂，并能实现分布式管理，且动态性强	不结合密码学的方法安全性较低，但采用密码学的方法灵活性差
基于语义	细	较灵活	适中	能够精确描述用户、资源的内在联系，对策略描述的表达能力强	语义网过于庞大，导致瓶颈和限制很多，扩展性较差

① JAHID, S., MITTAL, P., and BORISOV, N., 2011. EASiER：Encryption-based access control in social networks with efficient revocation. In Proceedings of the 6th ACM Symposium on Information, Computer and Communications Security ACM, 411 - 415.

② PANG, J. and ZHANG, Y., 2015. A new access control scheme for Facebook-style social networks. Computers & Security 54, 44 - 59.

③ CHENG, Y., PARK, J., and SANDHU, R., 2012. Relationship-based access control for online social networks：Beyond user-to-user relationships. In Privacy, Security, Risk and Trust (PASSAT), 2012 International Conference on and 2012 International Conference on Social Computing (SocialCom) IEEE, 646 - 655.

④ IMRAN-DAUD, M., SáNCHEZ, D., and VIEJO, A., 2016. Privacy-driven access control in social networks by means of automatic semantic annotation. Computer Communications 76, 12 - 25.

四、面向传播控制的隐私保护方法

社交网络动态信息传播特征使得大多数已有的社交网络隐私保护技术无法有效控制信息传播效果，这给网络空间治理带来了巨大挑战。因此，有部分研究者从动态信息传播控制的角度来研究适用的隐私保护方法。Ranjbar[①]等人提出了 myCommunity 的模型。该模型通过划分用户可信好友集的最大子集合来控制信息传播，只有被划分在该子集合内的好友才能访问中心用户的信息，从而尽可能降低信息被恶意用户获取的概率。Carminati[②]等人也提出了类似的想法，通过考虑多路径的信息传播，来度量用户的隐私信息泄漏的风险。因此，从用户信息分享角度出发，通过分析用户朋友圈的信息传播态势，制定相应的访问控制策略来调控用户朋友圈对个人隐私数据的访问权限，将能够实现个性化的隐私保护策略机制。

"朋友圈"一词最早出现在微信的应用中，但是这一概念很早就在在线社交网络中普及了。它是指用户的所有好友所形成的集合。在本文中，"朋友圈"是指在一个给定标准下，用户的好友列表中具有相似属性好友所形成的社交圈（social circle）。因此，针对不同的标准，划分好友列表的方式大不相同。该类方法的总体思路是首先对用户的社交圈进行聚类划分（考虑传播因素），并将聚类结果定义为传播角色，然后选中适当的动态信息传播模型对这些角色的传播能力进行量化，最后根据用户的个人隐私保护需求，制定弹性的访问控制策略以实现管控。这三个关键环节的技术原理如下所述。

（一）朋友圈划分（角色挖掘）

朋友圈划分的角色应具有一定的代表性，这些角色不仅具备相似的属性特征和拓扑关系，还具有相似的信息传播能力或倾向。因此角色挖掘算法需要考虑社交网络节点的属性特征、拓扑结构以及传播特性。目前大多数角色挖掘算法很难实现上述要求，因此，本文提出了一种新型的角色挖掘算法RMPM，后续具体描述。

（二）角色传播能力量化

为了度量角色的传播能力，首先需要根据社交网络的实际环境，选定一种面向社交网络的信息传播模型。为了适应普遍的社交网络应用环境，一般

---

① RANJBAR，A. and MAHESWARAN，M.，2014. Using community structure to control information sharing in online social networks. Computer Communications 41，11‐21.

② CARMINATI，B.，FERRARI，E.，MORASCA，S.，and TAIBI，D.，2011. A probability‐based approach to modeling the risk of unauthorized propagation of information in on‐line social networks. In Proceedings of the first ACM conference on Data and application security and privacy ACM，51‐62.

可以采用独立级联模型。然后,依次将每个角色所代表的好友节点作为种子集,计算在这些激活种子集后信息传播的范围,并将每个角色$role_i$的传播范围Inf_i进行归一化处理,作为对应角色的传播能力值。假设当 Ego Network 中所有节点被同时激活时,计算得到的传播范围为Inf_{upper},那么$role_i$对应的传播能力RPC_i为:

$$RPC_i = \frac{Inf_i}{Inf_{upper}} \in (0,1)$$

(三) 制定基于角色的访问控制策略

从动态传播的角度衡量用户的隐私意识,将其转化为用户对共享信息的传播范围期望度$\delta, \delta \in [0,1]$。δ越小,表明用户希望自己发布的信息在社交网络中传播范围越小。那么将δ作为信息传播范围的归一化约束值,在满足信息传播范围不超过用户隐私意识δ限定情况下,选择最优的角色赋予相应的访问权限,便能实现用户信息共享隐私意识需求。

基于上述基本原理,我们提出了一种基于朋友圈的社交网络信息分享策略机制。假定社交网络中每位用户对自己的个人数据的分享传播具有一定程度的隐私保护意识,该机制将从动态传播角度衡量用户的该种隐私保护意识需求,并基于 RBAC 访问控制模型,实现所提出的社交网络用户信息传播管理的框架 RBAC-PIPM[①]。RBAC-PIPM 能够自动化地生成能够适当约束传播的访问控制策略,帮助用户在隐私意识的约束下可控地分享信息传播范围。RBAC-PIPM 的部署实现流程如图 2 所示。

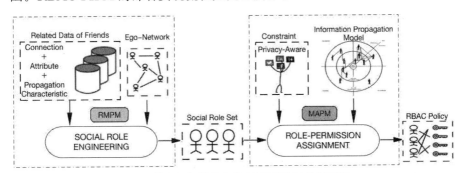

图 2　基于角色的信息传播管理访问控制框架

该模型框架具备两个核心要点:①挖掘得到合适的角色集,并权衡其粒度以及适用性。②设计合理的授权机制以生成基于约束信息传播的访问控

① Wu Y, Pan L. Privacy-Aware Personal Information Propagation Management in Social Networks [C]//2018 IEEE Third International Conference on Data Science in Cyberspace (DSC). IEEE, 2018: 169-174.

制策略。它基于用户好友的属性、结构、传播特性等信息，采用 RMPM 算法进行角色挖掘得到合适的角色集，并在指定的传播模型下度量这些角色的传播能力作为控制要素，进而在用户隐私意识需求的约束下，制定最优的访问控制策略。因此可以将 RBAC-PIPM 的部署实现流程分为以下四个阶段：

（1）根据选定的中心用户 v，将其 Ego Network $G^v = (V^v, E^v)$，以及所有好友节点（$u \in V^v$）的相关数据（$Edge_u$，$Attr_u$，Ego_u）作为已知条件输入到框架中。

（2）采用本文提出的 RMWP 角色挖掘算法，对 Ego Network G^v 进行划分，得到相应的角色集 Social Role Set。

（3）选定适合当前社交网络环境的信息传播模型，计算所有角色的传播能力 Role Propagation Capability。

（4）采用访问控制策略授权管理方法 MAPM，将角色的传播能力作为控制因素，基于权限最大化原则对相应角色实现自动化的权限分配，得到基于 RBAC 的访问控制策略。

其中，传播角色和权限最大化原则两个关键定义如下。

传播角色：传播角色代表着这样的一组用户，他们不仅具备相似的属性特征和拓扑关系，还具有相似的信息传播能力或倾向。因此为了实现 RBAC 模型的角色挖掘以及权限分配，Ego Network G^v 中的每一个节点 u，需要已知以下三点信息：

（1）边连接关系集合：$Edge_u = \{edge_{uw} = 0\, or\, 1 \mid w \neq u, w, u \in V^v\}$；

（2）属性特征集合：$Attr_u = \{attr_{ui} \mid i \in [1, K]\}$；

（3）邻接节点集合：$Ego_u = \{w \mid w \neq v, w \in V^u\}$，其中 V^u 是节点对应的 Ego Network G^u 中的节点集合。

权限最大化原则：对于中心用户发布的信息 m，在满足用户隐私意识需求的情况下，理应让更多合适的好友节点拥有访问信息 m 的权限。

为了实现基于朋友圈的角色挖掘，我们提出了一种新的角色挖掘算法 RMPM（Role Mining for Propagation Management）。该算法考虑了节点的属性特征、拓扑结构以及传播特性，因为具备相似拓扑结构、属性特征的好友节点聚合而成的角色更能代表它们之间的共性，而节点传播特性会影响对应角色传播能力。综上所述，RMPM 算法设计采取了以下 3 个基本假设：①两个节点相互连接时，属于同一个角色的概率越大；②两个节点的属性特征相似度越高，属于同一个角色的概率越大；③两个节点的邻接节点集的重合率越高，它们的传播特性越相似，属于同一个角色的概率越大。

在基于朋友圈的信息分享策略机制中还包含所提出的一种访问控制策略授权管理方法 MAPM。该方法基于权限最大化原则，设计合适的授权机制以生成适当约束传播的访问控制策略。权限最大化原则要求在满足用户的隐私意识需求的前提下，尽可能地让用户更多合适的好友拥有访问权限。因此，本文提出了一种角色评分方案，依据角色的典型属性空间（RTAS）与中心用户的属性空间（UAS）之间的加权相似度来为每个角色 $role_i$ 进行评分，记为 $Score_i$。

因此，依据权限最大化原则和角色评分规则，可将访问控制策略的授权管理问题形式化为一个最优化目标求解问题：

$$\max_x \sum Score_i * x_i$$
$$\mathrm{s.t.} PR^m \leqslant \delta^m$$

针对某一类信息 m，使得信息 m 与的实际传播范围不超过用户的隐私意识约束下，让尽可能多的具有较高评分角色被授予相应的权限。该最优化目标问题是一种组合优化问题，属于 NP-Complete 问题，解空间为 2^n（n 表示角色总数）。该问题不一定存在最优解，只能通过寻找近似解的方法来求解，具体解法在此不做详细介绍。

实验评估采用了 SNAP 提供的 Facebook 数据集。该数据集是用 Facebook 中 App 进行相关用户调查研究收集的，包含了用户的节点属性特征、拓扑结构以及 Ego Network 等。通过该数据集构建出的网络共有 4 039 个节点以及 88 234 条边，并包含了用户的 Facebook"圈子"（或"朋友列表"）组成。本文在整个实验中选取了其中一个节点作为中心用户 v，并得到其 Ego Network（包含 66 个好友节点）。实验选取了朋友圈划分算法 SC-Cluster、社区划分算法 CESNA 与本文框架中的 RMPM 算法进行了比较，如图 3 所示。

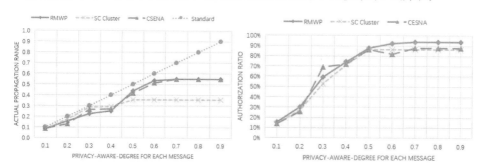

图 3   实际传播范围和授权人数比例

图 3 中结果显示，对于用户发布的不同消息，用户共享信息的实际传播范围在相应访问控制策略约束下均没有超出阈值，证实了 RBAC-PIPM 的可行性。而且在几乎所有不同的用户隐私意识程度下（除 $\delta_m = 0.3$），RMPM 对应的授权人数比例高于 SC Cluster 和 CESNA，更加符合权限最大化原则。因

此，采用 SC Cluster 算法的最终效果比 RMWP 算法差很多，表明了考虑到节点传播特性的 RMWP 算法更适合于 RBAC-PIPM 应用。与此同时，CESNA 算法虽然不如 RMWP 稳定，但总体效果较为相近，说明了该框架具有较好的适用性，能够在实际应用部署时可以根据需求选择不同的角色挖掘算法。实验结果表明，基于朋友圈的社交网络信息分享策略机制能够基于用户隐私保护意识对社交网络共享信息的传播范围进行有效控制，并且 RMPM 算法在角色划分粒度和基于用户隐私意识的共享信息传播管理方面具有良好的适用性。

五、结语

随着网络信息时代的高速发展，用户在享受信息便捷传播分享的同时，也不可避免地面临着个人隐私泄露风险。社交网络中的隐私保护问题已成为网络空间治理当中的研究热点。本文首先讨论了新型网络通信技术带来的多样化隐私保护需求，以及对理论和技术的挑战，重点分析了如何在社交网络信息动态传播环境提供个人信息隐私保护机制，提出了一种基于社交圈的个人信息传播控制策略机制。该策略机制能够帮助个人用户在社交网络环境中提供具有隐私保护意识的传播访问控制服务。

人工智能生成物的著作权研究

徐家力　　张唯玮*

（北京科技大学知识产权研究中心，
北京科技大学东凌经济管理学院，北京 100083）

摘　要：人工智能的发展日新月异，其生成物也出现在生活的方方面面，在加快人类文明发展的同时，也给我国现有的著作权法等知识产权制度带来了严峻的考验。如果不能处理好人工智能生成物所带来的法律问题，势必影响我国知识产权的保护，更会危害到社会经济的发展和稳定。因此，本文结合人工智能生成物的发展情况，对人工智能生成物的著作权保护问题进行合理的分析，并提出赋予制定人工智能著作权保护的基本法律原则、赋予智能作品的作者署名权、建立有效的法律监管机制的解决方案。

关键字：人工智能；人工智能生成物；著作权；知识产权

一、引言

近年来，随着我国科学不断进步、技术日益发展，对人工智能领域的研究更是取得了一定的进步。AlphaGo 打败围棋世界冠军柯洁[1]、法律机器人"法小淘"语音识别[2]、微软"小冰"出版诗集[3]等这些例子都标志着人工智能将成为当今世界科技发展的最大热潮，势必带来一次伟大的科技革命。人工智能正在改变着我们生活的方方面面，这使得我们对未来的一切都充满了期待与自豪。但就在我们感慨人工智能技术带来的便利和优越之余，无疑应该考虑到它给我们的文化发展、制度形成以及法律制度的稳定所带来的严峻考验，与其相关的人工智能生成物的知识产权等法律问题也应运而生，将会对知识

---

* 作者简介：徐家力，北京科技大学知识产权研究中心教授，研究方向：知识产权、科技法学；
张唯玮，北京科技大学东凌经济管理学院博士研究生，研究方向：知识产权。

① 左卫民：《关于法律人工智能在中国运用前景的若干思考》，载《清华法学》2018 年 02 期，第 108 -
124 页。
② 沈寅飞：《当法律遇到人工智能》，载《方圆》2017 年第 14 期，第 22 - 27 页。
③ 郭宁：《"互联网＋"时代背景下人工智能面临的法律挑战》，载《特区经济》2018 年 08 期，第 130 -
132 页。

产权的保护乃至社会经济的稳固造成不利的后果。我们应该积极应对,最大限度地减少现有法律的变动,完善相关法律制度以应对人工智能生成物所带来的问题,同时推动人工智能产业的发展。

二、人工智能生成物概述

1956 年的达特茅斯会议首次运用了"人工智能"这一学术概念[①],自此学术界各领域的代表普遍接受了"人工智能"的诞生。人工智能作为一个科技新生事物,学界对此存在认识与理解上的差异,因此有关人工智能的学术定义尚未达成一致的意见。

随着人类在人工智能领域的研究取得重大成果,人工智能生成物的概念也逐渐被广泛认可。人工智能的产出成果一共分为两种类型,一种是人类利用人工智能生成物,另一种是人工智能的自主生成物。这两种人工智能生成物对知识产权法律制度的影响程度不同,因此在文中分别作出介绍[②]。

(一)人类利用人工智能生成物

人类利用人工智能生成物,从本质上即为人工智能作为生产的工具,人能够采取控制人工智能的方法来控制其的输出,因而采用"工具论"[③]的理念对其进行详细的解释。人类通过输入数据、设定程序等多种方法获取以人工智能为工具产生的作品或发明创造仍归属于现有的知识产权范围之内,这类人工智能生成物没有脱离程序设计者的预想,这也意味着其依旧受到了人类设计者的控制,代表了人类的思想与情感。

当人工智能成为一种生产工具时,运用它的设计者就是对人工智能生成物付出最多的一部分,为鼓励程序设计者的创新必然要做出相应的回报[④]。因此,此类人工智能生成物对我国目前的知识产权法律制度影响不大,故而笔者在文中主要研究的人工智能生成物指的是人工智能自主生成物。

(二)人工智能自主生成物

人工智能自主生成物,在概念上可以定义为:人工智能利用其自身快速学习和模仿的优势,对数据进行应有的分析与学习,进而产生的全新的作品。虽然这种人工智能理论上应该得到知识产权的保护,但是它的产出又远远超出了人工智能设计者的预想,是远非常规的人工智能生成物可比较的,还具

---

① 吕伟、钟臻怡、张伟:《人工智能技术综述》,载《上海电气技术》2018 年 01 期,第 62 - 64 页。
② 梁志文:《论人工智能创造物的法律保护》,载《法律科学(西北政法大学学报)》2017 年 05 期,第 156 - 165 页。
③ 叶秀山:《亚里士多德的工具论》,载《社会科学战线》1998 年 03 期,第 80 - 98 页。
④ 李晓宇:《人工智能生成物的可版权性与权利分配刍议》,载《电子知识产权》2018 年 06 期,第 31 - 43 页。

有一定的独立性。

因此,人工智能与其生成物之间的关系可以看成是原物与孳息之间的关系①。孳息这一概念起初是源于罗马时代,在现今的法律条文中,其与原物相对应表示由原物派生,但又与原物彼此分离,故在民法中特指原物所产生的额外收益②。人工智能这个原物的归属尚存争议,人工智能的产生不可能只由一个人付出劳动,而是需要众多主体的参与,其中包括人工智能的投资者,人工智能的程序设计者,人工智能的拥有者等,又由于人工智能的出现往往伴随着大量的经济利益,因此,参与人工智能生产的各方就利益分配问题常常发生纠纷。可见,对人工智能生成物的知识产权保护尤为重要,一系列知识产权相关案件产生引起了学术界的热议。

人工智能自主生成物源自人工智能,它与以往只能是自然人成为著作以及发明创造的主体的观念有着矛盾的地方。由自然人完成的作品该自然人就成为作品的当然作者,而当由人工智能完成作品时,人工智能因其不具有精神权利等与人类明显相区别的特征而不能成为该作品的当然作者,那作品的归属应该如何判定,依据现有的知识产权制度仍旧无法提供一个明确的答案。但伴随人工智能科技的迅猛发展,这却是必须要解决的法律问题,进而表现出现有知识产权法与应有知识产权法的冲突性。要实现知识产权现有制度顺应科技发展带来的新问题,就必然要完善对人工智能其本身的知识产权保护。

为了更好地讨论人工智能自主生成物对现有知识产权法律制度的影响,这里根据著作权与专利权的对象需求对人工智能自主生成物划分为两类。

1. 人工智能创作物

人工智能创作物其实是人工智能自主生成物中的一种,这是根据著作权法保护而言的,现有的知识产权法中著作权和专利权保护的客体不同,著作权的客体是具有独创性的作品。

2. 人工智能发明创造

人工智能发明创造是人工智能自主生成物中的另一种,与人工智能创作物相对应,是基于专利法的保护而言的,包括人工智能的发明、实用新型以及外观设计③。与自然人的发明创造所不同的是,人工智能发明创造因其特殊的来源而与专利法的主要作用与审查标准存在一定程度的不符性。

---

① 林秀芹、游凯杰:《版权制度应对人工智能创作物的路径选择——以民法孳息理论为视角》,载《电子知识产权》2018 年 06 期,第 12 - 19 页。

② 宁宇:《国外添附制度研究——以专利添附为视角》,西南交通大学,2013。

③ 李思源:《人工智能创作物的知识产权归属》,载《法制与社会》2018 年 15 期,第 212 - 213 页。

三、人工智能生成物的著作权保护存在的问题

我国在著作权法中明确规定:为了充分保护文学、艺术和科学作品作者的著作权,以及与著作权相关的合法权益,鼓励有益于社会主义精神文明、物质文明建设的作品的创作和传播,促进社会主义文化和科学事业的发展与繁荣,根据宪法而制定的本法[①]。该法条详细地说明了我国著作权法的立法目的,由于人工智能生成物的著作权保护问题还不能用现有的著作权法予以解释,我国急需对著作权法进行一次全新的改革,以适应人工智能的时代新要求。因此,我们在对人工智能创作物的著作权保护问题进行研究分析时,要坚持以维护著作权法的立法目的为前提条件。

（一）人工智能生成物的可著作权性问题

要探讨人工智能生成物的可著作权性,即判断人工智能生成物能否受著作权法保护,也就是论证人工智能生成物是否是著作权的客体[②]。要满足著作权客体的构成要件,需要具备两个方面的条件,一方面是对象条件,另一方面是属性条件[③]。对于前者,我国著作权法中并没有对作品的概念进行界定,而是以列举的方式对著作权客体进行说明。但是国际上很多国家运用思想与表达二分法[④]来界定作品,该原则认为著作权法保护的是思想的表达而不是思想本身,对于人工智能生成物来说,其毫无疑问是一种思想的表达而非思想本身,但这种思想却不是自然人的人类思想,而是人工智能的程序思想,其虽然不同于人类思想,但由此而产生的生成物却仍然是思想与情感的承载物,故而我们认为人工智能生成物符合著作权客体的对象条件。对于后者,著作权客体的属性条件包括可复制性和独创性,其中可复制性是为了区分书面与口头作品,人工智能生成物符合属性条件中的可复制性要件[⑤],而独创性是属性条件中的核心内容,一方面,它要求必须是作者独立完成的作品,另一方面,它要求该作品与既有作品有明显区别。人工智能生成物是人工智能自主对数据统计、整合、筛选并通过复杂运算生成的与既有作品具有不同方式技巧或其他差异性的产物,人工智能在其创作的过程中担任的并不仅仅是一种工具性的角色,而是显示了一定的独立性与自主性的,因此应将人工智能生成物视为由其独立完成的作品。此外,人工智能生成物虽然是在已有作品

---

① 《中华人民共和国著作权法总则》,第一条。
② 朱君:《浅议人工智能创作物的可版权性》,载《法制与社会》2018年02期,第224-225页。
③ 李芳芳:《人工智能创作物的著作权保护研究》,载《出版广角》2018年09期,第40-42页。
④ 冯晓青:《著作权法中思想与表达二分法原则探析》,载《湖南文理学院学报:社会科学版》2008年第01期,第71-78页。
⑤ 李博云:《论人工智能创作物的著作权保护》,载《传媒与法》2018年第09期,第47-50页。

的基础上进行分析学习的再创作,但著作权法对这种创作形式并不持有反对态度,人工智能生成物可以被视为符合最低创造性要求的非既有作品。据此,可以界定人工智能生成物符合属性条件中的独创性要件[①],即其具备了著作权客体的属性条件,满足著作权客体的构成要件受著作权法保护。

曾有学者就不认可人工智能生成物的可著作权性方面提出的几点危害[②],从反向论证了对人工智能生成物进行著作权保护的必要性。此观点认为若不认可人工智能生成物的可著作权性,将冲击现有的作品独创性认知,且随着人工智能生成物的出现成为生活中的常态,对它可著作权性的不认可将不利于鼓励人工智能的发展从而有碍于科技的进步。另外,如因人工智能的非人性就否认其生成物的作品性,对人工智能生成物客观价值的忽视也将不利于著作权的秩序维护。综上所述,笔者认为人工智能生成物是具有可著作权性的。

(二)人工智能生成物的著作权归属问题

对于人工智能生成物的著作权归属问题是从著作权主体的角度研究并分析的,对于这个问题,现今法律界学者有着并不统一的观点。

其一,认为人工智能可以成为著作权人。参考公司法意义上的法人概念为人工智能设置虚拟人格,一些欧洲立法者也提出机器人应该拥有电子人格。由于人工智能精神权利的缺乏,故可以对此方面进行限制使其与自然人创作相区别,从而在人工智能生成物诞生过程中参与的诸如投资者、程序设计者、用于数据训练的既有作品著作权人等多方主体之间建立利益平衡关系。这种对人工智能的法律拟制现象[③]使人工智能能够在某些方面和自然人享有同等的权利,但这不是与自然人主体对权利进行互相的争夺,人工智能因其本身不具备人格与意志的条件,也就没有需要予以保护的精神权利,将其拟制成为人的意义在于,可以在现阶段层面上解决面临的人工智能创作物的著作权归属等法律问题,从而对社会秩序进行更好的规制。

其二,认为程序设计者是著作权人。虽然程序设计者并不是人工智能生成物的直接来源,但对于人工智能的开发来说,程序设计者投入了大量的情感和思想,虽然最后产出的创作物本身超出了程序设计者的创作预想,但对于创作物整体方向的把控仍然在程序设计者的掌握之下,因此,如果对创作物的预想进行广义的解释,人工智能生成物就可以视为程序设计者思想与情感的表达,是其人格与意志的传递媒介,从这个意义上来说,程序设计者就是

①　周亚丽:《人工智能生成物的独创性研究》,载《环渤海经济瞭望》2018年02期,第193-194页。
②　李伟民:《人工智能智力成果在著作权法的正确定性——与王迁教授商榷》,载《东方法学》2018年第03期,第151-162页。
③　袁佩:《浅析人工智能的法律主体地位》,载《法制博览》2019年21期,第262页。

人工智能生成物的作者,而我国著作权法规定,除职务作品、委托作品等法律规定的例外情形,著作权原则上属于作者,据此,程序设计者就成了著作权人。

其三,认为投资者是著作权人。著作权法立法目的的论述中就包含着对创作与创作传播的鼓励,以及对社会文化与科技繁荣的促进。若投资者能够在不参与创作的情形下成为著作权人,则可以使更多的投资者看到其中的积极一面,陆续踊跃地为人工智能的研发工作注入力量,从而促进人工智能产业的发展以及科技的飞跃,此外,还可以为大量不能确定作者的作品确定归属从而减少著作权保护方面的程序投入进而完善司法实践过程。

其四,认为使用者是著作权人。人工智能可以模拟人脑进行深度学习,使用者利用人工智能对数据集进行训练和测试,人工智能通过对数据的统计、整合、筛选以及复杂的运算处理过程而产生的人工智能生成物已经具备了较强的个性化特征[1],使用者作为数据集的提供者和训练者,是人工智能创作物承载的思想与情感的来源,使用者享有著作权有利于鼓励其不断进行思维创新,活跃人工智能领域的创新氛围,因此,使用者成为人工智能生成物的著作权人具有合理性。

四、完善人工智能生成物著作权的建议

结合前文所述对人工智能生成物的可著作权性的分析,可知人工智能生成物满足著作权的客体要求[2],笔者认为其与自然人的著作理应具有同等的法律地位,都应该得到法律的保护。但就我国目前的法律来讲,人工智能生成物还不在著作权法所保护的范围之内,但如果不对其进行有效的法律保护,将会出现大量人类抄袭和剽窃的现象,违反了著作权法的制定主旨。因此,人工智能生成物的著作权保护将成为我国研究学者在未来一段时间内急需解决的法律问题。

(一)制定人工智能著作权保护的基本法律原则

涉及科技的进步和发展将会是具有无穷潜力的,我们也无法对其今后深层次的发展做出理智的估计。但是我们可以人为地根据现有的著作权研究内容而特定一根法律的规则红线。因为科学技术如果过于发达而超出人类的掌控范围之内,就将给人类社会的安定带来极大的危害,所以笔者认为应该加强预测人工智能今后隐藏的危机,对于涉及人工智能著作权可能存在的紧急场景和突发情况,理应策划出正确的应急方案,并尽快解决,防止影响到

---

[1] 季连帅、何颖:《人工智能创作物著作权归属问题研究》,载《学习与探索》2018年10期,第112-116页。

[2] 孙建丽:《人工智能生成物著作权法保护研究》,载《电子知识产权》2018年09期,第22-29页。

社会的稳定性。

(二) 赋予智能作品的作者署名权

在著作权法中没有对智能作品的作者即机器人的著作权利有具体的规定和法条,但是还要根据具体情况具体分析。一种是人类利用人工智能生成物,人类通过控制人工智能而创造出属于人类思想、情感表达的产出,不会超出设计者的预想,故此对现有的法律体制没有太大影响;另一种是人工智能自主生成物,如微软机器人小冰凭借自身能力独立创作出诗集《阳光失去了玻璃窗》①,这类产出是人工智能运用自身的分析、学习能力而产生的作品,蕴含着非人类智慧的结晶,超出了人类设计者的预想,对于这类人工智能产生的成果必须如实署名,也意味着人类不再具有署名的权利。因此,笔者认为应该在法条中增设对于机器人的著作权,即机器人具有署名权。虽然,笔者主张给机器人署名,但是这并不意味着需要设立新的法律主体,否则既不符合《著作权法》的逻辑,也会影响整个知识产权法律体系的平衡。虽然此解决方案还存在着一定的漏洞,但是笔者相信在将来会具有很高的可行性。

(三) 建立有效的法律监管机制

第一,基于人工智能的逐步发展已经可以升级到国家战略层次,笔者认为应该专门建立与人工智能生成物的著作权相关的学术研究机构,加大对人工智能生成物的著作权的深入研究,同时对人工智能生成物的著作权的研究与发展工作进行充分有效的规划和监督。

第二,对于政府部门而言,应该更加注重人工智能的保密工作。事实上,诸多人工智能数据都是由服务第三方所提供的。而且人工智能技术提供者将各个客户的数据汇总到一个数据库系统中,如果不进行有效的保密工作,这些个人数据将会被不法分子窃取,侵犯客户的合法权益。因此,笔者认为应该从保密义务的角度出发,建立专门的人工智能保密部门。

第三,人工智能生成物在研发阶段主要涉及伦理道德、算法设计、数据应用和安全的问题。但是目前情况,没有相应的国家部门对人工智能生成物进行有效筛查,检查其是否存在违法情况。目前,我国对于人工智能项目的研发能力十分有限,但随着人工智能技术的繁荣发展和进步,重大的人工智能生成物研发项目的数量将会暴增,行政机构缺乏专业的人员,从而对其监管力不从心。所以,应当吸收相对专业性的技术人才并设立专门审查人工智能的部门,负责人工智能生成物的研发设计和相关数据的备案和筛查。

---

① 周贺强:《人工智能作品著作权归属问题》,载《合作经济与科技》2018年22期,第186-187页。

五、结语

近年来，人工智能已经开始渗透进家庭生活、工作交流和社会公共的方方面面，其快速的发展成为一种必然的社会现象，不仅带给人类新的机会和发展，也带来了人类无法预知和评判的未来。法律已然是滞后于社会的发展，虽然人工智能的发展带来的法律问题，在现阶段之下还没有凸显出来，但这并不意味着我们能够忽视其问题的严峻性，理应积极采取相应的法律措施来应对今后将要发生的复杂问题，同时对相关的知识产权法律制度有一定的革新，以更好地应对人工智能生成物的出现给知识产权法带来的挑战。

在新科技时代飞速发展的背景之下，人工智能在积极推动互联网科技模式发展的同时，也不可避免地衍生出了诸多复杂的法律问题，我国应该正确使用这把"双刃剑"，在有效稳定人工智能迅猛发展的同时，用正确的知识产权法律制度对其进行积极有效的引导和约束，促进人工智能更好地带领我国社会文明进步和可持续发展。

论人工智能生成物侵害版权的责任主体认定 *

罗施福 * *

（集美大学法学院，厦门 361021）

摘　要：人工智能生成物是基于海量作品、信息、素材的提取与分析而生成，具有侵害他人版权的可能性与现实性。在当前法律语境下，人工智能不是法律主体，不能成为侵害版权的责任主体。对于人工智能生成物的版权侵害之责任主体，需要综合人工智能及其生成物的"生成过程"来判断。研发关系、买卖关系、租赁关系等等都会影响人工智能生成物的侵权责任之承担。原则上，对于人工智能生成物的侵权责任主体，应当秉持过错责任与无过错责任相结合之建制。即若版权侵权责任是源于有关主体（如销售者、购买者、承租人等）的过错造成，则应当由有关主体来承担侵权责任；若对于侵权之发生，相关主体均无过错，则宜考虑由人工智能的生产者来承担无过错责任。

关键词：人工智能；创作物；侵权责任；责任主体

一、问题提出：人工智能生成物的版权侵害责任由谁承担？

近年来，人工智能在文学艺术领域屡有惊艳表现，如 2014 年美联社与 Automated Insights（AI）公司合作，利用人工智能 Wordsmith 来生产"新闻报道"。2015 年腾讯财经推出人工智能 Dreamwriter"创作"的"新闻稿"。[①] 2017 年微软公司机器人"小冰"出版其"创作"的"诗集"《阳光失了玻璃窗》；索尼公司人工智能 Flow Machines"创作"了歌曲 Daddy's car。[②] 有学者认为：人工智能的这一发展意味着人工智能已在文学艺术领域具备类人类的智慧，并将人类的"创作神话"拉下神坛，使得文学艺术领域的"作品创作"不再为人

---

* 本文系福建省哲学社会科学一般项目"人工智能与著作权制度创新研究"（FJ2018B011）的阶段性成果。

* * 作者简介：罗施福（1980—），集美大学法学院法律系主任，法学博士，副教授；研究方向：知识产权法。

① 付松聚：《从 8 月 CPI 报道看机器新闻与人工新闻差异何在》，载《中国记者》2015 年第 11 期。
② 柯胥宁：《刍论人工智能创作物的著作权法保护》，载《中国知识产权》2017 年第 129 期，第 62 页。

类所垄断。由此，引发了人们对人工智能生成物是否具有可版权性以及具有可版权性的情况下其权利的归属如何等问题的讨论。[①]

其实，人工智能生成物是否具有可版权性及其权利归属如何，是人工智能引发的众多法律问题之一。从人工智能生成物的生成原理来看，人工智能生成物还有一个法律问题值得研究，即人工智能生成物侵害版权的责任承担主体问题。人工智能之所以能够进行所谓的"创作"，并生成具有"独创性"表达属性的"创作物"，是基于其对海量作品、信息、素材的提取与分析基础上。比如前文提及的 Flow Machines"创作"的 Daddy's car 就是基于对 13000 首来自全世界不同类型乐曲的分析与整合。这也就是说，没有海量的作品、信息与素材作为人工智能"深度学习"的"源泉"，人工智能"自主创作"就是无根之朽木。这就意味着人工智能"创作物"可能是"抄袭、剽窃"的产物。换言之，人工智能基于对海量作品、信息与素材的分析、抓取、整合与编成的"创作过程"，意味着人工智能生成物具有高度的"抄袭、剽窃"之可能性。尽管版权法奉"保护表达不保护思想"为圭臬，然在现行法律框架下"抄袭、剽窃"被视为是当然性的版权侵害行为。若人工智能生成物是"抄袭、剽窃"，且该生成物被公开，被广泛传播，那么，这种"抄袭、剽窃"的侵害责任应由谁来承担呢？人工智能"自身"能否成为版权侵权的责任主体？

人工智能是否以及能否成为其生成物侵害他人版权的责任主体，核心的问题是：人工智能是法律主体吗？如果不是，那么，这个问题就是伪命题。

对于人工智能能否以及如何构建其法律主体资格问题，国内外许多学者进行了多维度的讨论。有学者认为：人工智能已经越来越接近人类，甚至超越人类。如人工智能拥有智能及思考能力，具有自我意识，能够理解并解决问题、做出决断等等。所以，应当赋予人工智能以法律主体资格。[②] 若诚如学者的建议，人工智能被我们的立法确认为法律主体，那么，人工智能就具备承担侵权责任的逻辑性基础。笔者以为，人工智能能否成为法律主体，作为未来法学的一项重要议题而进行深度的学理讨论，是具有积极价值的。但至少，在我国当前的法律体系下，人工智能只能是法律上的客体，而非法律主体。所以，在当前语境下，我们需要讨论的问题是：对于人工智能生成物的版权侵害责任，应当由何种主体来承担？这需要综合人工智能及其生成物的"生成过程"来判断。

---

① 具有代表性的研究成果，如 Pamela Samuelson, Allocating Ownership Rights in Computer-Generated Works, 47 U. Pitt. L. Rev. 1185(1986)；王迁：《论人工智能生成的内容在著作权法中的定性》，载《法律科学（西北政法大学学报）》2017 年第 05 期，第 148 - 155 页；丛立先：《人工智能生成内容的可版权性与版权归属》，载《中国出版》2019 年第 01 期，第 11 - 14 页。

② 孙占利：《智能机器人法律人格问题论析》，载《东方法学》2018 年第 03 期，第 10 - 17 页；詹可：《人工智能法律人格问题研究》，载《信息安全研究》2018 年第 03 期，第 224 - 232 页。

二、技术研发与人工智能生成物的侵权责任主体

人工智能涉及众多高新技术领域，如机器学习，计算机视觉、神经生理学等。这就意味着人工智能往往不是单一单位能够独立研发成功的。所以，依托研发关系而进行人工智能的生产应是常态。人工智能的技术研发至少有两种形态，即委托研发与合作研发。

委托研发是一方委托另一方就特定的人工智能进行研发，并将研发成功的人工智能用于其特定的"创作"用途。[①] 如，甲公司委托乙公司研发一人工智能，专门用于"创作新闻稿"。在委托研发中，委托人的主要义务是提供研发经费以及提供人工智能研发所需要的特定的技术资料与数据。受托人的主要义务是制定研发计划，按期完成研发工作，交付研发成果。对于委托研发的成果——用于特定"创作"用途的人工智能的权属，应依双方的约定；如没有约定或约定不明，人工智能的所有权应归属于委托人。[②] 若委托人利用该委托研发完成的人工智能进行"创作"，并生成特定的"作品"，则参照物权法之孳息归属原则，该生成物的权利也应属于委托人。依照风险收益均衡之法理，若该人工智能生成物侵害他人版权，则委托人应当是第一责任主体，即应当向被侵害人在法律规定的范围承担版权侵权责任。然而，若委托人是严格遵守人工智能的技术操作规程，善意且无过失，则由委托人来承担相应的版权侵权责任，至少从委托人与受托人之间的权利义务关系匹配来看，是不公平的。所以，笔者以为，在委托人善意且无过失的情况下发生版权侵权，则应当由受托人就该人工智能生产物的版权侵权责任承担最终的责任，也即若委托人因人工智能生成物构成侵权而向版权人承担侵权责任之后，就赔偿损失部分可以向受托人进行追偿；就赔礼道歉、停止侵害等其他侵权责任承担形式，由受托人承担最终责任。当然，若委托人在受托人研发过程中实施了诸多影响，如，由委托人提供技术研发方案，或者由委托人提供据以供人工智能进行深度学习的海量作品或者素材等，则应根据委托人在人工智能生产过程中的影响程度进行侵权责任的分担。考虑到诉讼资源的节约以及案件有关事实的查明，在版权人起诉委托人的过程中，应当允许委托人申请追加受托人为共同被告或者向版权人披露受托人的情况，并由版权人决定是否追究受托人的相关法律责任。

合作研发是双方共同进行特定的人工智能研发。在共同研发过程中，作

---

① 当然也可以是其他用途。对于与作品创作无关的用途，本文暂不做讨论。

② 从受托人需要交付人工智能这一具有"动产"的形式来看，本文所讨论的委托研发实际上兼具有定作合同的属性。故参照我国《合同法》关于定作合同的有关规定，笔者主张对于人工智能的权属应当属于委托人。

为研发成果的人工智能可以归于双方共有或共同使用，也可以归属于其中某一方所有或者由单方使用。因共同研发中，研发各方均共同参与人工智能的研发过程，并对研发结果均有重要影响，所以，对于因研发成果（特定用途的人工智能）而产生的版权侵权责任，除非能够证明是使用者非法使用或者具有其他免责事由，则应当由共同研发的主体来共同承担侵权责任。若共同研发而成的人工智能的权属或使用，因约定而归属于某一方时，则相关的版权侵权责任可参照委托研发规则进行处理。值得注意的是，共同研发必须要求各方均承担实质性的研发工作，而不能是仅仅提供资金或者其他辅助性工作。若一方仅提供资金，不承担实质性的技术性工作，则视为委托研发，而非合作研发。

三、买卖与人工智能生成物的侵权责任主体

在市场经济中，买卖是最典型、适用最为广泛的一种商品流通方式。人工智能是人类创造物及其商品属性，意味着购买者基于其特定的"创作"需求而通过市场购买人工智能以满足其"创作"需求的现象将愈发普遍。人工智能的高科技属性决定了绝大多数的人工智能购买者不可能深度了解或者知悉人工智能的工作原理、质量及可能存在的瑕疵，而只能按照使用说明以及销售者的指导进行操作与使用。这就需要销售者根据诚实信用原则，对标的物的质量作出明确说明和具有法律效力的保证。参照《合同法》第150条及155条关于"销售者瑕疵担保责任"的规定，如果因人工智能的瑕疵而导致其生成物侵害他人版权，那么，人工智能的销售者需承担因瑕疵而给购买者带来的损失。

然而，若适用《合同法》的这一规定，由人工智能销售者的"瑕疵担保责任"，实际上仅解决购买者与销售者之间的责任分担问题，并没有解决版权人权利被侵害，应当由哪些主体来承担侵权责任的问题。

若我们将人工智能视为一种产品，那么，人工智能生成物的版权侵害责任，则可适用《产品质量法》与《侵权责任法》的相关规定来进行责任主体的确认。根据《产品质量法》第41～43条以及《侵权责任法》第41～43条的规定：若因人工智能存在缺陷，而导致其生成物侵害他人版权的，原则上应当是由人工智能的生产者承担侵权责任；若是销售者的过错而导致侵害他人版权的，则应当由销售者承担侵权责任。根据这些规定，购买者原则上无须就人工智能生成物侵害他人版权而承担侵权责任。

显然，《产品质量法》与《侵权责任法》的规定部分地解决了人工智能生成物侵害他人版权的责任承担问题。但不无疑问的是：人工智能的这种缺陷应当如何认定？若人工智能并不存在法定的缺陷或者生产者存在法定的免责

事由,比如将人工智能投入流通时的科学技术水平尚不能发现该缺陷的存在,则应当由哪种主体来承担侵权责任?

笔者以为,对于人工智能的缺陷认定,在立法技术上,我们至少有三种方案选择。

第一,由被侵权人进行举证,比如,申请司法鉴定或者由人工智能领域的相关专家出具意见。这种方案是符合我国当前主流的侵权诉讼机制建构,也有利于降低人工智能生产者承担侵权的风险。

第二,实行缺陷推定原则,即除非人工智能的生产者或者销售者能够证明人工智能在销售时不存在法定之缺陷,否则视为其生产与销售的人工智能具有缺陷,必须因此向购买者或者被侵权人承担侵权责任。

第三,不论是否有缺陷,均规定由人工智能生产者承担最终的侵权责任。这种方案的优点就是可以节约很多的证明责任,但不足在于使得人工智能生产者承担着过度的侵权风险,进而使得生产者在人工智能技术的研发等方面"畏首畏尾",阻滞技术的进步。

这三种方案都有其优越性,也有其不足。这三种方案应如何选择,可与后一问题进行综合考量,即若人工智能并不存在法定的缺陷或者生产者存在法定的免责事由,则应当由哪种主体来承担侵权责任。

对于人工智能不存在缺陷或者存在法定免责情形下的侵权责任承担,我们也至少有三种思路。

第一种是统一规定由生产者来承担侵权责任。这是因为生产者在侵权风险成本的配置方面具有更多的主动权,也更具承担责任的财产优势,更有利于被侵权人的权利保护。

第二是由购买者来承担侵权责任。根据原物与孳息的权利配置规则,人工智能生成物的利益应当归购买者享有,那么其相应的侵权风险也应当由购买者承担。

第三种思路是认定"侵权责任"不成立,但由购买者基于公平原则而给予适当的补偿。如前文所述,绝大多数的人工智能购买者不可能深度了解或者知悉人工智能的工作原理,而且,人工智能购买者众多,且存在多次转让的情形,版权之权利主体往往难以获悉最终的购买者是谁,若由购买者承担侵权责任将增加权利人的维权成本。

因此,更应当被优先考虑的方案是第一种,即不论人工智能是否具有缺陷,均由人工智能生产者承担侵权责任。若采这一处理方案,则前文所述之缺陷的认定或界定将不再是一种法律问题。因为不论是否有缺陷,对于人工智能生成物的版权侵权问题,均由人工智能生产者承担责任。当然,为了避免生产者承担过重的侵权责任,可以考虑对人工智能实行第三者责任强制险或者商业险。

在这一方案下，还有一个问题值得考虑，即如何确认人工智能的生产者与销售者？笔者以为，可以考虑标注制，即法律要求所有的人工智能生成物在对外传播过程中必须准确地标示生产者与销售者，进而以清楚地识别其是人工智能生成物。若没有标注，则由人工智能生成物或者"作品"的署名者承担侵权责任，且不得主张免责或者减轻责任之抗辩。

四、非法使用、租赁人工智能生成物的侵权责任主体认定

从技术角度考虑，人工智能是由人类设计与生产出来的，它们实施各类操作之目的取决于人类事先输入的程序或指令。[①] 尽管未来的人工智能可能具有"自主意志"，可能可以"思考"，但无论如何，人工智能都会受到人类，如其所有权人或者生产者的控制，因此不排除这样的情况，即人工智能所有权人非法使用而导致人工智能生成物侵害他人版权。从侵权归责的角度看，侵权责任所针对的否定性评价是行为人的行为，而非人工智能这一工具或技术。所以，如果人工智能的所有权人或使用人利用人工智能实施版权侵权行为，则相应的非法使用之行为主体需承担相应侵权责任。在制度效应上，可以考虑将人工智能生成物的侵权归类于"直接侵权"，其现实意义在于："直接侵权"之归责原则，在现行《著作权法》框架下实行"无过错归责"。这有利于减轻被侵权人的举证责任，使其被侵害的版权人利益能及时得到有效救济。[②]

从产业化来看，人工智能使用主体将会更加广泛，即不止人工智能所有权人可以使用人工智能进行"作品创作"，而且承租人也可以通过租赁方式取得人工智能的使用权，并进行"作品创作"。因此，除了所有权人非法使用需对人工智能生成物的版权侵权责任负责外，承租人同样也可以因其非法使用而承担相应的侵权责任。值得考量的问题是：若承租人非法使用而导致出现人工智能"生成物"侵害他人版权，则出租人是否应承担相应责任？笔者认为：在租赁关系下，出租人在预防作为租赁标的物的人工智能被滥用方面应负有一定管理义务，也对人工智能负有维修义务。所以，若承租人违法使用人工智能而导致侵权，则对于此种情形下的责任承担主体，可以参照我国《侵权责任法》第六章第49条对于机动车租借造成侵权的规定，即"因租赁、借用等情形"而导致所有人与使用人不是同一人时，发生侵权行为后，由保险公司在强制保险责任限额范围内予以赔偿。不足部分由使用人承担赔偿责任；所有人对损害的发生有过错的，承担相应的赔偿责任。这也就是说，立法应要

---

① 张童：《人工智能产品致人损害民事责任研究》，载《社会科学》2018年第4期，第103—112页。

② 王晓巍：《智能编辑：人工智能写作软件使用者的著作权侵权规制》，载《中国出版》2018年第11期，第49—52页。

求人工智能出租人在出租前需对人工智能以及承租人的资质进行审慎审查，同时在出租后要对人工智能承租人的使用行为进行相应监管。如果出租人将有瑕疵的人工智能出租，或是没有对出租后的人工智能尽到适当的监管责任，而导致人工智能生成物构成版权侵权的，出租人应承担相应的侵权责任。

五、非法侵入及使用、管理过错情形下的责任主体认定

人工智能的使用往往离不开互联网。只要有网络，就意味着第三人可基于黑客技术而侵入人工智能，并进而致使其侵权。例如，网络病毒等人为因素侵入、控制人工智能系统，使人工智能无法按设定程序进行工作，出现错误，并由此导致侵权。黑客攻击智能机器人的智能系统，造成他人损害，黑客就是责任人。对这种情况，我国《侵权责任法》有明确规定，如对于产品责任，若因运输者、仓储者等第三人的过错使产品存在缺陷，造成他人损害的，产品的开发者、销售者赔偿后，有权向第三人追偿。黑客等非法侵入者就是这里的第三人，应该按照上述规则确定其侵权责任。①

在实践中，我们也不能排除是人工智能的所有者、开发者或销售者的过错或未尽其管理义务而导致被非法侵入的情况。从公平角度来看，人工智能的所有者、生产者或销售者都应相应地尽到自己的谨慎与管理义务。② 这种谨慎与管理义务的确认可以参考美国关于自动驾驶汽车的立法。美国众议院于 2017 年 9 月通过的《自动驾驶法》第 12 条对生产者、销售者提出了系列隐私保护的技术标准，以防止人工智能系统的隐私信息遭受恶意窃取、篡改、删除或滥用。③ 借鉴于此，为保护被侵权之版权人的利益，在人工智能的所有者、生产者或销售者未尽其注意与管理义务而导致被非法侵入的情况下，人工智能的所有者、生产者或销售者应当在其过错的范围内向被侵权人承担相应的法律责任。若人工智能的所有者、生产者或销售者在发现第三方非法侵入人工智能后，积极采取及时、合理的措施，避免损害的扩大或者将侵权损害程度控制在合理的范围内，则可以减轻或者免除其侵权责任。④ 对于人工智能所有者、生产者或销售者的责任分配，宜考虑采按份责任，即由这三者在其过错程度范围内承担相应的份额责任。对于这三者与非法侵入者之间的责任配置，则宜考虑为补充关系，即若能确认非法侵入者之身份，则由侵入者承

---

① 杨立新：《人工类人格：智能机器人的民法地位——兼论智能机器人致人损害的民事责任》，载《求是学刊》2018 年第 4 期，第 85－96 页。

② 若生产者能够被确认，则生产者应当是作为第一责任主体；若无法确认生产者，则销售者应当成为第一责任主体。

③ 法案全文为"Safely Ensuring Lives Future Deployment and Research In Vehicle Evolution Act"。参见张童：《人工智能产品致人损害民事责任研究》，载《社会科学》2018 年第 4 期，第 103－112 页。

④ 崔国斌：《网络服务商共同侵权制度之重塑》，载《法学研究》2013 年第 4 期，第 138－159 页。

担全部责任；若无法获知侵入者或者侵入者无法承担侵权责任的情况下，则人工智能所有者、生产者或销售者在其过错范围内承担补充责任。

六、结论

人工智能生成物构成版权侵权的情况下，应由哪些主体来承担侵权责任，是科技进步而给法律带来的重大课题。笔者以为，在当前语境下人工智能不具有成为法律主体进而承担侵权责任的现实基础与法理依据；对于人工智能生成物的版权侵害责任，应当遵循无过错责任与过错责任相结合的原则。即若对于版权侵权责任是源于有关主体（如销售者、购买者、承租人等）的过错造成，则应当由有关主体来承担侵权责任；若对于侵权之发生，相关主体均无过错，则宜考虑由人工智能的生产者来承担无过错之侵权责任。换言之，不论人工智能是否是基于其"自主意思"或者"自由意志"而"实施版权侵权"，则均由生产者承担侵权责任。由生产者承担无过错之侵权责任，主要基于人工智能生产者具有配置侵权风险成本的专业优势与防控优势，也是基于被侵权人权利救济之便捷性与效率性考虑。

为了避免生产者承担过重的侵权责任，第三者责任强制险或者商业险应当被考虑引入人工智能的生产与销售中。销售者与生产者必须就人工智能生成物的侵权责任，承担不真正连带责任。

如果我们乐观地看待人工智能的各种假说以及技术发展，且人工智能在未来的某一天真的被确认为法律之主体，则对于其生成物之版权侵害，乃至其他侵权行为的责任承担规则，必须重新被考量与评估，并全面深刻地改变我们的法律规则。或许，那样的一天不一定会到来，或许那样的一天很快就到来。无论如何，人类的智慧都始终是值得憧憬与崇敬的。

网络空间安全与法学学科交叉的路径和方法 *

吴 渝 **

（重庆邮电大学网络空间安全与信息法学院，重庆 400065）

摘 要：运用技术与法律等手段联合治理网络空间，被世界普遍认为是解决网络空间安全问题的有效和必要手段。研究人员必须跨越单一的技术或法律等原有的学科范畴，跨界进行交叉研究和治理，从多个学科得到交叉融合的方法论启发，明确方法论路径。本文围绕网络空间安全与法学学科的交叉路径和方法问题，首先讨论了目前学科分类和学科交叉融合存在的一些现象或者问题。重点针对自然科学和社会科学的交叉融合问题，从学科交叉的两个指向给出其实施路径。然后，针对网络空间安全和法学问题的交叉研究实践，探讨了"定性—定量—实证"综合研究法，旨在给研究人员提供可行的研究方法参考。最后，给出了一些推进学科交叉的机制建议。

关键词：自然科学；社会科学；学科交叉；研究方法

随着网络空间安全问题日益突出，技术与法律等联合治理手段被普遍认为是解决网络空间现实问题的有效和必要手段。研究人员必须跨越单一的技术或法律等原有的学科范畴，跨界进行交叉研究。网络空间领域复杂的综合治理现状，让能够从事学科交叉的人才变得愈加急需，亦对教学和科研均提出了新要求。从事网络空间的技术与法律综合治理研究，应以理论和方法研究先行，针对交叉融合问题的特点和研究目标要求，从多个学科的基本理论和方法出发，得到交叉融合的方法论启发，明确方法论路径，方能做到系统性、全局性、针对性看待问题，达到事半功倍的效果。因此，本文以自然科学、社会科学两大学科的交叉为导向，针对网络空间安全与法律交叉问题的研究及实践需求，主要探讨网络空间安全和法学学科交叉的一般性路径和方法问题。

---

* 本文系国家社会科学基金项目西部项目"网络空间群体性事件治理与预警机制研究"（17XFX013）的阶段性成果。

** 作者简介：吴渝，重庆邮电大学网络空间安全与信息法学院院长，教授，博导。

一、学科和学科交叉的普遍性问题

（一）学科体系分类的问题

1. 学科的分类体系

学科被认为是相对独立的知识体系，人类通过不断深化对学科地位和相互关系的认识和理解，逐渐形成的一系列以分级、分类方式组成的学科体系。学科体系作为人类的知识系统，总体而言是经历了不断分化的成长过程，从最初的哲学学科逐步分离出自然科学、社会科学等若干学科。因为不同时代、不同学者存在对学科体系的认识差异，基于不同的学科分类理论和方法，形成了如今各国不尽相同的学科体系。例如，ESI（基本科学指标据库）[①]是一种世界公认的衡量科学研究绩效的评价工具，它按 22 个学科给出世界前 1% 的研究机构、学者、高被引论文等统计数据，常常被其他排名系统采纳为核心指标。我国的学位授予和人才培养学科按 13 个学科门类设置，分别是：哲学、经济学、法学、教育学、文学、历史学、理学、工学、农学、医学、军事学、管理学、艺术学[②]。粗略看，理学、工学、农学、医学等 4 个可以归为自然科学类，法学等其余 9 个为社会科学类。13 个学科门类包括 111 个一级学科，其中网络空间安全学科（学科代码 0839）是工学门类下的一级学科，法学学科（学科代码 0301）是法学门类下的一级学科。

2. 学科分类存在的问题

学科分化是学术研究深入和细化的必然结果，有效地促进了科学发展。但是，现行学科分类还存在若干问题，是我们探讨学科交叉融合研究或人才培养时必须面临的问题。

1）学科分类工作永远在路上

不管是从学科体系本身来看，还是从各个学科内的知识体系来看，关于学科体系结构的研究和演化永远在路上，具体表现如下。

一是认识差异导致学科体系不完备。由于人类认识世界总是在不断深入，任何时期形成的知识体系必然是不完备的，是对科学世界的不完整拼图。认识的差异性、滞后性、局限性，也造成人类给出的知识体系答案并非是针对现实问题的完美解、公认解或非唯一解。

二是分类标准存在国家或政策差异。学科体系被认为是世界各国的学

---

① EST 由美国科技信息所(ISI)于 2001 年推出，现属汤森路透公司。22 个学科包括：生物学与生物化学、化学、计算机科学、经济与商业、工程学、地球科学、材料科学、数学、综合交叉学科、物理学、社会科学总论、空间科学、农业科学、临床医学、分子生物学与遗传学、神经系统学与行为学、免疫学、精神病学与心理学、微生物学、环境科学与生态学、植物学与动物学、药理学和毒理学。

② 中华人民共和国教育部：学位授予和人才培养学科目录，2018 年 4 月更新。

科话语体系。因此,推动学科分类的不完全是基于科学理论和认识的分类标准,还有各国不同的政策因素在影响学科分类结果。为服务于现实需求,总有政府机构、专家群体认为现行学科体系必须打上补丁,并积极致力于此。例如,网络空间安全学科正是因为我国的国家安全战略需求而得到成功增补。

三是修订工作日益复杂。当学科体系发展到一定规模,复杂到一定程度,越发不容易打上合适的补丁,做整体性或局部性修正。如果没有有效的调控机制,每次修订可能引出新问题。一次偏离目标或标准的修订反而可能使得现实问题更加复杂化。

2)学科分类直接影响人才培养

学科分类不但是从科学角度而言,也是我们教育体系的专业划分依据,学科分类的结果将影响人才培养工作,具体表现如下。

一是学科分类限制了创新人才培养。各个专业为学生提供了包括有限思维、有限方法、有限工具的知识集合,便于用一套行之有效的方法教育和培训人才,但这样做在某种程度上限制了学生去综合运用所学知识解决现实复杂问题。过细的学科专业分类可能造成专业同质化严重,特色不分明。不断涌现的新专业和旧有专业之间关系混乱,可能导致学生学习负担重,无所适从,对所学专业缺乏真正的从业兴趣。受功利化观点影响,一些社会发展需要的不热门专业,很可能被学生和家长不看好。

二是学科壁垒影响职业思维和习惯。现代科学技术的日新月异、知识加速迭代,造成学科门槛前所未有的高,打破已经形成的学科壁垒,从一个学科跨越到别的学科的难度越来越高。高高的学科围墙容易导致围墙里面的专业人员习惯画地为牢,看不到现实世界的全貌。例如,我们每个人在中学文理分科后步入科学的某个分支,不管是从学习知识、创新知识,还是观念、理念、习惯上,各学科的人都形成了职业特点,如工科的量化思维、法学的规则思维等。

三是学科体系多样性降低工作效率。虽然世界各国在基本学科分类骨架方面存在一些共识,但在专业层面的做法存在诸多差异,专业体系更加多样性。不同专业的人才培养口径和目标也呈现出多样化,给学位、学分互认等带来额外工作量。

(二) 学科交叉融合的问题

研究现实复杂问题需要多学科知识,于是传统经典学科间的界限被不断打破,学科发展又出现了融合的趋势。但是,以自然科学和社会科学交叉发展为例,我们不能只看到学科交叉融合展现出来的美妙前景,也需要辩证认识其存在的问题和困境,给出理性的判断和合理的答案。为此,提出如下三个问题供思考。

1. 如果学科交叉是一场盛宴，是否必须奔赴？

学科交叉不是一场必须奔赴的全民之宴，但其绝对是一场不能忽视的盛宴。涉及学科交叉的社会热点总是不乏追踪者，我们应该冷静、清楚地判断：是不是每逢热点必追，且全民必追；如果要追，应从哪里入手。在喧嚣盛宴举行时，我们依然可以端一杯清茶，在自己的学科领域坐而问道；或者，不断学习并提升自己的学科交叉能力，去获得这场盛宴的门票。

2. 如果学科交叉是一段旅途，应该如何奔赴？

学科交叉不是一段离开根本的抛弃之旅。对大多数学者而言，学科交叉应以本学科为本，不是抛弃自己的学科根本去不熟悉的领域里打拼、折腾。要做好学科交叉，必须"两手都要抓"，既不能放弃抓传统学科内容研究，也必须重视抓新兴学科内容研究。万万不能在本学科立足不深，发现挖不出金子，就把学科交叉当作救命稻草而去，结果搞得"竹篮打水一场空"。

学科交叉是一段寻求初心的追溯之旅。重庆邮电大学网络空间安全与信息法学院作为国内第一个把网络空间安全学科和法学学科放在一起建设的学院，一个把学科交叉融合视为特色发展之路的学院，肯定不是为了学科交叉而交叉。我们应该不时提醒自己：学科交叉的"初心"是什么？不忘初心，牢记使命，方得始终！

3. 如果学科交叉是一场战役，应该如何决战？

学科交叉不是一场比拼实力的掠夺之战。对自然科学、社会科学而言，相互交叉的难易各有不同。但是，学科交叉不应是强势学科对传统学科的资源抢夺[①]，使得原有所谓弱势学科连其原本的资源也保不住。学科交叉投入应均衡地考虑不同学科立足，小心保护基础性学科或力量式微但重要的学科去持续发展。在工科背景的高校里，我们应当审慎对待手中的话语权，尊重社会科学的自身发展规律和学术范式，突出其特色，帮助其成长，不是要压倒性或无序地投入资源争夺。

学科交叉是一场锁定问题的坚持之战。寻求多学科交叉融合的手段来解决现实问题，就应当以解决问题为目标导向，以解决问题为使命和责任追求。因此，每个试图从事学科融合交叉的学者，应当首先自问："我的问题是什么？"我的问题来自对社会关键、重大、热点问题的研判，来自对自身学科基础、知识结构和能力的研判。我的问题是基于自身学术生涯的一次总结，也是对自身学术发展未来的一次规划。每个善于做学科交叉工作的学者，都有这样一个找寻自身问题的经历，甚至是精彩、成功的故事。

---

① 陈尧:《辩证认识学科交叉发展》，载《中国社会科学报》，2018-07-31。

二、自然科学和社会科学的交叉路径

为便于讨论网络空间安全和法学学科的学科交叉,从更加普遍的角度在此把科学按其认识对象的不同分为自然科学、社会科学(分别简称自科、社科),其他各类归于此两类。从对象来看,自然科学是研究无机、有机自然界的科学,社会科学是研究社会事物的科学。从方法论角度,二者都是针对各自的认识对象进行研究,任务在于揭示发生的现象以及过程实质,把握规律性,以便解释并预见新的现象和过程,最终为社会实践服务。因此,两个学科在方法论上的相似步骤,为二者的学科交叉提供了现实基础。

从学科交叉的方向看,从自科交叉到社科,或从社科交叉到自科,难度不同,障碍不同,方法不同。在此,把交叉路径总结为要解决 8 个问题。

(一)从自科交叉到社科的 4P 问题

自科或工科的研究者要交叉到法律领域成为活跃或成功的研究者,应该解决动力、路径、成果、平台等四类问题(4P)。

1. 跨越动力问题(driving power)

研究者需要对社会科学存在天然或后发兴趣,热衷以社科研究者的身份参加学术活动。这些活动通常包括写作、演讲、热点评述、接受采访等,对很多工科人是天然的屏障,特别是长期从事工科研究后会无形之间丢掉原来还有的社科思维。那些在自科学习和实践中长期保留了社科方面的个人爱好的人,或外界给予了相当助推力且成功转变为内生动力的人,能更容易地顺利迈过第一关。

2. 成长路径问题(growth path)

研究者需要找准实现跨越的有效路径,补上学科知识的空白,通常方式是参加课程培训、修读学位、考取职业资格证等。倘若不能专门脱产来进行这样的补习或提升,对大多数已经在本学科领域颇有成效的人而言,也再次成为拦路虎。那些对本学科和交叉学科地带有强烈兴趣并认真做了路径规划的人,才更容易决定用时间和精力来换取不同的未来发展方向。

3. 亮点成果问题(highlight product)

研究者需要抓住合适机遇,产生学科交叉成果。在社会热点爆发之前或者已经储备好知识,积极参与新问题研究并成为首批参加到某些学科交叉新领域的研究者,能够及时亮出新观点,通过外界的认同不断加强自己的获得感,坚定学科交叉之路。只有拿出社会认可的成果,方可证明学科交叉工作的有效性和水平高低。

4. 支撑平台问题(supporting platform)

研究者需要打造或加入新的平台,得到平台的助力或认可来跨越其原有的学科。平台问题可以发生在学科交叉之初，以平台作为起点来开展学科交叉，如成立学科交叉联合研究中心；可以是因为先期成功的学科交叉实践而打造，如重庆邮电大学网络空间安全与信息法学院的成立就是以教学学院的模式来推进学科交叉的教育和科研实践；可以是随着学科交叉工作的深入和水平提升，从而得到更上一层楼的更高平台的支持。平台的支持也意味着队伍的支持，可促使研究者从独立的交叉实践升级为团队、群体的实践，从做小事开始壮大后做大事，出大成果，取得大成就。

（二）从社科交叉到自科的 4P 问题

以信息技术背景为对象时，法学研究者应该从心态、学习、实践、项目等四个方面（4P）来步入学科交叉领域。

1. 主动心态问题（positive psychology）

随着日新月异的新技术越来越和社会经济生活融合，固守传统法学学科的舒适区不但会丢掉众多新机遇，也会让自己固守的领域范围越来越小。与时俱进，不断补充法律对象的知识，是新时代保持法律工作者学术生命力的根本，别无选择。面对貌似复杂的技术背景知识，要有主动作为的主观愿望，需要首先克服畏难情绪，下决心迈出心态上的一步。

2. 科普学习问题（science popularization）

这里不是真正去学习如何解决技术问题，只是需要对技术的历史背景、发展现状、定义、分类等综合性知识进行普及性学习，通常的方式是阅读科普图书或资料、参加科普讲座或培训、请教技术人员等。只要突破了第一关的畏难情绪，不强迫自己去读懂数学公式、算法描述等，这个过程其实没有想象中困难，甚至还能把学习心得以更加符合法律工作者的方式呈现出来，在学习的同时也做科普工作，带动更多的人加入进来。

3. 社会实践问题（actual practice）

总有人以为，实践是学习好所有相关知识才便于开展的工作，这样可避免在实践中遇到未知问题。大学教学体系也遵循这样的理念而设计，学生们按制定好的培养方案，分步学习一堆有先后内在关系、相对成体系的知识，然后再参加课程实践、毕业实习和毕业设计。一旦打乱这个顺序，学生们就会因缺乏必要的知识或技能而造成各种焦虑，畏惧去面对真实的社会问题。但是，社会问题总是在那里，层出不穷，每个人都不会有真正准备好去解决它们的时刻。因此，我们必须坚持在实践中学习，一边学一边实践，针对实践中发现的问题进行问题导向的学习，找到解决问题的方法，在实践中不断深化认识和理解。科学研究也一样，对一个存在未知的领域，只要积极投身参加，坚持下去，就一定有收获。

4. 资助项目问题（funded project）

一味提及学科交叉可能成为口头上的空谈。对学者而言，能拿到纵向或横向的资助项目（或案件），一是能给足驱动力去实际投入交叉研究，为避免学术信用坍塌，就必须要在项目实施过程中切实解决相关技术知识的科普学习；二是项目研究本身也是一种学术上的实践，成功完成必定能增加学科交叉的信心，从而让学科交叉的心态更加积极主动。虽然获得项目资助能尽快让学者进入良性循环，在没有下决心投入交叉之前，不如尝试依托当下的研究积淀先申请学科交叉项目，或指导学生开展相关课题。

三、网络空间安全和法学学科交叉研究的方法

每个学科有自己偏重使用的、独创或独有的方法论，也会使用通用的、共性的方法论。所谓"他山之石可以攻玉"，在战术层面，为达目标，创新使用跨学科、多学科的方法，往往可以出奇制胜。何况，真正以解决问题为目标导向，就绝对不会固守一个单一的学科范畴。

（一）自科和社科的研究方法

1. 四种研究方法

科学研究方法按性质可以分为定性研究和定量研究，还可以按研究方式分为理论研究和实证研究。四种研究法的定义是广为人知的，在此不一一介绍，仅重点说明其关系。定性研究、定量研究、理论研究、实证研究这四种研究方法是相辅相成、互有交叉的。针对不同的研究对象，四者扮演的角色或份额不尽相同，需要具体问题具体分析。总体而言，是定性研究、理论研究在先，定量研究、实证研究在后。

理论研究是实证研究的前提和向导，为实证研究提供约定俗成的对象、术语、指标、概念和理论依据等，实证研究以丰富、生动的实践提供对理论研究的补充和检验。理论研究和实证研究都可以采用定性研究或定量研究的方式。实证研究和非实证研究的抽象概念研究、仿真模拟研究等形成区别，其一定是针对现实社会问题的研究，问题来源于现实，结果也如实反映了现实。

定性研究注重抽象的分析，其分析对象可以是抽象问题，也可以是社会问题，但并不注重该理论分析的结论得到现实问题的支持。定量研究注重用数据说话，并非关注数据是否来源于现实社会。例如，为了验证定量研究中构建的某个模型，可以专门生成一些数据集来进行仿真测试。

2. 自科和社科的研究方法

我们不能纯粹以定性研究、定量研究，或以理论研究、实证研究来区分社会科学、自然科学的方法论，它们是互有混合搭配，且程度不同，深度不同。

　　自然科学擅长使用数学分析、模型方法、定量分析、统计计算、智能分析等研究方法，总体而言是定量研究为手段，辅助以定性分析，研究方法一般包括理论研究和实证研究中至少一种。以计算机学科为例，在算法编码和测试之前，除了运用流程图、伪码等方式对程序算法进行描述外，还需要对算法进行定性分析，一般包括空间复杂度、时间复杂度等的对比分析，必要时还需要针对算法收敛性、稳定性、混沌性等特性进行数学理论推导和证明；其后，在算法测试阶段，运用算法运行时间值、算法相关性能的量化计算结果等定量手段，去呼应定性分析的结论；算法测试完毕，可针对实际问题进行案例验证，说明方法具有实际应用价值。

　　社会科学善于使用理论研究、社会调查、文献阅读、定性分析等研究方法，总体而言是定性研究为手段，并不特别注重采用定量分析，研究方法一般包括理论研究、实证研究中至少一种，越是贴近社会问题的研究，就越需要进行实证研究。以基于社会调查的研究为例，在社会调查中可以通过设计调查问卷的方式来收集特定用户群的相关数据，然后利用通用的一些工具来进行简单的统计分析，以便找到数据的显著特性。

（二）"定性—定量—实证"综合研究法

　　社科和自科方法的联手往往更有利于发现问题中的价值信息。例如，从数据工程的角度，社会科学工作者往往担任的角色是利用理论研究得到的启发，从一线生产或社会实践中寻找值得研究的社会数据问题，并可能以社会调查等方式采集小部分原始数据；而自然科学工作者则善于从数据抓取、数据存储、数据特征提取、知识获取、决策分析等后端以工程化的方式充分采集数据，特别是采集人力难以获取的信息数据，然后充分分析和利用数据，实现数据价值的最大化。在跨学科研究工作中，面对需要解决的现实研究问题，社科、自科交叉研究方法一般可采用"定性—定量—实证"综合研究方法，即定性分析先行，定量分析后行，最终以实证研究收尾，如图1所示。

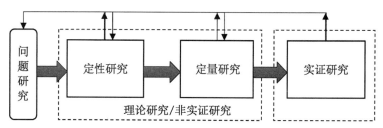

图1　"定性—定量—实证"综合研究方法

　　在"定性—定量—实证"综合研究方法中，各环节并非孤立的，而是"问题导向"思维下有机的系统组合，通过反馈机制来达到整体最佳。在定性研究、定量研究、实证研究三个环节,均需要将研究结果反馈到现实研究问题进行对照检查。如发现未解决的问题,一方面需要及时调整本环节所采取的研究方法或工具,以便在该环节达到最佳研究效果;另外一方面也需要评估问题是否是前序环节和本环节的匹配性问题所导致,如是,则可根据实际情况对前序环节进行调整。在"定性—定量—实证"综合研究方法中,不特别强调理论研究法,它可以或多或少地出现在定性研究或定量研究环节。定量分析和定性分析属于两种不同的思维方式,如同演绎和归纳一样,并非所有人都善于同时使用两种方法,但以问题为导向时,二者一定是密切结合的。

定性研究、定量研究、实证研究三个环节各有其地位、适用性和影响性。具体而言,定性研究是整个研究的根本和基础,是产出高水平成果的需要;它适用于问题和对象定义、系统性质分析、研究和实验方案设计等环节;如果缺乏定性分析,定量分析可能陷入重复研究,不能总结为一般规律。定量研究是整个研究的骨架和关键,能够增加成果的说服力;它适用于数据工程的数据抓取、存储、特征提取、知识获取、决策等环节;缺少定量分析,定性分析可能难以被大众接受并采纳应用,或脱离实际。实证研究是整个研究的目标和终点,是检验现实的试金石;它通常在研究最后运用,让定性和定量研究所得获得实践支持;缺少实证研究,定性研究和定量研究失去实践深化,难以发展壮大。

四、推进学科交叉的机制建议

学科交叉问题从来不单单是学者个人的问题,要真正推进学科交叉工作,更重要的是从上层解决学科交叉的政策、机制问题。世界各国、国内各高校和研究机构如何在政策和制度上推进学科交叉的做法很多,成功经验很多。如何在学校整体上看学科交叉工作的推动机制问题呢?根据本学院的工作现状,参考国内相关高校的做法和经验,有如下建议。

一是应搭建校级交叉平台。集全校之力,做大文章,做大事。成立校级层面的学科交叉平台,模式可以是科研平台,如交叉研究基地或中心;或教学平台,如在学院基础上架构学部。以上平台根据情况以实体方式或虚拟方式运行,因事而聚,完善组织机构和管理模式。

二是应全员改变交叉观念。坚持增量导向,避免内部争抢。改变存量式思维,避免在校内无序争抢学术、教育等有限的资源。建议向急需和重点交叉领域优先投入增长性资源,引导各学科对外共同拓展新的发展空间。

三是应创新交叉工作机制。坚持以人为本,创新人事管理制度。交叉工作的关键是解决队伍的问题,要推进学科交叉,必须改变学科交叉是让人"跳圈子"的固定做法,必须打破学科壁垒,制度上支持"跨圈子"。建议对学校急需并选聘的交叉人员（研究人员和管理人员）实施"双聘"制度（原行政单位和现交叉行政单位同时聘用），配套"双待遇""双考核"等制度，设置交叉工作的绩效津贴或专项工作经费，激励教师从事学科交叉工作。同时，理顺交叉成果归属和共享机制。做好全局统筹，以制度为引领，在学校内建立成果归属和共享机制，一方面确保各学科原有利益，同时也能把交叉成果的特色和亮点体现在交叉学科建设上，让参与交叉建设的多学科共享胜利果实，共谋进步，共同进入发展的良性循环，找到各自发展的新机遇。

五、结论

以上主要从自然科学、社会科学学科交叉的普遍性路径和方法论角度，探讨了网络空间安全和法学学科的交叉融合做法，更多是给有志于从事这些交叉领域的学者给出启发性、可行的实践建议。这些方法论的心得体会和思考，一部分来自对重庆邮电大学网络空间安全与信息法学院近三年的学科交叉的工作实践，一部分来自国家社科基金项目资助的计算科学和法学交叉领域课题的研究实践。该课题从网络群体性事件的法制化治理角度出发，以复杂性理论为基础，综合运用社会突现计算、网络行为学以及数据可视化技术等技术手段，研究网络群体行为的产生机理，分析网络舆情演化规律及影响舆情演化发展的关键因素，运用计算法学交叉学科的相关知识和方法，在责任主体界定以及责任定量计算方法、舆情数据抓取和多维数据可视化、网络群体性事件治理及预警等方面取得了一系列阶段性成果。本文所述的方法论，正是在该课题研究中进行的实践和总结。

由于篇幅有限，本文是笔者对 2019 年 10 月 12 日在重庆邮电大学举办的"网络空间治理中国论坛暨中国科学技术法学会网络空间法专业委员会 2019 年会"上的大会报告的部分发言内容的文字整理，其他学科交叉的启发和研究思考有待于继续完善和系统整理。谨以此文的初步思考，向那些从事或帮助网络空间安全和法学学科交叉融合的学者和管理人员致谢、致敬。

欧盟网络安全监管的法治经验探析

李建伟*

（北京航空航天大学法学院，北京 100083）

摘　要：在全球网络安全法律规制体系中，欧盟模式是与美国模式并驾齐驱的一种法治化模式。欧盟网络安全规制区分为欧盟法层面和成员国法制层面，其中欧盟法层面提供了欧盟模式的基本战略框架和制度要点，对各成员国的网络安全立法及司法起到直接的塑造与指引作用。2013 年至 2018 年欧盟出台的《欧盟网络安全战略》《关键信息基础设施决议》《网络与信息安全指令》《一般数据保护条例》(GDPR)及《欧盟网络安全法案》起到了构建网络安全法制框架和形成具体法律秩序的作用，2018 年基本完成了网络安全法治"法典化"，形成了具有欧盟特色的网络安全法治体系。该体系对世界各国尤其我国的网络安全立法和法治建设有着非常关键的理论启发和制度借鉴意义。

关键词：欧盟模式；网络安全；法治战略；数据保护；法典化

欧盟在网络安全法制方面的建设起步较早，已形成一定的法治化经验①。由于欧盟是区域性国际组织，因此有关网络安全方面的战略和立法涉及欧盟层面与国家层面，但限于篇幅及考虑到欧盟网络安全战略和立法对各成员国具体法律秩序的塑造和规范指引意义，本文考察重点集中于欧盟法层面。通过研究欧盟层面的相关立法实践，展现欧盟法在网络安全领域的进展和特色。这一研究有利于我国立法者精准借鉴域外经验，完善我国的相关网络安全法律制度。

---

* 作者简介：李建伟(1980—)，北京航空航天大学法学院研究生，助理研究员，研究方向：行政法、网络空间安全法。

① 关于欧盟网络安全治理较为系统的考察与分析，参见宋文龙：《欧盟网络安全治理研究》，外交学院 2017 届博士学位论文；另可参见王婧：《欧盟网络安全战略研究》，外交学院 2018 届硕士学位论文。

一、网络安全的框架法：欧盟的网络安全战略

欧盟的网络安全战略主要为 2013 年 2 月 7 日颁布的网络安全战略（Cybersecurity Strategy of the European Union：an Open，Safe and Secure Cyberspace）(2013)。该战略建立了欧盟网络安全监管的框架法秩序。

（一）网络安全战略的制定背景

欧盟认识到了网络安全问题在公民生活中扮演着重要角色，因此将网络安全上升为基本生存资源的层面，认为基本权利、民主政治和法治均应在网络空间得到保护。基于此，欧盟决心推进网络安全战略，打造开放、安全的网络环境。这启示我们要高度重视网络环境的安全和良性发展。

（二）网络安全战略的基本原则

基本原则主要为：其一，宪法赋予的言论自由和个人隐私等基本权利也应当在网络空间受到保障。其二，保障每个人平等接触网络的机会。其三，数字世界应由多中心的实体参与到互联网资源的管理和标准的制定中。其四，互联网络是由每个人平等参与而缔造出的一种秩序，因此网络安全人人有责。

（三）网络安全战略的主要内容

(1)提升网络抗冲击能力。包括：确立信息安全方面通行的最低标准；设立预防、调查和反应的协调机制；提升对私人空间的掌控；通过举办"欧洲网络安全月"等活动提高网民的网络安全意识。

(2)大幅减少网络犯罪。包括：推动强有效的立法，敦促成员国尽快批准《欧洲关于网络犯罪的布达佩斯协议》；提高对抗网络犯罪的行动能力；提升欧盟层面的协同能力。

(3)发展与框架性安全和防护政策相关的网络防护政策与能力。包括：评估欧盟网络防务需求并促进增强欧盟网络防务能力和技术；发展欧盟网络防务框架性政策，确保风险管理、提高风险分析和信息共享；促进欧盟内部及国际间的对话和协调。

(4)为网络安全开发工业和技术资源。包括：打造网络安全产品市场，启动一个在网络与信息安全方面的平台；促进研发投资与创新，实施地平线 2020 计划，刺激成员国、欧洲刑警组织和 ENISA 更多投入到科技研发。

(5)建立接轨国际的欧盟网络空间政策并保护欧洲的核心价值观。《公民权利与政治权利国际公约》《欧洲人权公约》《欧洲人权宪章》等公约也应在网络空间被遵守。探索在网络安全方面进行更大范围国际法建设的可能性。

(6)相关机构的职能分工。涉及欧盟与成员国两个层面之间的分工负责

关系如图 1 所示①。

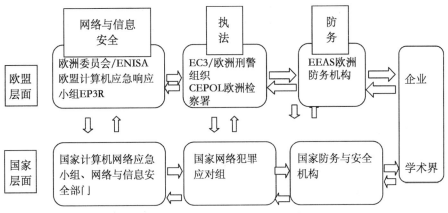

图 1　欧盟与成员国层面的分工负责关系

在出现网络攻击等严重威胁时,应根据不同情况确定相应处理方案。如果是对商业造成严重影响,网络与信息安全部门应提议采取行动。如果可能涉及刑事犯罪,欧洲刑警组织应当被告知以便于他们能够会同事发地执法部门开展调查,保存证据和起诉。如果涉及网络谍报活动,国家安全部门和防务部门将指令相关负责人以迅速应对。如果涉及个人信息,国家数据保护机构或者国家监管部门应当介入。

（四）对欧盟战略的基本评价

欧盟网络安全战略基于对公民权利的保护和促进,勾勒出了欧盟对网络安全的愿景——使欧盟的网络环境成为世界上最安全的,并认为只有通过多国之间真正的协作负责、共同担责才能实现。总体而言,这部战略体现出较强的前瞻性。

第一,对网络安全形势的认识较为明晰。欧盟清醒地认识到其存在网络抗打击能力不强、欧盟与成员国及成员国内部协同机制不畅、社会层面网络安全的发展缺少经济刺激、国际合作模式尚未成型等严峻问题。

第二,对网络空间的本质认识较深刻。其认为网络空间不仅是技术层面的应用问题,而且应当将其提升到资源战略层面加以考量。

第三,从发展的高度认识网络安全的保障。其分析建立一个积极的、开放的、自由的、安全有序的网络空间对于社会发展的重大意义,并基于此建构网络安全战略。这一点值得我国借鉴,在保障网络安全的同时应注重多种效益的全面推进。

———————————

① EP3R：The European Public—Private Partnership for Resilience.

第四，强调多领域共同推进。通过政治、法律、技术、经济等多种因素综合作用推进网络安全工作，特别强调了政府通过对市场和科研的调节来避免市场对网络安全这类公共产品刺激不足的影响，可谓认识深刻。

第五，强调协同与共享。解决互联网问题的思路应当是多角度协同推进，强调部门间协同合作与国际间紧密沟通、作为监管的公权力部门与用户等私人协调沟通，我国亦可考虑各部门间的协调机制以及与国际间的合作。

二、欧盟网络安全具体法律秩序的初步建构

与欧盟上述网络安全战略相关及相配合，欧盟层面制定了一系列具体法律规范，以增强对网络安全领域的精细化监管和保障。

（一）欧盟《关键信息基础设施——面向全球网络安全的决议》（Critical Information Infrastructure Protection：towards Global Cyber-security）（2013）

1. 决议背景

这部决议是建立在以下几项决议基础上的：2010 年的《一项新的欧洲数字法案：2015》[①]；2010 年的《网络治理：下一个步骤》[②]；2011 年的《欧洲宽带投资：数字驱动增长》[③]《工业、研究和能源报告》《公民自由、正义和家庭事务意见》。当时的欧盟需要出台决议，以有效执行涉及互联网的数据隐私和知识产权等方面的立法；在网络技术和安全方面开展强有力的国际合作；促进公共和私人的基础设施获得较强的抗打击能力。

2. 决议内容

第一，在国家和欧盟层面加强关键基础设施保护。决议提出要支持成员国积极履行欧洲关键基础设施保护项目，建立关键基础设施预警信息系统。具体要求评估关键基础信息基础设施保护计划的实施情况，敦促成员国建立国家计算机紧急应急小组，组织规律性的网络事件训练，促进形成欧洲网络安全事件应对机制。

第二，对网络安全采取进一步措施。决议提出要敦促欧洲网络与信息安全局（ENISA）实施每年一次的欧盟网络安全宣传月。呼吁各成员国设立国家网络安全偶发事件应急计划。启动全欧洲及各成员国强化信息安全训练和教育项目，支持提升网络安全方面的教育。

第三，加强国际合作。该决议呼吁欧洲委员会和欧洲外事司与所有相关

---

① OJC 81 E，15.3.2011，P.45.

② OJC 236 E，12.8.2011，P.33.

③ Texts adopted，P7_TA（2011）0322.

国家开始一项建设性的对话,并在主要的关键信息基础设施成员国中积极沟通。建议在欧盟和美国立法之间建立沟通,寻找与相关国际论坛的合作。

3. 基本评价

这部决议是欧洲网络安全战略在基础设施方面的进一步细化,体现出了欧盟较强的前瞻性。基本贯穿了战略中对国际协作、技术发展等的重视。尤其是这部决议细化了对于网络安全训练的考量,强调机制性建设等均值得我国借鉴。

(二)欧盟《网络与信息安全指令》(Proposal for a Directive of the European Parliament and of the Council)(2014)

1. 制定背景

欧盟的战略并非是一个简单的满足商业交往的信息安全保护法令,更是在新的信息技术高度发展语境下对传统的基础性权利保护的重申。而指令的出台就是欧盟这项战略的主要举措。[①]而一段时间以来的立法仅仅强调了电讯方面采取风险控制措施,大量基础设施和服务提供者尤其脆弱。欧盟强调必须通过渐进式的行动来推进这一问题的解决。指令的形成历史如表1所示。

表1　网络与信息安全指令的形成历史

颁布时间	发展历程	实施情况
2001	《通信网络与信息安全:欧洲法案》	网络与信息安全重要性
2006	《安全的信息社会战略》	增强网络安全保障的氛围
2009	《关键信息基础设施保护方案》	保护通信免受中断的威胁
2009	《欧洲网络与信息安全合作通道》	强调推进协作
2010	《欧洲数字议程》	强调全民参与
2011	《成绩与下一步:针对全球网络安全》	提出若干实施的举措
2011	会议上提出一系列举措	没有完成

2. 主要内容

第一,设置专门职能部门负责网络安全事务。每个成员国应该设置一个职能部门专门处理网络与信息安全相关的事务,负责监督该项法规在国家层面的实施情况。此外,该机构应当在必要时保持与相关执法部门等的联系,并且应及时向欧洲委员会通告其任务和任何重大改变。

---

① See proposal for a directive of the European parliament and of the council,P1.

第二,确立协作机制。该机制主要由专门机构和欧洲委员会组成。专门部门主要负责:及时传递危机或事件预警信息并作出响应;在网站公布正在进行的非涉密网络事件或危机事项;与欧洲网络犯罪中心、欧洲刑警组织及其他相关的欧洲实体机构就数据保护、能源等领域问题进行合作与信息共享,等等。

第三,建立早期预警制度。当出现了以下三种情形之一时,专门部门和委员会就要作出预警:①网络安全事件发展迅速或可能快速发展;②网络安全事件超出或有可能超出国家反应能力;③网络安全事件影响或可能影响到多于一个成员国。当涉及犯罪时,应通知欧洲网络犯罪中心和欧洲刑警组织。

第四,规定制裁措施。各成员国可以指定相关的制裁或惩罚措施,来惩治违反这些条款的行为,制裁措施必须有效、适当、有遏制力。各成员国应当向委员会告知这些条款,并及时告知修改情况。

3. 制度创新性评价

第一,确立由专门部门负责网络安全相关事务。此举能够有效提高应对危机的能力,我国对此已有所借鉴,国家互联网应急中心就是一个专门部门,不过指令也强调要多部门协调配合,只有这样才能更好维护网络安全。

第二,确立内容丰富的协作机制。协作内容包括技术协作、信息共享、维护训练等八大方面,有利于建设良性的网络安全事件预防机制。

第三,确立以惩罚为后果模式的完整规范。缺少后果模式的法律规范难以真正发挥作用。指令专门规定了违反网络安全相关规范时需要承担法律制裁,并且强调了制裁应当与行为相协调,能够起到遏制作用。此举值得我国借鉴,在立法时应当有与其相适应的制裁型条款。

三、欧盟网络安全立法的调整和发展

由于网络安全事件频发及各国网络安全立法发展带来的挑战和压力,欧盟法在 2013 年以来的战略和初步立法基础上进一步寻求法律秩序的精细化,并对网络安全规范体系加以适当调整和补充,进一步提升了欧盟在网络安全法治监管领域的规范创造力和影响力。

(一)《一般数据保护条例》(2018)

2016 年 4 月 14 日,欧盟议会通过《一般数据保护条例》[①](General Data Protection Regulations,简称 GDPR),该条例于 2018 年 5 月 25 日起正式实施。在个人信息保护领域,这一规范被称为全球规定最为严格、管辖范围最为宽泛、处罚力度最为严厉、立法水平最高的法律。主要内容如下:

---

① 或被译为《通用数据保护条例》。

1. 强化个人数据权利

该规范对个人数据的授权行为进行重新界定。个人数据授权有效必须具备以下四项要求：①授权只能够用于已清楚列明的特定用途；②授权其他事项必须不同于书面形式授权；③授权没有永久性的法律效力，数据主体可以根据其主观意愿随时撤回；④数据主体的沉默并不意味着全面意义上的数据使用授权，不意味着默示。该规范清楚规定了被遗忘权、删除权和可携带权。同时对涉及特殊风险的信息数据也作出了明确的处理规定。例如，对于可能对个人产生重大影响的数据，建立了对于数据保护影响的评估系统。另外，数据控制者必须根据数据保护影响评估的具体情况，相应采用及时有效的数据保护措施，以尽量减少数据处理可能给数据主体带来的安全风险。该规范亦规定数据主体享有法律救济途径，如可以申请司法救济并可以获得赔偿，享有针对监管机构的异议权等。

2. 明确相关主体安保责任

规范规定了数据处理者的法律责任。与数据控制者相比，数据处理者只负责使用一些特定的方法来分析相关数据，从不参与相关数据的收集和具体使用。数据处理者必须真正保护规范框架内的数据，并使数据主体的个人隐私不受侵权。

规范的一个创新是增加了企业数据保护专员系统。数据保护专员是指在公司内全职管理数据保护的人员。数据保护专员的职责主要为：及时发现并解决企业数据管理中的问题；对企业进行监控，调查核实企业是否违反规范的有关规定，并积极与数据监管机构开展相关合作。

规范规定了公司在收集数据时必须履行的报告义务。作为数据控制者，公司应在数据收集之前、数据泄露后履行通知义务，确定事件的严重程度，立即或在72小时内向监管机构报告。

规范还规定了个人数据保护的缺省原则（类似于比例原则）。除了能够实现数据隐私保护外，还需要满足：数据收集应符合之前予以明确说明的数据使用目的原则，以及数据收集尽量最少原则。

3. 完善数据资源监管机制

第一，优化监管机制。规范提出了"一站式"监管原则，即国家的数据监督机构按规范承担主要监督职责；不同成员国的数据监督组织与主要机构所在国家的监管机构合作，共同实施有效的数据监测。

第二，加强集中监管。欧盟增设了欧洲数据保护委员会，全面加强对数据的集中统一监管，该部门是欧盟等级最高的数据监管部门，向欧盟委员会负责。

第三，增加对数据违规的处罚。不管对于数据泄露其主观是否是故意，所要面对的都是巨额罚款以及行政处罚甚至是刑事犯罪，亦即对此采取严格责任，违反欧盟法规的公司将面临年度运营费用的高价处罚。

第四，完善跨境数据传输监管。对欧盟数据传输目的国或接收国的要求是，这个国家一定要有健全的个人数据或者个人信息保护法，而且数据监管部门或机构能够严格执法，切实履行保护数据主体的义务，并具有完善的司法救济制度。

该规范将保护个人数据列为一项基本人权，并对涉嫌侵犯个人隐私的行为实施了严厉制裁。GDPR 在保护欧盟国家的隐私和数据安全方面发挥着重要作用的同时，也要求任何进入欧盟从事数据服务的公司必须遵守其规定。[①]

（二）欧盟网络安全法案（EU Cybersecurity Act）（2018）

2018 年 3 月 12 日，欧洲议会通过了新的"欧盟网络安全法案（EU Cybersecurity Act）"，该法案确立了第一份欧盟范围的网络安全认证计划，要求在欧盟各国间销售的认证产品、流程和服务都必须遵守最高的网络安全标准。主要内容如下：

1. 强化 ENISA 职能

成立于 2004 年的欧盟网络与信息安全局 ENISA（The European Network and Information Security Agency）被强化了多项职能，除了要向各成员国提供充分、及时的网络安全建议和服务外，ENISA 还被要求协助制定和更新联盟一级的网络和信息系统安全战略，并促进和跟踪这些战略在成员国一级的实施，鼓励成员国间通过技术共享解决网络安全问题，协助欧盟及其成员国制定相应的信息通信设备的使用标准等网络安全法规。

2. 提高基础设施安全标准

法案规定 ENISA 有权要求通信设备提供商进行自我评估并予以认证。欧盟委员会和成员国在采购通信设备时，ENISA 还应就如何应对网络威胁和漏洞提供指导，例如从不同供应商采购不同的设备，引入多阶段采购流程等方式，降低欧洲对外国网络安全技术依赖，加强联盟内部的供应链。除了通信产品、流程和服务外，新法案还强调了对能源网、水和银行系统等关键基础设施进行认证的重要性。

四、欧盟网络安全法治经验的特色与启示

以上考察了欧盟法层面关于网络安全法治战略及具体法律秩序的建构，

---

① 王达、伍旭川：《欧盟〈一般数据保护条例〉的主要内容及对我国的启示》，载《金融与经济》2018 年第 4 期，第 80 页。

对其背景、内容、制度要点及成效进行了简要分析。下文对欧盟法上的网络安全法治经验之特色与启示加以综合性归纳及总结，以期对我国网络安全立法和法治建设有所助益。

（一）欧盟网络安全法治的特色

总体来看，欧盟在网络安全立法方面形成了以下特色，值得关注与借鉴。

1. 强调立法的体系化

由于网络安全议题牵涉的法律关系、经济关系较为复杂，规范难度较大，因而欧盟通过了多项法律或决议，旨在形成体系性的规范模式。立法的体系化除了多部针对性法规外尚需要有战略性文件作为统摄多部法规的纲领性文件，欧盟《网络安全战略》的制定值得我们借鉴，通过战略性规划也有利于从多方面解决这一错综复杂的问题。

2. 专门机构负责

建立专门的机构负责网络安全相关的危机应对等工作是欧盟规制模式的特色。从欧盟的经验来看，专门的负责机构需要在资金、技术等资源上予以充分保障。专门机构的设置主要是为了建立长效机制，并非强调"单打独斗"。

3. 建立协同与共享机制

在欧盟的法律框架及决议中，规定部门间信息共享、协同推进。《欧盟网络安全战略》从信息、技术、科研、教育、产业促进等八个方面试图建立起全面的部门协同机制，以有效、高效地解决网络安全问题。其全面、深入的协同机制值得我国借鉴。

4. 重视科研及观念的影响

欧盟的战略和法规中强调了科技研发的重要性，并且指出应当通过立法来刺激网络安全产品的发展，以便创造安全的网络环境。此外，欧盟尤其提出了要重视观念上的教育，引导用户自觉树立网络安全意识，配合公共监管部门的工作，降低网络攻击等危险发生的概率。科技研发的机制促进和观念教育的加强是我国应当借鉴的重要举措。

5. 公共安全与个人隐私相协调

公共安全与个人隐私这对矛盾是广泛存在的，强调公共安全在一定程度上意味着个人隐私的侵犯，欧盟法对此较为重视。我国在立法时可借鉴欧盟的做法，在保障公共安全与保护个人隐私之间实现平衡。

6. 发展地对待网络安全问题

网络安全问题不仅仅是消极应对出现的危险或可能出现的危险，更重要的是要建构安全、开放、自由的网络空间。因而在制定网络安全的相关战略时应当从良性构建的角度思考网络安全的可能路径。欧盟将网络空间视为一种新的生存空间，并强调欧洲核心价值观应当在网络空间予以保障和贯彻。我国在制定网络安全立法或规范的同时也应借鉴，探索构建一个不仅能应对危机，更能创造价值的网络空间。

（二）国外网络安全法治的启示

与欧盟相比，我国的网络空间战略相对保守，侧重优先保障对内目标，并对网络空间的国际治理持谨慎态度。而欧盟的《一般数据保护条例》在个人数据的保护方面，对于我国正在准备出台的《个人信息保护法》，具有十分重要的借鉴意义。

1. 网络安全监控层面

欧盟强调对关键信息基础设施网络运行情况加强监控。因为关键信息基础设施的网络运行关乎国家安全、社会安全，也关乎公民的个人信息保护。对此，我国关键信息基础设施保护制度以及网络安全等级保护制度均有待于加快构建和完善，也应赋予电信运营商、网络运营者等更多的协助执法义务，同时，针对危害网络安全的违法犯罪行为要加以严惩，发挥法律的规范作用。

2. 个人数据保护层面

针对类似于"GDPR"中提到的数据所有权和控制权，目前我国未有明文规定，在相关司法实务实践中，法院也大多援引我国侵权责任法上的肖像权、名誉权和隐私权等人格权的相关规定对此裁判。[1]需要承认的是，欧盟 GDPR 体现了欧盟对数据保护问题充分的研究和反复的锤炼，平衡了数据主体权利保护与言论自由的关系、权利保护与公共利益的关系、特殊数据和特殊主体的特殊保护等，体现了立法者的智慧、平衡、原则与妥协。

我国数据主体权利保护整体模式更适宜侧重事中及事后的保护和救济，如同任甲玉案一样在个案中考虑主体的实际权益是否遭受损害，其主张的权利是否有正当性。我国的当务之急并非创设某种权利，而是通过建立非诉纠纷解决、在线纠纷解决以及公益诉讼等制度减少数据主体的维权成本，畅通维权途径。同时，也应当借鉴 GDPR 在保护数据主体权利保护方面的一些精神和理念。[2]

首先，应该进一步加强关于个人信息保护相关立法的建立健全，将个人信息的资料权明确规定在收集、处理和传输个人信息的处理流程之中。其次，应区别一般数据与特殊数据（敏感数据），对于一般数据则强调合理、充分的利用，对敏感数据则强调特殊保护。我国的个人信息保护立法应赋予信息

---

① 张里安、韩旭至：《大数据时代下个人信息权的私法属性》，载《法学论坛》2016 年第 3 期，第 121 页。

② 京东法律研究院著：《欧盟数据宪章：〈一般数据保护条例〉GDPR 评述及实务指引》，法律出版社 2018 年版，第 69 页。

业者以较大自由来收集、处理和利用个人信息；并且也应该保证国家机关不能随意进行收集、处理和利用。[①] 最后，应完善个人数据侵权的事后救济机制。在欧盟，当数据主体个人信息权益受到侵害时，其可向监管机关申诉、向侵权人或者违约者提起民事诉讼以及针对监管机关具体行政行为的行政诉讼，其建立了公益诉讼制度，从立法层面保证数据主体存在完整的救济渠道。然而目前我国地域辽阔，且此类纠纷多涉及电子证据，涉及诸多证据的保全和公证以及技术问题，导致数据主体举证难度大、维权成本高。因此建议我国加大在线纠纷解决机制的推进以及建立互联网纠纷集中审理机制，在线解决跨地域的互联网纠纷并解决取证、质证、认证的技术问题。

3. 配套立法层面

欧盟的网络安全战略文件及法案数量有很多，且多规范网络安全的某一领域。网络安全的配套制度建设及落地实施有待于全面性铺开。因为现实需要，网络安全立法的任一领域均应得到规制，并在法律、监管框架、部门制度、指引标准等层面构建关于网络安全的整个配套系统。

我国仍然存在立法和配套系统制定后的落实问题，需进一步强化网络安全立法以及配套系统落地实施后的评估方式、执法检查，尤其可以通过全国人大常委会法工委等具体部门展开相关执法调查，发现落实中的问题以及仍待于解决的立法空白问题，以及网络安全立法进一步修订将要解决的难题，这些将成为未来的工作重点。

---

① 张新宝：《从隐私到个人信息：利益再衡量的理论与制度安排》，载《中国法学》2015年第3期，第52页。

专题二
网络犯罪与信息保护

论网络犯罪证明中的数额认定问题

王志刚　　刘思卓*

（重庆邮电大学网络空间安全与信息法学院，重庆 400065）

摘　要：网络犯罪通常具有犯罪对象海量化的特点，涉案金额、数据数量往往十分巨大且难以精确计量，但数额的认定会直接影响案件的定罪量刑。对此学界提出了等约计量、抽样取证、底线证明等多种应对方法，但具体而言各有利弊且具体使用方法不明确。通过对典型网络犯罪中涉及数额认定的情形分析现有计算方法的利弊，可以发现方法都难以单独适应网络犯罪案件的具体情况。对此，可以确定一种层次性选择使用的思路，即将底线证明作为首选，将抽样取证作为补充，将综合认定作为后援，系统性解决网络犯罪数额认定问题。

关键词：网络犯罪；数额认定；方法分析；解决路径

犯罪手段链条化、犯罪对象海量化成为当前网络犯罪的新特点，尤其在网络电信诈骗犯罪和侵犯公民个人信息犯罪中表现最为明显，这种情况对网络犯罪案件的追诉和认定带来了极大的困难。根据我国现行刑法的规定，多数案件的定罪量刑都采用"定性＋定量"的方式进行，即除了对行为性质做出认定外，还需对案件中的相关数量（如侵犯公民个人信息犯罪）或金额（如网络电信诈骗犯罪）做出准确认定，以选择恰当的定罪量刑。然而，网络犯罪的特点使得在司法认定环节对于"量"的证明极为困难，甚至根本无法在证据评价层面对涉案数额一一核实，"定性容易、定量难"成为网络犯罪案件证明的独特现象。这种证明困境的存在，在客观上也造成了当前司法实践中对于网络犯罪案件呈现"重罪轻判、轻罪不判"的反常现象，直接影响了对网络犯罪案件的治理效果。有鉴于此，有必要对网络犯罪中的数额认定方法进行专门研究。笔者不揣冒昧，对此展开初步研究，以期抛砖引玉。

---

*　作者简介：王志刚，重庆邮电大学网络法治研究中心教授；刘思卓，重庆邮电大学网络法治研究中心研究人员。

一、涉案数额的认定困境

具体来看，当前网络犯罪追诉中数额认定困难主要表现在数额认定难以精确和数额认定方法不明确两个大的方面，下面将就此逐一进行分析。

（一）数额认定难以精确

在我国刑法和相关司法解释中，数量和金额大多作为定罪量刑的重要因素，在网络犯罪涉及的相关罪名中，这个特点更为凸显[①]。而关于数额的精细化规定，则实际上是要求必须对相关证据的数额进行精确计算后才能作为定罪量刑的依据。但在实践中，鉴于网络犯罪自身特点、取证技术以及司法效率层面考虑等原因，对数额进行精确计算在多数案件中都存在障碍。单从网络犯罪自身的特点而言，主要面临以下几种困境。

1. 涉案数额庞大且查实困难

如上所述，网络犯罪往往具有犯罪对象海量化的特点。以电信诈骗为例，犯罪嫌疑人往往针对不特定多数人通过各种通信手段散布诈骗信息，一方面犯罪嫌疑人通过短信、聊天工具等发送诈骗信息多是批量发送，单次发送的数量十分庞大，且犯罪嫌疑人往往作案时间较长，如此计算数据数量更加巨大[②]。另一方面，电信诈骗针对的对象是不特定多数人，受害者众多且地域分布广，甚至犯罪嫌疑人本人都无法说清楚被害人的具体情况，这使得案件在侦查过程中难以确认全部受害者的人数以及被骗的金额，也无法追踪每一笔涉案金额的具体来源，这就使得如何在证据层面认定涉案钱款即犯罪嫌疑人诈骗所得以及涉案金额具体数量面临困难。此外，根据法律规定，认定涉案数额不能仅凭电子数据直接认定，还需要人证、物证等其他证据的印证来组成证明体系，但实际上，网络犯罪的证明体系极为脆弱，不仅作为核心证据种类的电子数据极易被毁损，且人证（如被害人陈述、证人证言）及物证（如赃款赃物）极难全面获取和固定，这种情况使得网络犯罪案件的证明很难达到法律所设定的"排除合理怀疑"标准。上述问题的存在，在司法实践中就造成这样一种现象：从"定性层面"看，被告人犯罪成立；从"定量层面"看，司法机关"排除合理怀疑"地构建起的证明体系所认定的涉案数额，无法达到定罪标准。

---

① 陈家林、汪雪城：《网络诈骗犯罪刑事责任的评价困境与刑法调适——以 100 个随机案例为切入》，载《政治与法律》2017 年第 3 期，第 60 页。

② 马忠红：《论网络犯罪案件中的抽样取证——以电信诈骗犯罪为切入点》，载《中国人民公安大学学报》2018 年第 6 期，第 69 页。

2. 数据不真实及重复问题难以解决

以非法获取公民个人信息罪为例,涉案个人信息数据数量往往非常庞大[①],这对侦查取证工作带来了极大的挑战,如何在上万、上百万甚至上亿条数据信息中,认定每一条数据信息的真实性以及剔除所有重复信息进而对数据数量进行精确计算? 这成为当前摆在司法机关面前一个几乎不可逾越的山峰。依靠现有技术,相关数据不真实及重复问题仍然难以解决,在客观上实际上是无法对数据数量进行精确计算的,即便司法层面简单认定,也存在诸多问题。通过查阅非法获取公民个人信息罪的二审判决书,可以发现多数被告人都是以数据不真实或者存在重复为理由提起上诉。

(二)缺乏可操作性法律规定

通过梳理立法可以发现,现行法律和司法解释,包括浙江省的地方探索性规定都对涉及的网络犯罪所涉及数额的定罪量刑标准做出了规定,但也存在明显区别。为了便于比较,笔者对几种典型网络犯罪数额认定的相关规定以表的形式予以展示(见表1)。

表1　几种典型网络犯罪数额认定的相关规定

法律依据	网络犯罪类型	定罪量刑标准(涉及数额)		数额认定相关表述
2016 年两高一部《关于办理电信网络诈骗等刑事案件适用法律若干问题的意见》	电信网络诈骗	诈骗罪	诈骗公私财物价值 3 000 元以上、3 万以上、50 万元以上的,应认定为"数额较大""数额巨大""数额特别巨大"	可以结合……等证据,综合认定被害人人数及诈骗资金数额等犯罪事实
		诈骗罪(未遂)	诈骗数额难以查证①发送诈骗信息 5 000 条以上的,或拨打诈骗电话 500 人次以上;②在互联网上发布诈骗信息,页面浏览量累计 5 000 次以上	
		情节特别严重	诈骗数额难以查证,数量达到相应标准 10 倍以上的	

---

① 例如,在胡某甲、张某等犯侵犯公民个人信息罪案中,经勘验,从胡某甲、徐某、袁某、李某适用的个人电脑中分别勘验出含有公民个人信息的数据 1.6 亿余条、175.9 万余条、89.3 万余条、68.9 万余条。参见湖北省汉江中级人民法院(2016)鄂 16 刑终 81 号裁定书。

（续表）

法律依据	网络犯罪类型	定罪量刑标准（涉及数额）		数额认定相关表述
2018 年浙江省《电信网络诈骗犯罪案件证据收集审查判断工作指引的通知》	电信网络诈骗			被害人数量超过百人，且证据充足，不影响对犯罪嫌疑人具体行为及诈骗数额的认定的，可以进行抽样取证
2017 最高人民法院、最高人民检察院《关于办理侵犯公民个人信息刑事案件适用法律若干问题的解释》	侵犯公民个人信息	侵犯公民个人信息罪（非法获取、出售或者提供公民个人信息的情形）	情节严重	非法获取、出售或者提供行踪轨迹信息、通信内容、征信信息、财产信息 50 条以上的；非法获取、出售或者提供住宿信息、通信记录、健康生理信息、交易信息等其他可能影响人身、财产安全的公民个人信息 500 条以上的；非法获取、出售或者提供第三项、第四项规定以外的公民个人信息 5 000 条以上的；违法所得 5 000 元以上的	对批量公民个人信息的条数，根据查获的数量直接认定，但是有证据证明信息不真实或者重复的除外
			情节特别严重	数量或者数额达到规定标准 10 倍以上的	

（续表）

法律依据	网络犯罪类型	定罪量刑标准（涉及数额）		数额认定相关表述
2010 年最高人民法院、最高人民检察院《关于办理利用互联网、移动通信终端、声讯台制作、复制、出版、贩卖、传播淫秽电子信息刑事案件具体应用法律若干问题的解释（二）》	利用互联网、移动通信终端制作、复制、出版、贩卖、传播淫秽电子信息	制作、复制、出版、贩卖、传播淫秽物品牟利罪	制作、复制、出版、贩卖、传播淫秽电影、表演、动画等视频文件 10 个以上的；淫秽音频文件 50 个以上的；淫秽电子刊物、图片、文章、短信息等 100 件以上的；淫秽电子信息，实际被点击数达到 5 000 次以上的；以会员制方式出版、贩卖、传播淫秽电子信息，注册会员达100 人以上的；利用淫秽电子信息收取广告费、会员注册费或者其他费用，违法所得 5 000 元以上的	
		情节严重	达到规定标准 5 倍以上	
		情节特别严重	达到规定标准 25 倍以上	

由表 1 相关信息可以发现以下特点：

1. 数额是网络犯罪定罪量刑的直接标准

通过上表可以看出，网络犯罪案件涉及多种数额的认定，例如涉案金额、拨打电话数量、发送信息数量、点击数、会员人数、浏览次数、转发次数等，且在情节严重、情节特别严重的相关规定中，常以达到规定标准的多少倍为衡量标准。上述数额是案件定罪量刑的直接标准，换言之，如果数额无法得到确定,上述案件就无法定罪量刑。

2. 缺乏明确的数额认定方法

从上表中可以看出,相关解释或规定对某一类网络犯罪定罪量刑所涉及数额的标准有着精确的表述,但对于数额认定方法却表述模糊或者没有相关规定。以上表中几种网络犯罪为例,在关于电信网络诈骗的司法解释中,运用了"结合其他相关证据综合认定"的类似表述,这可以看作是在相关具体情形出现时采取的置后手段,但不能作为面对庞大数据时进行数额认定的一般方法。浙江省《电信网络诈骗犯罪案件证据收集审查判断工作指引》中提及了"抽样取证"这一方法,但该工作指引在性质上本身不具有法律效力,且在内容上并没有对"抽样取证"的适用条件、使用方法等进行详细的表述。而在侵犯公民个人信息的相关司法解释中,提及"数据不真实和重复"问题,也即对同一单位和个人出售的公民个人信息数量若有证据证明存在信息不真实或重复的情况,应该对不认识及重复信息进行剔除再进行数据数量认定,但对如何进行剔除、若无法进行剔除该如何认定没有规定。而对于其他几类犯罪,则都没有关于数额认定的相关表述。

二、涉案数额的认定方法分析

由于相关法律规定的模糊,如何科学进行数额认定成为困扰当前司法实践部门的一大难题。为了解决网络犯罪案件中数额认定难的问题,我国学者分别提出了等约计量、抽样取证、底线证明等多种方法。其中,等约计量主张采用大约计量的方法,对网络犯罪案件中涉及的数额进行"估堆式"计量,在具体适用方法上与抽样取证有重合;抽样取证则主张基于统计学的方法从庞大的数据中提取样本进行取证,再根据相应比例对全部数据进行推定;底线证明主张只需按照法定的入罪和加重处罚两道关卡,提供能用以定罪量刑的最基本的证据即可,无须计算全部数额。上述几种方法在实践中各有利弊,但都存在较大争议,本文在此将进行具体分析。

（一）等约计量

由于现阶段对网络犯罪案件中海量的证据,实现精确计量难以实现,基于此,国内有学者提出可以用等约计量的方式解决这一难题。等约计量就是按照大约等于的计算方式,对网络犯罪中的数额加以计量,主张可以用等约计量方法完全替代精确计量。论者以模糊数学的理论作为理论基础,认为由于实现准确计量是客观不能的,因此不应过度继续追求精确计量,而是通过其他量化手段对犯罪行为者侵犯法益的大小进行合理评估,将定罪量刑的标准逐步从以"数额"为标准向以"情节"为标准进行转化。在此基础上提出可以通过抽样取证确定数额,通过建立专门的信息采集机构等具体手段对信息真实性进行审查①。

这一方法看似为解决网络犯罪中数额计量难题提出了崭新的解决路径，但实际上不仅与我国刑事诉讼法的原则性要求相违背，且在实践中也很难真正实现。首先，上述方法将"等约计量"完全置于与"精确计量"相反的位置，实际上是肯定了允许对涉案数额进行大约计量后就进行定罪量刑，这与我国刑事诉讼法所规定的"案件事实清楚、证据确实充分"的证明标准存在背离，在客观上降低了证明标准。其次，上述方法的支撑性观点是将犯罪评价因素由"定性＋定量"转变为以"定量"为中心，这种观点不无道理，而且也是对网络犯罪问题研究中需要认真加以研究的一个问题，但是网络犯罪是一个集合概念，并不是单独罪名，例如电信诈骗只是诈骗罪的一种情形，如果如此转变，就是将网络犯罪的情形从传统罪名的评价体系中脱离出来，而对此，目前还需要进一步加强论证。

（二）抽样取证

刑事诉讼中的抽样取证，是指办案人员基于统计学的科学方法，从海量的物品或被害人中提取具有代表性的物或人作为样本对象进行取证，并据此证明全体对象的属性、数量、结构、比例等的一种刑事推定式的证明方法②。在司法实践中，抽样取证已经广泛运用于生产销售不符合安全标准的食品以及侵犯知识产权的刑事案件之中，例如两高一部 2011 年颁布的《关于办理侵犯知识产权刑事案件适用法律若干问题的意见》中就明确规定了在办理此类案件时，公安机关可以按照工作需要进行抽样取证，还可以寻求同级行政执法部门，有关检验机构协助抽样取证。

在解决网络犯罪证明中数额认定难的问题上，采取抽样取证似乎是最便捷的方法。笔者在"Openlaw"网站中以"侵犯公民个人信息"和"抽样"为关键词，共搜索到 226 篇裁判文书，说明司法实践中已经开始利用抽样取证的方法解决侵犯公民个人信息案件中涉及的相关个人信息不真实或重复的争议。其中，在刘某非法获取公民个人信息罪的一审判决书关于涉案证据的相关陈述中可以看到如下描述："北京市公安局顺义分局网络安全保卫大队出具的现场勘查检验工作记录证实，该大队工作人员对涉案黑色兼容机一台及 U 盘一个进行勘察，在该电脑中保存着 QQ 号码为×××与网名为'数据一姐''提供高端''果粒橙'等买卖数据的聊天情况，登录该 QQ 号码的邮箱，收信箱内共有 33 个文档，共计 23 120 条信息，已发送邮件 16 封，共计 7 370 条信息，U

①　罗猛、邓超：《从精确计量到等约计量：犯罪对象海量化下数额认定的困境及因应》，载《网络犯罪研究》2016 年第 2 期，第 36 页。

②　万毅、纵博：《论刑事诉讼中的抽样取证》，载《江苏行政学院学报》2014 年第 4 期，第 120 页。

盘内文档共计 1 600 条。""北京市公安局顺义分局网络安全保卫大队出具的工作说明证实,网安大队工作人员对涉案电脑内公民个人信息随机抽样 15 条,通过公安网全国人口信息查询对比,该 15 条信息与公安全国人口信息一致的情况。"①可以看出,在该案中,相关工作人员通过随机抽样的方法意在证明涉案个人信息的真实性,以核定取证时的个人信息数额可以作为定罪量刑的个人信息数额。然而,在涉案的共计 32 090 条个人信息中抽取 15 条个人信息作为抽样样本,抽样比例低至 0.046%,以此作为证明所有涉案个人信息全部真实的证据显然说服力不足。而在刘勇、张雄等侵犯公民个人信息罪一审刑事判决书中,"公安机关抽取了被告人刘勇出售给他人的 400 883 条涉及姓名和手机号码的信息,以 5 000 倍数进行抽样验证,样本号码拨通率平均值为 80.625%",对此被告人的辩护人在辩护意见中提到,"抽样倍数并无法律依据"。② 这些争议的存在,实际上都暴露出当期在认定网络犯罪数额时使用抽样取证存在着无法保证取证样品的代表性,以及抽样比例不合理等问题,而且更为重要的是,由于目前并没有相关法律法规对网络犯罪案件中能否以及怎样使用抽样取证进行规定,使得这一措施的合法性面临质疑。

综上所述,虽然使用抽样取证简单便利,且在司法实践中已经有一定的经验,但在目前刑事证据规则框架内,也不可避免地面临着是否降低了证明标准、如何保证抽样样品的代表性、如何设置抽样比例更合理、合法性能否保障等方面的解释难点。

（三）底线证明

底线证明方法是刘品新教授提出的实现网络犯罪简易化证明的一种方法,此方法综合考虑了刑事诉讼"案件事实清楚,证据确实充分"的证明标准以及我国刑法中入罪或加重处罚的标准一般都是以数额衡量为特点,认为在面对网络犯罪案件海量的证据时,不需要对全部数额进行统计,只需要证明涉案数额是否达到了相关法条中规定的入罪或加重处罚的数额标准③。这一方法的优点在于法条中规定的"底线"数额往往较小,例如在关于侵犯公民个人信息罪的司法解释中"非法获取、出售或者提供行踪轨迹信息、通信内容、征信信息、财产信息 50 条以上的"属于情节严重情形,如果案件中被告人非法获取的行踪轨迹信息巨大难以逐条证明其真实性时,按照底线证明方法,只需在所有涉及行踪轨迹信息中逐条验证其真实性到 50 条时,就不必继续证明,即使存在信息重复,只要继续验证其他信息直至保证 50 条信息真实且无

---

① 北京市顺义区人民法院刑事判决书(2016)顺刑初字 111 号。
② 无锡市惠山区人民法院刑事判决书(2018)苏 0206 刑初 5 号。
③ 刘品新:《网络犯罪证明简化论》,载《中国刑事法杂志》2017 年第 6 期,第 24 页。

重复即可。"底线证明"方法应当说是很好地兼顾了"定性＋定量"的认定标准，也能够在现有证据规则框架内，满足"案件事实清楚，证据确实充分"的证明标准，因此不失为破解当前网络犯罪数额认定难的一个出路。但是，由于司法实践的复杂性和多样性，"底线证明"仍存在一些难以解决的问题。

首先，"底线证明"仍难完全解决法定数额标准较大问题。关于侵犯公民个人信息罪的司法解释中，"非法获取、出售或者提供第三项、第四项规定以外的公民个人信息 5 000 条以上的"属于情节严重的情形，且"数量或者数额达到规定标准 10 倍以上的"属于情节特别严重，此时"底线"数额就达到 50 000 条，数量仍然非常巨大。从上文笔者所总结的网络犯罪相关司法解释的表格中可以发现，关于数额特别巨大的情形一般以相关标准的多少倍作为标准，而基数与倍数相乘后数额往往较大，在这种情况下，再利用底线证明方法，可能仍难解决数额认定以及信息的真实性和重复性难题。

其次，"底线证明"难以解释与刑事推定之间的关系。当前，在刑事证据层面能否应用推定规则，仍然存在一定争议，其原因在于刑事证明标准的特殊性。在运用"底线证明"时，首先应当解决的是证据推定规则的合法性，否则这一方法在应用中仍存在难以突破的理论和制度障碍。比如刘品新教授文章所用的案例中，法院认定由于"被告人参与发送的信息总量达到了 80 万条左右，远远超过司法解释规定的 5 万条"，因此认定满足"其他特别严重情节"的要求。论者认为这说明法院认定被告人达到了加重处罚的底线，但是笔者认为这虽然体现了底线证明的思维，但并不是对底线证明方法的运用，而是基于高度盖然性的一种推定。且如果此案中报告人发送的信息总量不是 80 万而是 6 万或其他临近于 5 万的数量，再考虑到信息的真实性和重复性，这一方法显然不能奏效。除此之外，网络犯罪中数额认定难并不完全来源于数据数量巨大，还可能来源于由于其特有的技术性，存在的数据被毁损难以恢复的情况，在这种情形下，底线证明也无法发挥其优势。

综上所述，当前对于犯罪数额认定的方法中，都能够在一定方面解决问题，但任何一种方法都不能完全适应网络犯罪错综复杂的情况，因此有必要确定一种层次性选择使用方法，下文对此将进行详述。

三、数额认定方法的选择及适用

通过上文中对网络犯罪案件数额认定困境及其原因的分析，笔者认为，在运用传统方法确实无法精确计算数额的情况下，借助其他方法既具必要性也具合理性，同时也是提高司法效率的应有之义，但是我们仍要坚持"案件事实清楚，证据确实充分"的证明标准，严格规范各种数额认定方法在司法实践中的运用。如上文所述及，上述各个方法各有利弊，仅仅依靠某一种方法都难完全解决司法实践中可能遇到的情形，因此我们需要结合各个方法的优点有限制地规范使用。

（一）将底线证明作为首要选择

在对涉案数额进行精确计量确实存在难以克服的客观障碍前提下，笔者认为应将底线证明方法作为进行数额认定的首要选择。在上文中对几个典型网络犯罪的相关规定的梳理中可以发现，一般情况下，法条中入罪以及情节严重部分情形规定的数额标准都较小，例如"信息 50 条以上""淫秽视频文件 10 个以上的、淫秽音频文件 50 个以上""转发次数达到 500 次以上"等都可以通过底线证明方式解决。在电信网络诈骗中遇到受害人众多无法一一核实被骗金额的情况下，也可以选取部分被害人，只要核实金额到达"底线金额"就可以不再依次向受害人取证。采取"底线证明"方法，易于解决定罪量刑数额标准较小但涉案数据数量庞大的情况下核实数据信息的真实性、重复性难题，比如在侵犯公民个人信息罪的案例中，多数被告人都是以涉案个人信息有重复，不真实为理由提起上诉，但实际信息数量远远超过定罪量刑的标准数量，使用这一方法可以极大提高诉讼效率。而且从实践操作层面看，司法人员很容易凭借一般经验感知到某一情形是否用底线证明就能解决。

但如上所述，"底线证明"无法应用于所有网络犯罪案件场景，因此在适用时需要考虑案件类型是否属于在法条中"底线"数额本身就很大且涉及需要查证信息的真实性和是否重复的情形。如果属于此类情形，则需要考虑其他认定方法的选用。

（二）将抽样取证作为补充手段

对于案件中存在海量数据，为了解决证明涉案数据的真实性和是否重复问题就有必要引入抽样取证方法来确定可以用于定罪量刑的数额。但是，应从立法层面对抽样取证的原则，抽样机构和抽样方法等进行详细的规定。

1. 明确规定使用原则

首先要严格遵循置后使用的原则。应当通过立法明确，只有在涉案金额巨大或者数据信息数量巨大，对相关数额进行精确计算确定客观不可能，相关法律法规也没有对这一特殊情形的专门规定且确定用底线证明方法也难以证明时，才可以置后采用抽样取证的方法[①]。其次，严格坚持"全面运用"原则。抽样取证所获得的证据只是全案证据链中的一环，不能单独仅凭抽样取证获得的数据作为定罪量刑的依据。例如浙江省发布的《电信网络诈骗犯罪案件证据收集审查判断工作指引》中就明确规定，要在其他证据已经能充分证明被告人犯罪事实的情况下才可以进行抽样取证。经过抽样取证的证据

---

① 何家弘：《司法证明方法与推定规则》，法律出版社 2018 年版，第 263 - 267 页。

一定要与其他证据进行综合认定,达到"案件事实清楚,证据确实充分"的条件,才可以作为证据使用①。

2. 严格限定抽样机构

司法实践中,一般由司法人员委托鉴定机构进行相关的抽样鉴定,例如司法鉴定中心、司法鉴定所等以出具司法鉴定报告的形式保证其证据效力,也有案例例如张鑫、陈天明、张朝荣等提供侵入、非法控制计算机信息系统程序、工具罪一审刑事判决书中提到,此案中抽样取证鉴定意见是由受害方腾讯公司提供。被告辩护人辩护意见中也提到由于鉴定意见出具的机构不具有相应的资质,因此不能作为定案依据②。对此目前相关法律法规中没有相关规定,但可以借鉴两高一部 2011 年《关于办理侵犯知识产权刑事案件适用法律若干问题的意见》第 3 条的相关规定"公安机关可以商请同级行政执法部门、有关检验机构协助抽样取证的",在相关法律法规中,明确可以抽样取证的机构,让更专业的机构负责抽样取证也能更大程度上保证抽样结果的科学性和可信度。

3. 科学选择抽样方法

从统计学的角度来看,抽样主要有简单随机抽样、分层抽样、等距抽样、重点抽样等方法。在上文中提及笔者在"Openlaw"网站中以"侵犯公民个人信息"和"抽样"为关键词,共搜索到 226 篇裁判文书。虽然大多没有对抽样方法具体的描述,但其中有 26 篇提及是采取了随机抽样的方法。抽样取证的方法选择应该根据样本属性、抽样目的等因素决定。

笔者认为,采用抽样取证主要是为了解决数据总量过大时,数据信息的真实性问题,如何确保均匀取样以及样品的代表性是需要重点考虑的因素。以侵犯公民个人信息的案件为例,如果被告人在不同时间向不同单位或者个人分别出售、提供了公民个人信息,很有可能不同时间或者面对不同的出售对象,个人信息真实性的比例是不同的,如果样品的代表性不能确保,很有可能导致最终抽样结果不够严谨。在此基础上考虑,分层抽样可以针对不同阶段不同对象对数据信息分成几组,再分别随机抽样,最终确定比率③,比简单随机抽样的科学性更高,误差更小。

(三) 将综合认定作为后援

底线证明和抽样取证都是为了解决网络犯罪案件涉案数据庞大而无法采用传统取证方法——核实时的不得已选择,但两种方法采用的前提都是相

---

① 何家弘:《论推定规则适用中的证明责任和证明标准》,载《中外法学》2008 年第 6 期,第 866 页。

② 绍兴市越城区人民法院刑事判决书(2018)浙 0602 刑初 101 号。

③ 于力超:《抽样调查领域分层结构数据分析方法研究》,载《调研世界》2018 年第 2 期,第 55 页。

关证据(底线证据、抽样证据)的客观存在,那么若网络犯罪中证据被毁损且难以修复时怎么办? 由上文中表格可知,现有司法解释中已经给予这种情况一种解决出路,即明确规定了"综合认定"这一数额认定手段,且详细规定了可以适用的情形①。2016 年两高一部《关于办理电信网络诈骗等刑事案件适用法律若干问题的意见》(以下简称:《意见》)中,明确规定在"因犯罪嫌疑人、被告人故意隐匿、毁灭证据等原因,致拨打电话次数、发送信息条数的证据难以收集的"的条件下,"可以根据经查证属实的日拨打人次数、日发送信息条数,结合犯罪嫌疑人、被告人实施犯罪的时间、犯罪嫌疑人、被告人的供述等相关证据,综合予以认定。"以及在"办理电信网络诈骗案件,确因被害人人数众多等客观条件的限制,无法逐一收集被害人陈述的"条件下,"可以结合已收集的被害人陈述,以及经查证属实的银行账户交易记录、第三方支付结算账户交易记录、通话记录、电子数据等证据,综合认定被害人人数及诈骗资金数额等犯罪事实。"上述规定实际上就是确立了一种"综合认定"型的数额认定方法。

"综合认定"可以看作是为了解决在证明标准高、数额认定难的困境下,有罪者难以被认定有罪时,通过司法解释明确规定可以使用的一种"后援性"方案,也是推定规则在网络犯罪证明中适用的尝试②。这实际也从一个侧面说明,立法者已经开始充分考虑到网络犯罪数量猛增且现有执法水平难以应对的客观现状,而将"综合认定"这一推定性方式引入刑事诉讼证明体系的有限制许可。

为了不降低证明标准,有必要在法条中将综合认定的适用条件具体化明确化,若条件规定模糊或适用面放宽,可能导致在司法实践中"综合认定"的不当适用,从而增加错案风险。但从另一个方面看,在网络犯罪案件中,目前相关司法解释只是针对电信网络诈骗中的某些情形有明确规定,且对相关适用条件规定比较苛刻,无法满足司法实践的需要,例如《意见》中,只明确指出了拨打电话次数和短信条数可以综合认定,而对利用其他通信手段的数额认定没有规定。这就引发了在其他网络犯罪情形中,若遇到相似情形,是否也可考虑适用综合认定的手段的问题。因此,笔者建议立法者可以对其他类型的网络犯罪也进行关于"综合认定"的相关规定,例如在解决侵犯公民个人信息的案件数据重复性问题时,将原有法条改为"确因依靠技术手段无法解决数据信息真实性重复性问题时,可以结合已收集的被害人陈述、被告人供述、电子数据等证据,综合认定涉案数据数额"。此外,建议对综合认定的适用条

① 高艳东:《网络犯罪定量证明标准的优化路径:从印证论到综合认定》,载《中国刑事法杂志》2019 年第 1 期,第 127 页。

② 杨宁著:《推定规则研究》,法律出版社 2018 年版,第 149 页。

件严格规定,但对满足条件的具体情形可以模糊表述,例如"因犯罪嫌疑人、被告人故意隐匿、毁灭证据等原因致使涉案数据数额难以确定的,可以结合犯罪嫌疑人、被告人实施犯罪的时间、犯罪嫌疑人、被告人的供述等相关证据,综合予以认定。"此外,也要充分保证被告人反驳的权利①。

综上所述,笔者认为,针对网络犯罪中数额认定难这一困境,将底线证明方法作为首要选择,将规范的抽样取证作为补充手段,将综合认定作为后援可以说是当前一种不得已的解决路径。我们应当看到,网络犯罪数额认定难题,是传统刑法理论观念与网络时代犯罪更加复杂的情形相矛盾产生的必然问题。网络犯罪中的疑难问题多、新问题频发,我们基于传统犯罪所建立起来的法律体系、法律思维实际上已经解决不了层出不穷的新问题、新局面,因此有必要从思维和制度两个层面都实现重构性发展和演进。

从域外立法趋势来看,美国与欧盟在面对颠覆性的网络空间相关法律问题时都主张,不应以旧法律为基础,而是应该制定与现有技术相适应的新法律②。欧盟已经建立起跨学科专家团体,负责网络空间信息数据库的工作。此外相关研究人员已经开始研究如何应用先进的计算智能协助分析和调查涉及大数据的刑事案件,研究工作将软计算与混合智能相结合,致力于将计算技术人工智能化,就可以更好地分析大量的非结构性数据③。技术发展产生的破壁效应或会推动刑事证据规则重新理解与构建,也将为我们未来解决网络犯罪数额认定难问题提供新的思路。

---

① 张平寿:《刑事司法中的犯罪数额概括化认定研究》,载《政治与法律》2018年第9期,第51页。
② Redford M.U.S. and EU Legislation on Cybercrime[C].Intelligence and Security Informatics Conference (EISIC),2011 European,2011,pp.34‒37.
③ Shalaginov,A.,J. W. Johnsen,& K. Franke. Cyber Crime Investigations in the Era of Big Data [C]. 2017 IEEE International Conference on Big Data (BIGDATA),2017,pp.3672‒3676.

网络中立帮助行为的刑法分析

李 睿 史 蓉*

摘 要:近年来,网络中立帮助行为涉罪的案件频发,中立帮助行为因为
其本身被法律所允许,实际上却可能促进犯罪结果发生,其蕴涵
着行为自由与法益保护的矛盾。网络中立帮助行为因其共犯从
属性、法益侵害性、意思联络等发生变化而呈现出不同于传统中
立帮助行为的特点。网络中立帮助行为多以不作为方式进行,
本文分别对搜索服务提供者、缓存和存储服务提供者、网络连接
服务提供者应承担的义务和可罚性进行分类讨论,以期明确中
立帮助行为刑法出罪、入罪标准,最终实现刑法行为自由与法益
保护之间的合理平衡。

关键词:网络犯罪;中立帮助;犯罪构成;刑事规制

一、问题的提出

伴随着社会精细分工的不断发展,社会中的每个个体仅仅承担自身所在
领域的一部分职责。然而,在社会分工的过程中,某些不具有犯罪性的行为
会偶然成为某种犯罪的一环,帮助危害结果的产生,这种行为被称之为中立
帮助行为,并且此类行为可能还会在未来高度社会分工的情况下愈演愈烈。
中立帮助行为在概念、表现形式、法益侵害程度等方面相较于传统的帮助犯
都有很大差别,关于此问题在理论和实践上一直都未找到较好的解决办法。

近年来网络中立帮助行为涉及犯罪的案件频发。例如,2016 年,在"快播
案"庭审中,该公司的法定代表人王欣辩称技术无罪,试图使用技术中立作为
出罪的理由。同年,在"魏则西案"中,提供搜索服务、涉嫌虚假广告的百度公
司的行为是否可以简单被认为只是提供技术而不应该承担责任同样引发了
巨大争议。面对现实中众多中立帮助行为涉及犯罪的情况,其行为是否应该
入罪、应该如何处罚,争议巨大并且亟待解决。同时,《刑法修正案(九)》第 29

---

* 作者简介:李睿,法学博士,上海财经大学法学院副教授;史蓉,上海财经大学法学院硕士研究生。

条新增的《刑法》第 287 条之二"帮助信息网络犯罪活动罪"直接将帮助网络犯罪行为规定为一种正犯行为,涵盖了向网络犯罪提供技术支持、广告推广、支付结算等直接和间接帮助行为,其法条性质不明确,目前尚无学界通说理论支持,不同学者对其不同理解导致司法适用存在差异,不能有效解决目前规制中立帮助行为犯罪的困境,理论和现实中存在的问题为本文对网络中立帮助行为研究的起点。

二、中立帮助行为的界分

对于中立帮助行为的概念界定,目前学界尚未有通说。德国、日本以及台湾地区的学者一般将其称之为外部中立行为、中性帮助行为或者是日常生活中的中性行为。我国国内学者张明楷、周光权教授分别称之为外表无害的中立行为、日常生活行为[①]。然而陈洪兵教授称此行为为中立的帮助行为,其缘由在于:外表无害但客观上却对犯罪行为或犯罪结果产生促进作用的帮助行为不同于传统的帮助犯,这种帮助行为的行为主体本意并不在帮助犯罪,也不倾向于犯罪过程中的任何一方,所以可以将其看作中立的。笔者同意此种观点,故本文将这种帮助行为的称谓确定为中立帮助行为[②]。同时,结合对中立帮助行为相关案例的分析,笔者认为此行为本质内涵应为:从表面上看是与犯罪无关的无害行为,但却在客观上对犯罪行为或结果的发生起到了促进作用[③]。

中立帮助行为不是帮助行为。两种行为从名称上看属于包含关系,但实际并非如此,中立帮助行为与帮助行为有较大的差别。从犯罪构成的角度来看,帮助犯不但具有客观的帮助行为,同时均还具有主观上的帮助的故意。相较于帮助行为,实施中立帮助行为的行为人可能主观上并不具有帮助的故意,最终犯罪结果的产生是因为中立帮助行为本身被犯罪行为人利用所致。此种行为的行为人是否成立犯罪,必须进一步依据实际情况判定,不能全盘将其认定为帮助犯定罪处罚。

中立帮助行为不是中立行为。中立帮助行为与中立行为两者属于上下位概念的关系。中立行为包含中立帮助行为,中立帮助行为则是中立行为的一种特殊表现形式。在刑法通说中,中立行为介于合法行为与违法行为之间,并非为刑法规制的行为。具有中立性的中立行为是否对犯罪行为、犯罪结果的产生起到促进作用具有不确定性,而中立帮助行为则是必然在客观上

---

①　周光权:《网络服务商的刑事责任范围》,载《中国法律评论》2015 年第 2 期。
②　马荣春:《中立帮助行为及其过当》,载《东方法学》2017 年第 02 期。
③　曹波:《中立帮助行为的刑事可罚性研究》,载《国家检察官学院学报》2016 年第 6 期。

促进了犯罪行为、犯罪结果的发生①。所以从犯罪构成的角度来看,有犯罪促进作用的中立行为即为中立帮助行为,并且当此中立帮助行为在主客观方面均符合犯罪构成要件,其就应属刑法共犯理论中的帮助行为,应构成刑法中的帮助犯。

中立帮助行为与片面帮助犯。片面帮助犯指的是在实施犯罪行为之正犯不明知的情况下,行为人对正犯的行为及危害结果产生助益的行为。对于片面的帮助犯,又可将其分为真正的片面帮助犯与不真正的片面帮助犯。两者之间的区别在于对实施实行行为的正犯本身是否明确知道存在帮助行为。第一种是正犯对两者均不知情,即其既不知道帮助行为本身存在,也不明确帮助行为实施者的主观意图。后一种则是对明知存在帮助行为,但却对实施帮助行为之人是否在主观上存在故意不明确。从此种分类角度来看,中立帮助行为可归属于后一种不真正的片面帮助犯。

三、网络中立帮助行为特殊性

相较其他形式的中立帮助,网络中立帮助行为呈现出以下特点:

(一)共犯从属性发生变化

犯罪行为人应受刑法处罚的原因在于其行为已然侵害了法益或其行为存在引起法益侵害的风险。审视传统刑法共同犯罪理论,共犯应受处罚的原因也在于其行为侵害法益或引起了法益侵害的风险,但此种侵害作用是依托于正犯,是通过正犯的行为危害性来实现的。同样,可罚的中立帮助行为被认定为帮助犯必须是被帮助的人本身行为不法。但是网络中立帮助行为却对此观点产生了冲击。例如在快播案中,快播的用户上传违法视频,此后违法视频在快播平台上被广泛传播下载。在此案中,明显可知实施行为的人为上传违法视频的快播用户,但在刑法上仅仅上传几部违法视频并不具备刑法意义上的可罚性,从此种角度上看,不考虑此案中其他入罪方式,应当被刑法处罚的正犯行为在此案中并不存在,故对快播平台使用传统的共犯理论定罪时存在无法入罪的困境②。

在网络范围内,对中立帮助行为的处罚面临正犯合法但共犯违法的情况③。这将会在某种程度上影响对可罚的网络中立帮助行为进行定罪处罚,并且在我国大力推进互联网发展与创新的当下,从事利用互联网提供服务的主体愈来愈多,但在正犯行为未达到犯罪的程度条件时,帮助行为无法被处

---

① 付玉明:《论刑法中的中立帮助行为》,载《法学杂志》2017 年第 10 期。
② 车浩:《谁应为互联网时代的中立行为买单?》,载《中国法律评论》2015 年第 5 期。
③ 刘艳红:《网络中立帮助行为可罚性的流变及批判——以德日的理论和实务为比较基准》,载《法学评论》2016 年第 5 期。

罚的情况也会更加凸显。

（二）法益侵害性加大

对于传统的中立帮助行为进行处罚时，通常是比照正犯进行定罪处罚，对其适用的刑罚往往要低于正犯行为。原因在于：相较于正犯来说，传统的中立帮助行为的法益侵害性以及社会危害性较低。但在中立帮助行为进入网络环境下之后，情况就发生了逆转，网络中立帮助行为比正犯能够产生更大的社会危害性。

在传统的中立帮助行为中，基于实际客观条件的限制，实施中立帮助行为的行为人对于犯罪行为人的帮助作用基本表现为单线关系即一对一。但是随着网络介入之后，由于其服务的客户人群庞大、时空限制的突破以及监管难度较大等问题，可罚的网络中立帮助行为对犯罪行为人的帮助作用产生了变化，这种一对一的单线关系转变为一对多的侵害关系，中立行为所造成的危害结果出现泛化。

（三）意思联络变弱

对可罚的中立帮助行为进行处罚要依照共犯理论，而在共犯理论中要求正犯与共犯两者之间存在意思联络，也即要求共犯行为人在主观方面都能认识自身的行为及犯罪行为带来的危害后果，同时也要对其所帮助之人的行为带来的危害后果同样有所认识，只有这两方面的因素同时都被肯定，才能成立帮助犯。

如同一般中立帮助行为，网络中立帮助行为本身是中立的，并不存在犯罪性，当然网络中立帮助行为提供者通常也不会与犯罪行为人之间存在意思联络。随着网络中立帮助行为提供者业务的开展，利用中立帮助行为完成犯罪之行为才会出现。网络的出现转变了传统共犯理论中帮助犯与正犯的联络方式，有时双方之间犯意联络较弱，甚至并不存在某种犯意联络。这样的弱化的犯意联络在认定帮助犯时将会存在极大困难，最终可能导致对网络中立帮助行为处罚的不当缩小。

四、网络中立帮助行为的可罚条件

（一）网络中立帮助行为的可罚性

提供网络中立帮助行为的网络服务提供者大多提供的是能够帮助社会连接便利、提高商业效率、提高生活质量的中立行为，这些行为是被社会每个主体认真期待的，同时也为国家所提倡的，只有当其违背了法律或者相关法律以及业务规则所规定的义务才能肯定其可罚性①。大多网络中立帮助行为均属于不作为形式的中立帮助行为,开始其提供网络服务行为完全是中立的,在正犯利用其帮助行为犯罪之前其就已存在,被帮助者能够利用其行为实现犯罪结果的原因是因为提供网络服务的人未尽到相关义务导致。所以对网络中立帮助行为的处罚主要基于对不同网络服务提供者的义务内容来判断②。

从传统的不作为犯罪理论来看,义务的来源主要有以下几种:基于法律规定的义务、基于业务的义务、先行行为引起的义务以及基于法律行为引起的义务。现阶段,我国主要采用的是上述理论,对于网络中立帮助行为提供者不作为犯罪之义务来源主要停留在寻找相关法规中是否存在要求网络服务提供者承担义务的条款,但此种方式比较简单,等同于直接从相关法规范中摘取行为人应负担的义务,不能对网络服务提供者义务来源提供实质性的判断。同时从我国目前的法律规定来看,对于网络服务提供者的法律义务之规定很多,基于此来对不作为方式的中立帮助行为入罪进行分析,就会导致网络服务提供者所负担义务过重的情况,最终导致对网络中立帮助行为的处罚扩大化。

同时从不作为犯罪理论来看,是否应当对不作为犯罪进行处罚即作为义务的来源在于保证人的地位。对于保证人地位的构建,主要有两种类型:一种为对危险进行监督所带来义务之监督保证人,另一种则为保护某种利益免受侵害的保护保证人。使用此种方法更为合理,笔者将会采用后一种分类方式来对网络中立帮助行为提供者的义务来源及可罚性进行分析。

(二) 网络中立帮助行为犯罪化的可罚条件

网络服务提供者即本文所述网络中立帮助行为提供者是个集合性概念,包含内容提供者、缓存服务提供者、存储服务提供者、搜索服务提供者以及接入服务提供者等类型,不同服务提供商由于有着不同的业务模式以及盈利模式,所以其所负担的相关义务也就不尽相同,内容提供者应承担义务与普通的法律主体无较大区别,本文不再赘述③,其他类型的网络中立帮助主体可罚条件如下:

1. 网络连接服务提供商

所谓的网络连接服务商指的是为网络和通信的联通发挥最基础作用的

---

① 刘艳红:《网络中立帮助行为可罚性的流变及批判——以德日的理论和实务为比较基准》,载《法学评论》2016 年第 5 期。

② McCabe. The Role of Internet Service Providers in Cases of Child Prostitution[J]. Social Science Computer Review, No2(2008).

③ 陈兴良:《快播一审判决的刑法教义学评判》,载《中外法学》2017 年第 1 期。

网络服务者,例如在我国境内的移动、联通等公司,其仅仅提供线路或者信号,属于基础设施的一种,并且其服务的人是社会中每个个体,学界也达成共识,此类的网络中立帮助行为不具备可罚性,即使明知存在正犯利用其连接服务完成犯罪[1]。原因在于:提供连接服务的网络中立帮助行为人服务的对象覆盖所有的社会生活中的人,并且传递信息巨大,每秒都会传递亿级别的信息,即使这些提供连接服务的网络服务提供者基于刑法规范应负有避免其行为犯罪的义务,但其实现此义务在实际上并不可能,对于提供网络接入服务的网络服务提供者对于其传递的内容事前审查、实时监控不具备期待可能性,法并不强人所难,所以不应赋予连接服务提供商以防止犯罪之义务[2]。只有在接到受害者的通知或者相关部门的改正要求时,才应被要求采取断开连接、移除信息等措施[3]。网络连接服务提供者本质上仅仅是类似通道的服务行为,移动、联通这样的网络连接服务商如果不存在改变和控制传输的内容或者与被帮助之人通谋进行犯罪,就不应当因此行为获罪。同时如果这些网络连接服务商能够被确定改变和控制传输的内容或与他人合谋参与犯罪,就应当根据刑法修正案中的规定,按照帮助信息网络犯罪活动罪对其进行定罪处罚。

2. 缓存、存储服务提供者

对于缓存、存储服务的概念,目前法学界并无通说观点。缓存、存储分为两种:第一种为类似发送邮件附件的存储,仅仅是在用户之间的一种存储。第二种则是上传至缓存服务器进行的缓存服务。但是网络技术的发展日新月异,采用目前的分类可能也不足以说明情况,所以笔者将会结合快播案来说明整个缓存、存储服务提供者的可罚性标准。

根据已经公布的案件判决书,快播平台在运营期间,为了提高用户体验,吸引客户,对下载量高的视频进行缓存,并且保存在各地的服务器上,这样能够保证在新用户下载视频时,速度超过其他类似平台。质言之,从这个商业模式来说,快播平台就是一个基于缓存服务器为核心的提供互联网服务的平台。根据前文对不作为方式犯罪义务来源的分析可知,存在两种类型的义务来源即监督者保证人地位以及保证人保证地位。有学者认为对于快播平台而言,以保证人的保证地位来作为不作为犯罪义务的来源不合理。原因在于:首先,保证人保证地位含义为在犯罪发生之前,对法益无助状态或者是危险源具有支配作用的人。例如,一个人 A 在小区内遛狗,但并未采取任何防范狗咬人的措施,并且在狗咬人时并未采取任何行动,最终致使被害人被狗

---

① 　周光权:《网络服务商的刑事责任范围》,载《中国法律评论》2015 年第 2 期。
② 　杨晓培:《网络技术中立行为的刑事责任范围》,载《东南学术》2017 年第 2 期。
③ 　陈洪兵:《论中立帮助行为的处罚边界》,载《中国法学》2017 年 1 期。

咬成重伤。对 A 来说，其对于狗明显有控制作用也即对危险源具备支配作用，所以其被认为具有保证类的保证人地位。但是在快播案中，不能认定我国视频市场管理处于无助状态即法益处于无助状态，同时快播平台的违法视频来源于广大用户，当然不能将广大用户判定为所谓危险源，并且也不能将快播提供播放、存储技术作为危险源，因为真正起到法益侵害作用的是用户上传、下载淫秽视频的行为。同时此种保证人地位还要求行为人对危险源具备控制作用，但显然快播与其用户之间的关系不能等同于上述所举例子中主人与狗之间的这种支配关系，所以此种类型的保证人地位不能成立。笔者肯定此两种说法的正确性，但也认为可以从别的角度来对快播平台的义务进行分析。

提供缓存、存储服务的网络服务提供者对自己控制的领域之危险是否存在监督保护的义务，大多数情况下对此的回答都是否定的。虽然在某些平台或服务器上缓存、存储的信息可能包含法所不容许的内容，但存储平台本身用户广泛且匿名，对其进行监督保护可能性较低。同时观察美国和欧盟都未给予存储及缓存服务提供者对其平台内容进行监督保护之义务。但如果网络服务提供者明知自身平台内部存在不法存储内容，那么就应当承担删除、断开链接的义务，如果在此情况下，未尽到此种义务，应当认定此中立帮助行为的可罚性[①]。对于提供网络存储服务的网络中立帮助行为的行为人，满足犯罪主客观方面的构成要件，应当对其适用正犯的罪名或者帮助信息网络犯罪活动罪进行处罚。

3. 搜索服务提供者

在目前我们日常生活中，使用搜索引擎的次数越来越多，其帮助人们解决知识盲区的同时也会由于其背后的公司自身的逐利性带来一些无法避免的问题。一般的呈现自然搜索结果的搜索服务商因为其行为没有主观态度偏向，只是对互联网领域内容的抓取，所以不应承担对搜索结果的审查的特别义务。但如果其主动干预搜索结果，调整自然搜索结果的排名，对用户存在某种诱导和指向，就应承担事前审查、事中监督、事后删除的义务，如果未履行此应尽义务，此中立的提供搜索服务的行为将会被定罪处罚[②]。例如在2016 年的魏则西案中，作为我国搜索服务提供商代表的百度公司是否应当承担责任引起了极大的讨论，引导魏则西就医的广告并非是自然的搜索结果，而是通过竞价排名产生的。对于一般社会个体来说，很难掌握自己需求的所有信息，期待通过在网络搜索得到通过其余广大网民筛选过的信息。百度公司竞价排名的商业模式为魏则西选择医院提供了指引性，但却未尽到审查的

---

① 陈洪兵：《论拒不履行信息网络安全管理义务罪的适用空间》，载《政治与法律》2017 年第 12 期。
② 陈洪兵：《论中立帮助行为的处罚边界》，载《中国法学》2017 年第 1 期。

义务,所以从此角度上看,应当排除其中立性,认定其成立犯罪。在肯定其可罚性的基础之上,提供搜索服务的中立帮助行为人帮助正犯实施犯罪行为应当以正犯的帮助犯入罪,同时与正犯构成相同罪名或构成帮助信息网络犯罪活动罪。国内目前的搜索引擎公司,如果在提供搜索服务时,通过有价竞价排名的方式改变自然搜索的结果,为制售假药的公司或者医院提供置顶服务,为销售伪劣产品与服务提供了助益,就有可能构成刑法中的销售假药罪、虚假广告罪、帮助信息网络犯罪活动罪等罪。

五、结语

伴随着未来社会精细分工的不断发展,网络中立帮助行为在概念、表现形式、法益侵害程度等方面,与传统的帮助犯相比会呈现出巨大的差别。对网络中立帮助行为,一方面要坚持刑法的谦抑性,处罚上行政优先;另一方面通过义务作为的可能性来对是否应当处罚进行反向思考,以此最终实现刑法所追求之行为自由与法益保护之间的合理平衡。

论大数据时代数据信息保护路径

王　珏*

浙江杭知桥律师事务所

摘　要：无论是在商业层面、科技领域，还是在国家政策层面，当前或者说未来最显著的变革技术即是大数据。大数据之于科技创新、公共治理等领域的基础性、重要性堪比水、电之于人类社会生活。大数据时代已然来临。但大数据有怎样的内涵、数据信息的价值如何在法律层面进行保护等问题至今并没有一个统一的答案。本文通过分析《反不正当竞争法》一般条款对数据信息的保护、商业秘密对数据信息的保护、增加数据信息专门条款保护、确立数据财产权保护等各种保护路径，最终认为确立数据财产权的方式保护范围更加周延，保护力度更强，有利于从根本上解决当前的争议。

关键词：大数据；反不正当竞争法；一般条款；数据财产权

一、大数据、数据、信息的概念及关系

国务院2015年8月31日印发的《促进大数据发展行动纲要》(〔2015〕50号)中对大数据定义为"大数据是以容量大、类型多、存取速度快、价值密度低为主要特征的数据集合"。

涂子沛将大数据定义为："大数据是指那些大小已经超出了传统意义上的尺度，一般的软件工具难以捕捉、存储、管理和分析的数据。"[①]

本文所称数据并非传统统计中的以纸面记录的数据，也非日常生活中简单记录的数据，本文所研究的数据是指"限于在计算机及网络上流通的在二进制的基础上以0和1的组合而表现出来的比特形式"。[②] 数据的收集、存储均在相关载体上，包括服务器、网络终端、移动存储设备等通信工具，以代码

等形式显示。

信息通过数据的形式收集、存储、流转,数据则将信息数字化。当然信息不止数据一种表达方式,信息还可以通过传统纸媒、音频、视频、图像等形式展现,"信息的外延大于数据"①。数据是信息本身,同时也是信息流转的媒介。

通过以上定义可以看出大数据具有以下特征:①数据量巨大的数据集合;②类型复杂多样;③存储、流转速度快;④价值密度低。

大数据是数据的集合,相比于传统的数据统计、数据采集,大数据是一种全本数据,传统的数据统计、数据采集是依据一定的条件、选取特定时期、特定范围内的样本数据。

大数据、数据、信息三者的关系为:巨量数据的集合形成大数据,数据或者大数据则展示出信息。

二、运用《反不正当竞争法》一般条款保护

虽然大数据在数据本身层面的价值密度较低(因为这是一种无差别的收集、存储),但是由于大数据的数据量巨大,从中可挖掘、分析的数据信息规律、数据信息价值就非常巨大,这些数据被挖掘、分析之后得出的信息可以用于指导企业经营战略、产品开发等,让企业具有竞争优势,因此对于相关主体来说,数据信息是其最重要的资产、资源。

在司法实践中,如新浪微博诉脉脉软件不正当竞争纠纷案(下称"脉脉案")、大众点评诉百度地图不正当竞争纠纷案、酷米客 App 诉车来了 App 不正当竞争纠纷案等,这些案件中均选择运用《反不正当竞争法》一般条款来保护合法权益。其中,脉脉案作为典型案例,该案确立了司法实践中对此类问题的裁判思路和裁判标准,下面以该案为例。

(一)脉脉案基本案情②

微梦公司经营新浪微博。新浪微博是国内"重要的社交媒体平台,用户可通过该平台进行创作、分享和查询信息……2013 年 12 月,微博的月活跃用户数达到 1.291 亿人,平均日活跃用户数达到 6 140 万人"。用户使用手机号或电子邮箱注册新浪微博账号,手机号需要验证,用户可以选择手机号向不特定人公开;用户头像、名称(昵称)、性别、个人简介向所有人公开,用户可以设置其他个人信息公开的范围,职业信息、教育信息默认向所有人公开,互为好友的新浪微博用户能看到对方的职业信息、教育信息。

---

① 梅夏英:《数据的法律属性及其民法定位》,载《中国社会科学》2016 年第 9 期,第 168 页。

② 参见北京知识产权法院(2016)京 73 民终 588 号判决书。

淘友公司经营脉脉软件。脉脉软件是"一款基于移动端的人脉社交应用，通过分析用户的新浪微博和通讯录数据，帮助用户发现新的朋友，并且可以使他们建立联系。上面累积了400亿条人脉关系，2亿张个人名片，80万职场圈子"。

双方曾依据新浪微博开放平台的《开发者协议》，通过新浪微博平台OpenAPI 进行合作。OpenAPI 即开放 API（Application Programming Interface，应用编程接口），是服务型网站常见的一种应用，网站的服务商将自己的网站服务封装成一系列 API 开放出去，供第三方开发者使用。即淘友公司可以通过新浪微博的 OpenAPI 接口调取新浪微博用户数据，但调取数据需经新浪微博批准。

（二）微梦公司指控的不正当竞争行为

第一项行为指非法抓取、使用新浪微博用户信息。具体而言，双方合作期间，淘友公司非法抓取了新浪微博用户的教育信息、职业信息，并非法使用这些信息；双方合作结束后，淘友公司不仅未及时删除双方合作期间获取的新浪微博用户信息，还非法抓取并使用新浪微博用户的头像、名称、教育信息、职业信息、标签信息等。

第二项行为指非法获取并使用脉脉注册用户手机通讯录联系人与新浪微博用户的对应关系。具体而言，用户注册脉脉账号时，会被要求上传手机通讯录，同时，除非用户主动选择公开，新浪微博用户的手机号不公开。淘友公司采取技术措施在双方合作期间及合作结束后，非法获取脉脉用户手机通讯录联系人与新浪微博用户的对应关系。

（三）脉脉案法院判决

一审法院判决：淘友公司停止涉案不正当竞争行为；淘友公司刊登声明、消除影响；赔偿原告经济损失 200 万元及合理费用 208 998 元。

二审维持原判。

（四）《反不正当竞争法》一般条款在脉脉案的运用

法院在本案中引用了最高人民法院（2009）民申字第 1065 号"山东省食品进出口公司等与青岛圣克达诚贸易有限公司等不正当竞争纠纷再审案"（下称"海带配额案"）。在海带配额案中，最高院确立了适用《反不正当竞争法》一般条款应遵循的三要件：①法律对该种竞争行为未作出特别规定；②其他经营者的合法权益确因该竞争行为而受到了实际损害；③该种竞争行为因确属违反诚实信用原则和公认的商业道德而具有不正当性[①]。此外，鉴于互联

---

① 北京知识产权法院（2016）京 73 民终 588 号判决书。

网行业的特殊性(技术形态和市场竞争规模与传统行业存在显著差别),法院在上述三要件的基础上,为互联网领域适用《反不正当竞争法》一般条款增加了三个要件:①该竞争行为所采用的技术手段确实损害了消费者的利益;②该竞争行为破坏了互联网环境中的公开、公平、公正的市场竞争秩序,从而引发恶性竞争或者具备这样的可能性;③对于互联网中利用新技术手段或新商业模式的竞争行为,应首先推定具有正当性,不正当性需要证据加以证明①。具体到本案,我们进行如下分析。

1. 法律对脉脉抓取新浪微博用户数据的行为是否有特别规定

此案发生在 2015 年,当时的《反不正当竞争法》并未对涉及互联网领域的竞争行为作出特别规定。即使放在今天来看,虽然 2017 年新修订的《反不正当竞争法》增加了"互联网专条",但主要是针对利用技术手段妨碍、破坏其他经营者合法提供网络产品或者服务正常运行,本案行为系非法抓取数据,也难以对应新《反不正当竞争法》。

2. 其他经营者是否因该竞争行为受到实际损害

微梦公司主张其因脉脉非法抓取新浪微博平台用户数据受到损害,但未提交证据证明受到何种损害,以及损害有多大。二审法院也未就此进行论证。但依据互联网行业竞争特性,且两公司均属于社交领域,二审法院直接认定微梦公司受到损害并无不妥。

3. 是否违反诚实信用和商业道德

本案中,虽然原被告双方存在合作协议,被告亦可通过 OpenAPI 平台接入新浪微博数据,但双方的合作协议明确抓取数据需经新浪微博批准。此外,由于用户数据涉及用户个人信息,法院还明确此种数据的抓取,应当坚持"用户—平台—用户"的三重授权原则。然而在本案中,被告超授权范围抓取用户职业信息、教育信息等,不仅损害用户隐私,而且显然违背原被告双方的合作协议,违反诚信原则和商业道德。

4. 是否损害消费者权益

法院在裁判中引入消费者权益作为考量因素,体现了裁判者的前瞻性,2017 年新修订的《反不正当竞争法》也将消费者权益写进第二条。本案中,脉脉公司未经授权抓取用户个人信息,侵害消费者知情权、自由选择权等。

5. 是否损害市场竞争秩序

用户数据是新浪微博重要的商业资产,基于新浪微博庞大用户数据,微梦公司可以精准推送广告、调整微博运营策略等,具有极大的商业价值。脉脉软件同为社交软件,而且主打职场领域,新浪微博用户数据中的职业信息、

---

① 北京知识产权法院(2016)京 73 民终 588 号判决书。

教育信息无疑是脉脉软件看重的资源,但脉脉软件并未遵循正当经营方式获取用户信息,而采用非法抓取的行为,无疑破坏了市场竞争秩序。

6. 脉脉公司行为是否不正当

本案中,脉脉公司通过 OpenAPI 平台抓取信息,这一行为本身并无不正当,但抓取行为未取得授权也未以用户权益优先,具有不正当性。

三、《反不正当竞争法》一般条款保护数据信息的不足

（一）一般条款缺乏稳定性和可预见性

人类社会中的道德在不同的历史时期有不同的内涵,比如封建时期会对女性裹脚、守寡予以褒奖,甚至立上贞节牌坊,在如今,上述对女性的不公平压抑对待,显然不符合社会道德的要求。商业道德更是如此,以模糊的商业道德概念作为维权依据或者法院裁判依据,不仅缺乏稳定性,更容易出现由于对道德理解的偏差,当事人、社会对法院司法裁判难以认可的情形。

一般条款作为原则性条款,对市场经营主体来说,其无法从一般条款中指导规范自身经营行为,在与其他经营者竞争过程中,也无法预见何种行为系违法一般条款。如在脉脉案中,对被告淘友公司来说,其当然不认为其依据 OpenAPI 技术抓取新浪微博数据违反诚实信用和商业道德,而且对大多数互联网领域的从业者来说,技术是无罪的,运用技术抓取网络上的数据信息,并无违法性(比如 robots 协议、协同过滤算法等)。

（二）一般条款缺乏构成要件和责任要件

一般条款只作原则性表述,对其中的诚实信用原则、商业道德、损害其他经营者或者消费者的合法权益等,并无明确构成要件。此外,违反一般条款需要承担的法律责任后果也并未有明确对应之责任条款。

上述难题需要法官在裁判过程中自行作出判断,即使在脉脉案中,法官确立了六大判断要件,但相关案例在全国范围内的判决标准并未统一,而且六大要件依然存在语义重复、概念模糊的问题,用一个模糊的概念去解释另一个模糊的概念,不可能得到一个确定的概念。

四、运用商业秘密保护数据信息

（一）认定商业秘密的要件

以脉脉案为例,对该案中新浪微博用户数据信息进行如下分析:

1. 用户数据信息是否具有秘密性

商业秘密中的秘密性要件指的是不为公众所知悉,如果该信息是相关领域从业人员容易获得或普遍知悉的,或者属于行业惯例等,则不属于商业秘

密。新浪微博的用户数据虽然从个体数据来看是公开可见的（事实上也有一些信息是不公开的，比如联系方式），但数以亿计的用户数据成为数据集合，则不可能属于其他人可知悉的内容，所以用户数据具有秘密性。

2. 用户数据是否具有商业价值

互联网领域，特别是社交网络，用户一定是企业第一重要的资源，用户数据则是重中之重。对于拥有上亿用户的新浪微博来说，庞大的用户数据就是其区别于其他社交网络的竞争优势所在，庞大的用户数据能为新浪微博带来巨大的流量，从而使其获得巨大的经济利益，在此意义上，用户数据具有很高的商业价值。

3. 微梦公司是否对用户数据采取保密措施

脉脉案中，微梦公司已经在《开发者协议》中声明用户数据属于商业秘密；其次，脉脉公司需要微梦公司授权才能通过 OpenAPI 接口获取用户数据；微梦公司也采取互联网行业公认的 robots 协议禁止第三方抓取用户数据。从以上层面来说，微梦公司对其拥有的用户数据采取了一定的保密措施。

4. 用户数据是否属于技术信息或者经营信息

微梦公司经营新浪微博，并维护新浪微博平台的运营，吸引用户注册、使用新浪微博，收集、存储用户数据，并分析用户数据指导平台运营，从这样一个流程来说，用户数据一方面是微梦公司付出巨大的经营成本获得，另一方面用户数据也是微梦公司后续经营战略的重要基础，因此用户数据属于经营信息。

（二）商业秘密保护数据信息的不足

虽然某些数据信息能够被认定为商业秘密（如上述用户数据），但在脉脉案中，法院最终还是以《反不正当竞争法》一般条款作出裁判（事实上多数类似案例均是如此），原因在于商业秘密保护存在一定不足。

1. 侵犯商业秘密的形式具有特定性

《反不正当竞争法》第九条规定了侵犯商业秘密的四种情形，总的来说就是以"窃取"的方式或者员工、前员工以不当方式获取。这对维权人来说，具有较高的举证责任，维权难度加大；对法院来说，互联网领域的数据流通速度快、数据量庞大、技术发展变化快，法院需要对互联网领域的"窃取"等行为进行判断也有诸多困难。

2. 商业秘密不具有对世效力

不同于知识产权以公开化保护的形式，商业秘密的保护特点在于秘密性，正是由于这种秘密性，则不可禁止他人以正当方式获得同样的信息。比如最知名的可口可乐配方商业秘密，现如今也更多是作为一种宣传情怀，其他公司可以通过反向工程轻易获得可口可乐的配方。在互联网领域，用户是流动的，用户数据也是流通的，每一个平台都不可能独占某一个人的用户数据，因此以商业秘密来保护数据信息，将无法阻止其他人以某种技术手段获得相同的数据。

3. 商业秘密保护较弱，不利于数据信息流转

对数据信息的保护不仅是禁止他人获取数据，而是应当能够发挥数据的最大价值，这也是企业付出巨大成本收集存储数据信息的动力所在。以商业秘密保护数据信息反而限制了数据信息的流转、交易，减损数据信息的价值，从这一层面来说，商业秘密对数据信息的保护反而较弱。

五、增加数据信息保护专门条款

2017 年新修订的《反不正当竞争法》增加第十二条，也就是众所周知的"互联网专条"，该条针对互联网领域不正当行为作出专门规定，但是细看条文规定发现并不包含针对擅自抓取数据信息的行为，那么是否可以就擅自抓取用户数据的行为增加单独的条文呢？笔者认为这种方式治标不治本。

（一）单独增加对应条文会使法律缺乏确定性

虽然法律是对社会生活的总结，在一定程度上会落后于社会发展速度，再加上立法者的水平有限，法律难以涵盖社会生活的方方面面，但不代表法律需要经常性的修改才能满足维护社会秩序的目的。

社会发展日新月异，互联网领域的业态变化、技术更新更是迅猛，如果每当出现一种新行为，都需要通过修改《反不正当竞争法》来进行规制，那么《反不正当竞争法》的确定性将不复存在，法律不确定，则无法遵守；法律不确定，则无法指导社会生活；法律不确定，则法无威严。

（二）单独增加对应条文并不能根本解决问题

互联网领域的业态变化、技术更新是迅猛的。法律的修订需要周期，一定无法及时跟上互联网领域的发展。即使增加针对当下抓取数据信息行为的专门条文，也无法涵盖未来出现的抓取数据信息的新方式、新技术。即使针对抓取数据信息行为进行专门规定，但依旧没有解决数据信息价值如何在法律中体现的问题，也未解决数据信息权利归属这一根本问题，权利主体不明晰。

六、确立数据财产权保护

数据信息包含人身信息，从而具有人格权的属性，比如姓名权、肖像权、名誉权、隐私权等，本文讨论的数据信息剥离出以上人身信息。因为上述人身信息可以从人格权的角度出发予以保护，本文仅讨论数据信息作为财产属性的信息时的保护路径问题。

（一）数据系民事权利客体，权利内容确定

1. 数据具有确定性

虽然数据系无形、无体，不同于一般物权，但无论如何数据在收集、存储、流转过程中均具有确定性，相关主体也对数据具有控制性，能够占有、控制、使用、处分。数据包含信息，通过数据分析得出的信息内容也具有确定性。

2. 数据具有独立性

"客体具有独立性是构成民事权利的一个要素"[①]。数据以比特形式收集、存储、流转，与客观事实或活动独立。数据可以通过程序代码转换反映信息，输出内容。这一属性与知识产权权利属性类似，知识产权输出的内容是人类智力劳动成果，但知识产权的载体也是可复制的，知识产权以其内容确立权利义务关系，数据亦如此。

（二）数据具有财产权属性

1. 数据可以转移、具有经济价值

国家政策层面，国家鼓励数据交易、流转[②]。实践中，各地亦建立起数据交易平台，如贵州大数据交易所、中关村数海大数据交易平台、长江大数据交易中心、武汉东湖大数据交易中心、江苏省大数据交易中心、华中数交所、哈尔滨数据交易中心、钱塘数据大数据交易中心、海南数据交易中心等。数据交易使得数据权利同一般无形权利如知识产权、股权等类似，具有经济价值，可以转移权利。

2. 立法层面亦认可数据的财产属性

《民法总则》第一百二十七条规定："法律对数据、网络虚拟财产的保护有规定的，依照其规定。"该条文属于"民事权利"一章，且从该条文的表述来看，"立法的选择是将'数据'和'虚拟财产'并列，表明两者有相似性，隐含着立法对数据财产属性认可。"[③]

（三）网络服务提供者系数据财产权主体

1. 个人对数据不具有控制力

个人在使用网络服务的过程中，数据被网络服务提供者不断收集，这是一种单向的输入。对个人来说，其无法控制数据的收集、存储过程；其次个人对数据中包含人身属性的信息享有人格权利，已经可以由相关法律进行调整；网络服务提供者在收集、存储数据的过程中，会对人身属性的信息进行分

①　李爱君：《数据权利属性与法律特征》，载《东方法学》2018 年第 3 期，第 67 页。

②　国务院：《促进大数据发展行动纲要》（国发〔2015〕50 号）http://www.gov.cn/zhengce/content/
2015-09/05/content_10137.htm，2019 年 6 月 26 日最后访问。

③　李爱君：《数据权利属性与法律特征》，载《东方法学》2018 年第 3 期，第 68 页。

离、匿名化处理，经匿名化处理后的数据信息，事实上与个人并无关联，个人亦无控制力。

2. 网络服务提供者收集、存储数据合法且支付对价、付出成本

一方面，网络服务提供者在收集、存储数据过程中会明示收集规则、使用数据的目的、方式和范围；另一方面，网络服务提供者以提供服务的方式换取数据收集的途径并征得用户之同意，同时网络服务提供者在收集、存储的过程中付出大量成本，符合公平原则，理应产生相应的民事权利[①]。

七、结语

大数据时代，如何界定数据权利属性，如何平衡数据权利相关各方利益对大数据产业的发展至关重要。笔者认为，数据权利的配置应当综合考量经济发展趋势、立法趋势等问题，数据权利的设定也应当强调与经济发展的互动。在《反不正当竞争法》等法律法规无法满足新型数据权利需求时，从民法层面出发，考虑赋予数据财产权，并明确数据财产权的主体、客体、权利内容，保护范围更加周延，保护力度更强，有利于从根本上解决当前的争议。

[①] 程啸：《论大数据时代的个人数据权利》，载《中国社会科学》2018 年第 3 期，第 117－118 页。

论个人信息保护的权利基础

——以个人信息权的证成为研究路径

秦 倩*

（上海交通大学凯原法学院，上海 200030 ）

摘 要：个人信息保护在比较法上形成了以美国和欧盟为代表的两种不同的立法实践，但其均趋同于"积极确权＋行为规范"的保护模式。中国尚无制定统一的《个人信息保护法》，单一的行为规范模式暴露出权利配置缺位的制度弊端。《民法总则》中个人信息保护条文的法律解释无法得出个人信息权确立的论断。但其中"个人信息"所属"民事权益"已具备升级为"民事权利"的充分条件。区别于一般人格权、隐私权等属性，个人信息权在我国民事权利体系中可确定为具体人格权。

关键词：个人信息；权益层次；权益属性；个人信息权；具体人格权

一、问题的提出

21 世纪是万物互联、科技创新、信息爆炸的时代，高新技术的蓬勃发展使得个人信息所包含的经济价值日益凸显。同时，新技术的开发亦危及人格权益保护。个人信息的聚合、挖掘、利用在数字社会习以为常，信息滥用与泄露如影随形。现实紧迫地需要从制度层面有效规范个人信息的收集与利用，妥当平衡人格权益保护与个人信息利用之间的关系。对于渗透着自然人人格利益的生产要素，若法律仅是简单地给出"自然人的个人信息受法律保护"的宣誓性表述，显然单薄而无说服力。我国个人信息保护立法首须回应：法律所保护的个人信息，权益层级为何？厘清个人信息权利与个人信息利益的关联与界分，此乃基石。此后尚需明确权益属性，定位以人为本，摒弃宪法人权、一般人格权、隐私权、财产权等之于个人信息保护所存制度障碍，方可梳理出具体人格权的确认为立法之最优解。

---

* 作者简介：秦倩，上海交通大学凯原法学院博士研究生。

二、个人信息保护的立法比较

（一）域外个人信息保护立法

1. 立法模式

个人信息保护法诞生于社会信息化转型早期，自欧洲和美国开始，渐次波及全球。近年来，随着大数据、云计算、人工智能等新技术新业务对个人信息保护带来的冲击，个人信息保护立法和修法活动紧锣密鼓的开展。目前，共有 127 个国家和地区制定了个人信息保护相关立法。[①] 以保护个人信息上的人格利益为宗旨，形成了具有典型代表的立法模式：以美国为代表的英美法系国家，建立个人信息"公平实践"立法，以个人隐私为保护对象，以个人隐私权为权利基础，针对政府等公共领域，以及征信、金融、通信等不同商业领域形成分门别类的法律规范。以欧盟为代表的大陆法系国家和地区，建立个人信息"保护"立法，以个人信息为保护对象，以个人信息自决权和人格权为权利基础，制定统领政府部门和所有商业领域的统一法律。[②] 在亚洲，我国台湾地区制定以保障人格权为核心的个人信息保护法。韩国建立了被称为"亚洲最严厉的个人信息保护制度"[③]，基本延续欧盟"个人信息自决权"理念。[④] 日本创新性地推出了"政府主导＋行业自律"的混合模式，立法形式借鉴欧盟的立法经验和法律外壳，以保障公民人格权和财产权为核心，制定综合性的个人信息保护基本法。同时，采美国实用主义立法方式，在基本法之上重视重点行业的特殊立法、行业自律和第三方监督。[⑤]

2. 保护模式

利益保护通常可采权利化模式，也可采行为规制模式。[⑥] 对于个人信息利益的保护，早期的欧美国家普遍采纳简约型的积极确权模式。立法者通过权利排他性范围的灵活设置来扩大或限缩信息开发利用的自由空间。但实践表明积极确权模式存在结构性缺陷：权利立法通常以抽象概念界定权利，

---

① See Graham Greenleaf. Speaking notes for the European Commission events on the launch of the General Data Protection Regulation（GDPR）in Brussels & New Delhi.

② 个人信息保护课题组：《个人信息保护国际比较研究》，中国金融出版社 2017 年 7 月版，第 54－55 页，第 81 页。

③ See Graham Greenleaf. Korea's New Act：Asia's Toughest Data Privacy Law. Privacy Laws & Business International Report，Issue 117，1-6，June 2012，UNSW Law Research Paper No. 2012－28.

④ 王融：《大数据时代数据保护与流动规制》，人民邮电出版社 2017 年 3 月版，第 69 页。

⑤ 个人信息保护课题组：《个人信息保护国际比较研究》，中国金融出版社 2017 年 7 月版，第 54－55 页，第 81 页。

⑥ 叶金强：《〈民法总则〉"民事权利章"的得与失》，载《中外法学》，2017 年第 3 期。

或通过判例于事后定纷止争,此方式易导致权利边界模糊,无法反推并廓清信息开发利用之界限,无法给相对人提供清晰稳定的合规指引。个人信息保护实则停留于"丛林地带"①,这迫使人们不得不寻找更好的保护方式,行为规范模式由此应运而生。② 其总体思路是从权利界定转向行为规制,通过评估信息开发利用对信息主体的潜在影响来设定行为规范,以此为信息开发利用提供合规指引并间接保护个人信息。相较抽象的确权,行为规范的设计直接以信息收集、利用行为为规制对象,为行为人提供相对清晰的合规指引。但行为规范的设定不能"因案设法",难以精确对待样态各异的市场行为。为平衡行为自由与权益保护的二元价值,行为规范须设置大量的一般规则与例外条款。即便如此,其仍是弹性不足。在行为规范无法穷尽列举或难以通过"原则+例外"条款进行准确的价值平衡和区别对待之时,积极确权模式又重新登场。弹性化的权利立法可作为兜底机制于个案中通过灵活解读法益保护范围来调整行为自由之界限,缓解行为规范的列举负担与僵化难题。③ 至此,欧美实践经验形成了积极确权与行为规范协调配合的个人信息保护模式。

(二)大陆个人信息保护立法

1.立法模式

我国尚未制定专门的个人信息保护法。个人信息保护以分散立法为主,法律体系由法律、行政法规、部门规章、地方性法规、地方政府规章、国家标准等不同层次和法律效力的规范性文件组成。有关个人信息保护的条款渗透其中,内容着重规范信息的收集、使用行为,原则性规定明显。《民法总则》出台后,个人信息作为民法保护客体确属无疑。但为《民法总则》第 111 条所保护的"个人信息",权益层级为何,学说观点不一:民事权益说认为④,"本条只是规定了个人信息应当受到法律保护,而没有使用个人信息权这一表述,表明民法总则并没有将个人信息作为一项具体人格权利,但本条为自然人的个人信息保护提供了法律依据。"⑤二审稿开始纳入个人信息问题,但考虑到个人信息的复杂性,也没有简单以单纯民事权利特别是一种人格权的形式加以规定,而是笼统规定个人信息受法律保护,为未来个人信息如何在利益上兼顾财产化,以及与数据经济的发展的关系配合预留一定的解释空间。⑥ 民事

---

① 宋亚辉:《个人信息的私法保护模式研究》,载《比较法研究》,2019 年第 2 期。

② See Paul Ohm. Broken Promises of Privacy: Responding to the Surprising Failure of Anonymization. 57 UCLA L. REV. 1701, 1759 (2010).

③ 宋亚辉:《个人信息的私法保护模式研究》,载《比较法研究》,2019 年第 2 期。

④ 本文所述"民事权益"与法律条文中的"其他合法权益"为相同含义,下文均使用"民事权益"表述。

⑤ 王利明主编:《中华人民共和国民法总则详解》,中国法制出版社 2017 年 5 月版,第 465 页。

⑥ 龙卫球、刘宝玉主编:《中华人民共和国民法总则释义与适用指导》,中国法制出版社 2017 年 3 月版,第 404 页。

权利说认为，"本条是对自然人享有的个人信息权，以及义务人负有不得侵害个人信息权义务的规定"①。"在隐私权之外，确立自然人对其个人信息享有的民事权利，在一定程度上明确了个人信息权。本条文虽然没有直接规定自然人享有个人信息权，但对自然人而言，本条既是其具有民事权利的宣示性规定，也是确权性的规定。""个人信息权"的权利边界、权利行使及法律责任需在制定民法典分则或相应的配套立法（如《个人信息保护法》）时，再加以完善。② 值此一提的是，张新宝教授基于对条文的文义分析和体系解释，所得结论为"得不出唯一解"。"民法对于个人信息提供的保护既可能是一项民事权利，也可能仅是一项民事权益。"③笔者认为，法解释学的首要原则是对任何条款的解释都不能超出法条字面含义可能的范围。以此为基准，"自然人的个人信息受法律保护"之表述宣示了个人信息受保护的基本立场，但其并未明确受保护的具体权利，且作为法律真正保护的客体即个人信息所承载的人格利益，该条文也是只字未提。因此，仅从宣示性条款上尚难证明"个人信息权"的已然存在。但正是学说观点的对立，为"个人信息权"的确立提供了契机，现实表明权利的缺位不利于法益的保护，其存在的合理性与必要性已形成共识。

2. 保护模式

相较于"个人信息权"的确立与否尚存争议，个人信息保护的"行为规范"模式特征明显。典型如《民法总则》第 111 条及《网络安全法》第 41 至第 45 条。针对行为规范的构造，现行法区分为信息获取、利用、持有三个阶段，分别设定相应的规范体系，任何未遵守规范要求的行为将构成法律规定的"非法"，进而满足侵权法的违法性，由此行为规范立法可借由侵权法的实施框架走向实践。④《民法总则》有关个人信息保护实属"法源性"、指引性规定。⑤ 其并未明确提出个人信息权，概因个人信息保护制度尚处新领域，对其研究不足成熟。故，立法采用反面排除的方式，对行为人不得侵害他人信息的义务做出规定。⑥ 对比欧美已形成积极确权与行为规范的互动配合，我国单一的行为规范模式亟待完善。

---

① 杨立新主编：《中华人民共和国民法总则要义与案例解读》，中国法制出版社 2017 年 3 月版，第 413 页。
② 陈甦主编：《民法总则评注》（下册），法律出版社 2017 年 5 月版，第 785 条、第 790 条。
③ 张新宝：《〈民法总则〉个人信息保护条文研究》，载《中外法学》，2019 年第 1 期。
④ 宋亚辉：《个人信息的私法保护模式研究》，载《比较法研究》，2019 年第 2 期。
⑤ 崔建远：《我国〈民法总则〉的制度创新及历史意义》，载《比较法研究》，2017 年第 3 期。
⑥ 王利明：《〈民法总则〉的本土性与时代性》，载《交大法学》，2017 年第 3 期。

三、个人信息保护的权益层级

（一）个人信息的认定

信息哲学认为信息是物质存在方式和状态的自身显示。[①] 个人信息是对信息主体的反映，是识别信息主体和确定主体特征、状态的客观存在或描述，是与自然人相关联的、具有个体特征的信息片段。[②] 目前，我国的个人信息保护规范已近 100 部，[③] 有关个人信息的界定多是采用描述加列举方式。如《网络安全法》定义个人信息"是指以电子或者其他方式记录的能够单独或者与其他信息结合识别自然人个人身份的各种信息，包括但不限于自然人的姓名、出生日期、身份证件号码、个人生物识别信息、地址、电话号码等。"其本质在于识别性。故所有可识别自然人身份的信息均属个人信息的范畴。概言之，个人信息的内涵稳定、外延多元，伴随着信息技术的演进而不断扩展繁衍。

（二）个人信息保护：从"民事权益"到"民事权利"的升级

民事权利本质为法律为保障民事主体的特定利益而提供法律之力的保护，是类型化的私人利益。[④] 民事利益是民事主体之间为满足自己的生存和发展而产生的，对一定对象需求的人身利害关系和财产利害关系。[⑤] 在我国的法律中，规定保护某种民事利益，通常采用三种做法：第一，法律直接规定为权利。如《民法总则》中明确规定的人格权、物权、债权、知识产权、继承权以及股权等。第二，法律规定作为法益保护。法益为法律所保护之利益。[⑥] 如《民法总则》对胎儿利益的保护。第三，对于用权利还是用法益保护规定不明确。如"隐私"的保护。最初以保护名誉权的方式间接保护。而后采用隐私利益的直接保护，直至《侵权责任法》确定为隐私权。故依法律条文的具体规定，民事利益可分为三种类别：权利保护的民事利益、法益保护的民事利益、不受权利和法益保护的民事利益。[⑦] 通过对《民法总则》第 111 条所规定的"个人信息"的权益层级的分析可知，此条宣示性的法律规定采用了"自然人的个人信息受法律保护"笼统表述，既未使用"个人信息权"，也未使用"个人信息利益"，这使得个人信息进入兜底性的"其他合法权益"的范畴，并入

---

① 邬焜：《信息哲学——理论、体系、方法》，商务印书馆 2005 年 3 月版，第 46 页。

② 崔聪聪：《个人信息控制权法律属性考辨》，载《社会科学家》，2014 年第 9 期。

③ 齐爱民、张哲：《识别与再识别：个人信息的概念界定与立法选择》，载《重庆大学学报（社会科学版）》2018 年第 2 期。

④ 王利明：《论个人信息权在人格权法中的地位》，载《苏州大学学报》，2012 年第 6 期。

⑤ 杨立新：《个人信息：法益抑或民事权利》，载《法学论坛》，2018 年第 1 期。

⑥ 林诚二：《民法总则》（上册），法律出版社 2008 年 6 月版，第 102 页。

⑦ 杨立新：《民法总则》，法律出版社 2017 年 7 月版。

"法律没有明确规定为权利抑或法益"之列。这种不明确的立法状态，对于集聚着多重利益属性的个人信息的保护极其不利。事实上，个人信息保护已经具备从"民事权益"升级为"民事权利"的现实条件。

首先，理论层面确认个人信息权的前提条件成熟。民法确认某种民事权利时，须存在两个前提：一是该权利所保护的民事利益具有相当的独立性。二是权利所保护的民事利益必须与相关的民事权利所保护的利益能够做出明确界分。① 个人信息确权绕不开的议题，个人信息与隐私的关联与界分，两者有别的论断已形成。《关于加强网络信息保护的决定》中规定："国家保护能够识别公民个人身份和涉及公民个人隐私的电子信息。"此处既已区分个人身份信息与个人隐私信息，分别作为独立的民事利益予以保护。作为隐私权保护客体的隐私是一种私密信息或私人活动，凡是个人不愿公开披露且不涉及公共利益的都可成为个人隐私，其体现精神性人格利益。作为个人信息权保护客体的个人信息是可识别个人身份的信息。个人信息指向信息主体，能够显示个人生活轨迹，勾勒出个人人格形象，作为信息主体人格的外在标志，形成个人"信息化形象"。既能彰显信息主体的人格尊严和自由，也蕴含着被充分发掘与利用的商业价值。② 个人信息在人格利益之上，基于合理利用孕育出新的财产利益，区别于隐私。

其次，实践层面对保护个人信息利益的需求紧迫。目前对个人信息保护主要通过隐私权来实现。隐私权为精神性人格权，其内容主要包括维持个人生活安宁、个人私密不被公开、个人私生活自主决定等，是一种消极的、排他的、防御性的权利，重心在于防范隐私被披露。在受侵害之前，个人无法积极主动地行使权利，而受侵害之时，只得请求他人停止侵害或排除妨碍，并采用精神损害赔偿的方式加以救济。个人信息权是一种集人格利益与财产利益于一体的新型人格权，内容包括个人对信息如何收集、利用等知情权，如何自己利用和授权他人利用的决定权等，是一种积极的、排他的、能动的控制权和利用权。权利受侵害之时可请求行为人更正或删除个人信息，除采用精神损害赔偿的方式外，也可寻求财产损失救济。③ 个人信息权的配置于个人信息利益的保护更为周全。

最后，比较法上权利化保护模式的国际环境形成。个人信息的确权保护模式，已成为现代社会发展的主流趋势。美国通过隐私权对个人信息进行保护。美国法上的隐私权内容相对开放且不断发展。其类似于大陆法系的一

---

① 杨立新：《个人信息：法益抑或民事权利》，载《法学论坛》，2018 年第 1 期。
② 张新宝：《从隐私到个人信息：利益再衡量的理论与制度安排》，载《中国法学》，2015 年第 3 期。
③ 王利明：《论个人信息权在人格权法中的地位》，载《苏州大学学报》，2012 年第 6 期。

般人格权,保护的利益亦是人格尊严、人格独立及人格自由。① 隐私一词带有信息、身体、财产和决定等方面的含义。② 欧洲是将个人信息权作为独立的权利对待。③ 1983 年德国联邦宪法法院在"人口普查案"中通过适用宪法第 1 条第 8 项的人格尊严和第 2 条第 1 项的一般人格权概念发展出"信息自决权","其内容包括个人得本着自主决定的价值与尊严,自行决定何时以及何种范围内公开其个人的生活事实。"④依照宪法法院的观点,该权利作为"基本权利",产生的基础是一般人格权。⑤ 法律保护个人信息是为维护个人人格尊严和人格平等。受此影响,《欧盟基本权利宪章》第 8(1)将个人信息视为宪法性基本权利。⑥ 欧盟《一般数据保护条例》第 1(2)规定,本条例保护自然人的基本权利和自由,尤其是自然人的个人数据保护权。无论是美国的隐私权还是欧洲的一般人格权,个人信息的确权保护已形成国际共识。

四、个人信息保护的权益属性

(一) 个人信息权属性的学理辨析

个人信息保护的权益属性直接关系法律架构的建立。有关个人信息权的定性众说纷纭。⑦ 纵观之,多数存在不同程度的制度缺陷:宪法人权说在我国的司法层面难以践行,物权说或所有权说、财产权说以及复合型权利说均忽略了人格利益的价值本位和优于单纯财产权定性的人格权商品化发展趋势;框架权说徒增虚权,本质是未清晰权利与权能的区分。一般人格权说削弱了个人信息权的独特性,难以满足权利发展的现实需求。英美法系的隐私权同比大陆法系的一般人格权。中国语境中的隐私权实属保护隐私信息的具体人格权,与个人信息权在权利性质、权利内容、保护方式等方面差异化显著。综合比较,具体人格权说则脱颖而出。自然人的个人信息是其与生俱来并在发展中不断形成,个人信息的身份识别性与个人人格密不可分。信息化人格形象的塑造与发展体现人格尊严与人格自由。个人信息具有的潜在商

---

① 洪海林:《个人信息的民法保护研究》,法律出版社 2010 年 9 月版,第 32 页;谢永志:《个人数据保护法立法研究》,人民法院出版社 2013 年 7 月版,第 39 页。

② [美]阿丽塔·L.艾伦、理查德·C.托克音顿:《美国隐私法:学说、判例与立法》,冯建妹等编译,中国民主法制出版社 2004 年 2 月版,第 8 页。

③ James B. Rule, Graham Greenleaf. Global Privacy Protection. Edward Elgar Publishing,2008.

④ 王泽鉴:《人格权的具体化及其保护范围·隐私权篇》,载《比较法研究》2008 年第 6 期。

⑤ 孔令杰:《个人资料隐私的法律保护》,武汉大学出版社 2009 年 4 月版。

⑥ Gloria González Fuster. The Emergence of Personal Data Protection as a Fundamental Right of the EU 2,264(Springer International Publishing 2014).

⑦ 叶茗怡:《论个人信息权的基本范畴》,载《清华法学》2018 年第 5 期;张里安、韩旭至:《大数据时代下个人信息权的私法属性》,载《法学论坛》2016 年第 3 期。

业利用价值，根源于该生产要素蕴含的人格特征，在本质上属于人格权的客体。而人格特征的商业化使用表现为人格权的商品化，带来的财产利益构成人格权的财产部分。但个人信息权始终未超越人格权的边界。同时，人格权作为一个不断发展的权利集合是践行"以人为本"的关键环节，个人信息权的确立正是人格权类型丰富的重要表现。

（二）个人信息保护：具体人格权的定性为最优解

首先，作为个人信息权保护客体的个人信息，内涵高度抽象，外延种类宽泛。凡与自然人身份识别有关的信息，均可认定为个人信息。随着大数据技术的深入应用，个人信息的内容将继续丰富，这便决定其不宜为其他权利分散涉列，而应确立一项独立的具体人格权，对外延宽泛的个人信息予以概括性的全面保护。

其次，实现个人信息所承载的精神性人格利益与财产性人格利益协同发展，需要确立具体人格权的基本定位。具体人格权的选择可最大限度地维护人格尊严，促进人格平等，同时未忽视对其财产利益的保护。《侵权责任法》第 20 条侵害人身权益的财产损失赔偿规则同样适用于个人信息的保护。同时该法第 22 条精神损害赔偿的规定也有利于对权利人的全面救济。

最后，个人信息权庞大而成熟的权能体系和规则范式足以塑造出鲜活的具体人格权。比较法视域下，个人信息权的具体内容在立法规定中共性鲜明。典型如欧盟《一般数据保护条例》规定数据主体的各项权利：知情权、同意权、访问权、更正权、删除权、限制处理权、可携带权、反对权。区别之，我国的个人信息保护立法呈现出规则体系先行，而权利规范缺失的不完整性。有关个人信息权具体内容的探讨活跃于学术领域。个人信息权是信息主体依法对其个人身份信息所享有的支配、控制并排除他人侵害的人格权。权利内容包括：知情权、决定权、控制权、保密权、查询权、更正权、封锁权、删除权、保护权、报酬请求权等。[①] 上述诸项权能内涵清晰明确，逻辑体系完整，难为其他权利所吸收或概括。总之，将个人信息权确定为具体人格权，以其支配、控制、排除他人侵害的各项权能可对个人信息给予全生命周期的保护。

[①]　齐爱民：《个人信息保护法原理及其跨国流通法律问题研究》，武汉大学出版社 2004 年 8 月版，第 109 - 110 页；齐爱民：《论个人信息的法律保护》，载《苏州大学学报》2005 年第 2 期；王利明：《论个人信息权在人格权法中的地位》，载《苏州大学学报》2012 年第 6 期；杨立新：《个人信息：法益抑或民事权利》，载《法学论坛》2018 年第 1 期。

人格权视野下的个人信息保护
——以欧盟为借鉴

严　骥*

（南京大学法学院，南京 210093）

摘　要：科技的不断创新促使大数据对人们日常生活的影响愈发深刻，也引致了很多个人信息被泄露和滥用的事件。对于个人信息保护，我国尚未出台系统的法律，究其原因，在于"个人信息"权利究竟属于何种权利的本体性困惑。不过，个人信息总是伴随着私人利益并彰显私人权利，欧盟的《一般数据保护条例》（GeneralDataProtectionRegulation，简称 GDPR）对于个人信息保护的主体范围、权利内容、行为责任和监管模式等方面作出的安排更加注重对个人私益的保护，值得我国借鉴。应当从人格权的视角出发，以尊重人格平等和自由为目标主旨，可以先制定个人信息保护之单行法，吸纳 GDPR 有关规则，以有效规制大数据背景下个人信息被滥用的行为。

关键词：大数据征信；个人信息；立法规制；欧盟法

一般认为，个人信息①是指与个人紧密相关联的能够表征某一特定个人的信息，具体包括个人的工作、生活、家庭等各个方面，包括我国在内的大多数国家，曾在很长一段时间内并没有注重对个人信息的专门保护，根源在于其权利的本体属性难以辨析：有学者认为个人信息与人的自由紧密联结，属于宪法性权利②；有学者认为在当今的信息时代，知识产权的权利范围有向"信息产权"延伸的趋势，在权利客体上个人信息权与知识产权趋同③；有学者认为个人信息因为蕴涵着商业价值，而具有财产因素，尤其是在大数据征信

---

*　作者简介：严骥（1987—），南京大学法学院博士研究生，研究方向：民商法、知识产权法。

①　在电子信息科学中，数据（data）是信息（information）的载体。在征信行业中，个人信息的电子载体为数据。如不涉及符号学层面的概念划分，对于载体的保护与对于本体的保护，在法益目标上是一致的。本文采用国内学界较为通用的"个人信息权"之表述，如涉及比较法及其他学科，只要不存在逻辑概念抵牾，"数据保护"与"信息保护"在本文中含义相同。

②　郭明龙：《个人信息权利的侵权法保护》，中国法制出版社 2012 年版，第 44 页。

③　吴汉东：《知识产权基本问题研究》，中国人民大学出版社 2010 年版，第 5 页。

背景下,其本身的商业价值更大、财产属性更强①;有学者认为个人信息在行为主体、权利人关系、价值需求等方面都呈现出多样化态势,其本身也是一种内涵多样化的框架性权利②;有学者通过将个人信息权与隐私权的权利内容进行详细比较,并从权利类型上进行界分,认为个人信息属于一种特殊的人格权③。笔者认为,个人信息在某种程度上反映了公民的私人利益,是可以纳入私法的保护范畴之中的,再者,由于个人信息具有较强的人身依附性,与人格权具有一定的重合,但并非典型意义上的人格权,要实现对其的有效保护,重点在于如何对个人信息滥用行为进行有效规制以彰显人之平等和自由。

大数据推动着信息技术在更多领域的渗透与融合,使我们在享受便捷的同时,也面临着个人信息被滥用、被泄露、被侵害的严重风险。所以,对于个人信息,特别是其反映的私人利益亟待强有力的法律保护,以规制个人信息被滥用的行为,并不能因个人信息之权利的本体性困惑而滞后,欧盟新出台的《一般数据保护条例》(General Data Protection Regulation,简称"GDPR")对于个人信息的人格权意蕴倾注了更多关注,虽然在法秩序和法价值层面尚存争议,但其所彰显出的尊重权利个体之人格尊严和自由的人格权意蕴值得借鉴学习,以在大数据征信背景下完善我国的个人信息之立法保护。

一、我国个人信息保护的不足

我国已逐渐发展成为互联网科技强国,不过与此同时,公民信息安全的问题也变得日益严峻,④对此,人们往往认为是立法方面的滞后,其实早在2008年就有人大代表提出制定个人信息保护方面的法律,缓解个人信息数据泄露所带来的社会压力,所以说立法滞后的原因也许更多还在于理论的困惑,主要如下:

(一)如何统筹立法安排:需要一部怎样的个人信息保护基本法

如前所述,个人信息权属于何种权利的困惑必然会带来立法安排上的不统一。对于个人信息保护,早在1982年《宪法》就对通信秘密做出了原则性的规定,但在法律层面,《刑法》对于侵犯公民个人信息安全进行定罪量刑是在

---

① 刘德良:《个人信息的财产权保护》,载《法学研究》2007年第3期,第81页。

② 刁胜先、何琪:《论我国个人信息泄露的法律对策——兼与 GDPR 的比较分析》,载《科技与法律》2019年第3期,第49页。

③ 王利明:《论个人信息权的法律保护——以个人信息权与隐私权的界分为中心》,载《现代法学》2013年第4期,第64页。

④ 例如应用软件肆意收集个人信息的行为,参见刘小霞、陈秋月:《大数据时代的网络搜索与个人信息保护》,载《现代传播》2014年第5期,第128页;还有连锁酒店打包出售个人信息的行为,参见吴旭莉:《大数据时代的个人信用信息保护——以个人征信制度的完善为契机》,载《厦门大学学报(哲学社会科学版)》2019年第1期,第172页。

极端化的情况之下,而《民法总则》对于个人信息的保护则更多体现出对个人信息的权利抽象和宣示,而行政法规、部门规章层面则显得分散化、碎片化,统一规范的缺失掣肘了法律条文的实践操作和实施。[①] 究其原因:一是立法理念不统一,即对信息的保护最终是要保护哪一类法益,是公共信息安全还是个人信息的独享,从个人信息的角度来说,是侧重于财产利益还是侧重于人身利益也莫衷一是;二是个人信息权因其人身属性而属于私权范畴,但要对其实现有效的保护,多半要借助于公权力的介入,当个人信息权之本体属性尚不清晰的情况之下,面对公权力,必然也会落入公法与私法既融合又抵牾的局面;三是权利主体还需要进一步明确,如果个人信息属于民事权利,那是否所有的民事主体都能成为其权利人,因为法人和其他组织是否享有人格权从而也享有信息不被泄露和滥用的权利,还涉及民商合一与民商分立之更加宏大的立法安排争论之中。总之,我们必须正视这些理论与实务的难题,急需一部统一且符合当前发展趋势的个人信息保护基本法。

(二) 如何界定个人信息:基于与隐私权的区分

我国《宪法》层面没有从根本大法的角度规定公民的个人信息权不受侵犯。虽然有些学者将个人信息权等同于《宪法》中提及的通信隐私权[②],但是这样的界定明显限制了公民在个人信息受到侵害时所展开的维权活动以及权利主张。将个人信息权等同于隐私权,也会造成立法层面的紊乱,因为从权利的客体范围上讲,隐私权的权利客体往往侧重于私密信息,诸如家庭、婚姻、身体健康等情况,有一些属于绝对不公开的事项;而个人信息所涵盖的个人身份信息、姓名信息、联络信息在特定的社会交往中是要在特定范围内必然公开的,隐私权和个人信息权都属于人格权,如果从权利的实现方式区分,隐私权具有被动性,而个人信息权则具有主动性[③],因为对于个人信息,权利人还可以积极地加以利用,而隐私权制度则在于防御个人私密信息被披露。二者不同的人格权属性,也必然会导致其法律保护方式的不同。因此,进一步明确“个人信息”以及“个人信息权”的内涵就显得日益迫切。

(三) 如何保护人格利益:监管体系与自律机制

如何检验一部法律的成效就在于法律的实施,如何有效的实施则在于是否存在相应法律监管体系。围绕对人格利益的保护检视我国现行的个人信息保护方面的法律法规,对于如何实现权利主体对个人信息使用的知情权、

---

① 叶名怡:《个人信息的侵权法保护》,载《法学研究》2018 年第 4 期,第 83 页。
② 姚岳绒:《论信息自决权作为一项基本权利在我国的证成》,载《政治与法律》2012 年第 4 期,第 72 页。
③ 王利明:《论个人信息权在人格权法中的地位》,载《苏州大学学报》2012 年第 6 期,第 73 页。

自决权以及如何保护个人信息的数据完整性均缺乏有效的途径。究其原因，一方面是由于未明确专门的个人信息保护的监管主体，且未对相关能够"知晓""支配""处理"个人信息的政府机关的职责进行明确划分，一旦部门之间产生矛盾，公民的个人信息权也将无法得到切实保护；另一方面是目前我国对于侵犯公民个人信息的行为缺乏具有震慑力的惩罚措施，这也是我国个人信息泄露和滥用事件频发的主要原因。在监管体系缺失的大环境下，也很难形成向西方国家相对完备的行业自律机制，虽然我国互联网行业也带有自律性质的行业规范，比如 2013 年颁布的《互联网终端安全服务自律公约》，但是由于缺少法律条文和相关行政部门的支持以及不利于实践操作，这些自律条约并没有得到很好的实施。

二、欧盟对于个人信息保护的措施

发达国家在对待公共安全和个人私益的法价值考量中常有摇摆，近年来，最广为大家津津乐道的案件当属 2018 年的脸书（Facebook）丑闻。在这一年，脸书用户的个人信息被另有企图的企业所窃取，这家企业通过获知和分析这些遭泄露的用户个人信息（比如喜爱偏好、阅读习惯等），试图以推送广告的形式影响美国总统竞选，最后演变成性质严重的政治事件。① 对此，美国和欧盟各国政府纷纷修改相关法律，完善本国的个人信息保护机制。② 欧洲议会为加强欧盟区居民的数据保护，于 2016 年 4 月 27 日通过了新的数据保护法案——《一般数据保护条例》（下称 GDPR），较之《个人数据保护指令》，GDPR 从个人信息的主体、数据的收集和处理、法律监管以及数据国际间的传输等方面都做出了更符合人格权意蕴的立法安排。

（一）注重权利客体的多样性

GDPR 的第 4 项规定"个人数据是指任何指向一个已识别或者可识别的数据主体的信息"，这些信息不仅包括自然人的姓名、银行账号等一些传统意义上的信息数据，还包括一些涉及敏感信息的数据，例如心理、生理以及政治立场等信息。可以说，GDPR 尽可能合理地扩张了"个人信息权"的权利范围。在 GDPR 的第 4 章和第 7 章中都明确规定个人信息的主体具有知情权、

---

① 董杨慧、谢友宁：《大数据视野下的数据泄露与安全管理——基于 90 个数据泄露事件的分析》，载《情报杂志》2014 年第 11 期，第 158 页。

② 丁晓东：《个人信息私法保护的困境与出路》，载《法学研究》2018 年第 6 期，第 194 息的立法保护：一类以美国为代表，以行业和市场为导向与主导，采取行业类别立法的模式对个人信息加以保护，通过契约关系来规范企业与公民之间关于个人信息的法律关系；另一类以欧盟为代表，通过制定统一的法律规范，并建立明确的个人信息保护标准。从法系角度比较而言，欧盟统一立法模式更符合我国的立法传统，且从大数据征信环境下公民的弱势地位更明显，统一、清晰、严格的立法更有利于保护公民的个人信息权，故本文重点分析借鉴欧盟的立法模式。

数据访问权,并增加了数据的遗忘权和删除权,在第 17 章中还规定了个人数据的主体可以要求数据的控制者或者使用者删除与其相关的信息。有学者甚至表示,数据的遗忘权[①]和删除权是最能体现 GDPR 加强个人信息保护的条款之一,是数据主体可以直接抵抗互联网领域个人信息被侵害的法律武器。[②] 同时,也进行了数据可携权的制度创新,强调了权利主体对于个人信息的高度自治,因为数据信息具有可移动、复制和传送的迁徙能力,而数据可携权的设立也能够很好地平衡数据信息的自由流动和政府管制的关系。[③] 实现权利主体对个人信息充分的"自知""自决",体现出了将个人信息权利作为人格权予以保护的立法主旨。

(二) 对相关概念予以明确定义

GDPR 还重点明确了何为"个人信息"、何为"处理"。GDPR 定义个人信息包括任何已识别或可识别的数据主体的相关信息,能够通过识别,而直接或间接归属于某一主体的数据信息即为个人信息,例如,通过生理、心理、遗传、身份或是文化认同等特征识别,以及姓名、住址、地理方位等识别信息。[④] 虽然在欧盟,对于个人信息的判定标准始终能够保持相对的统一性,GDPR 将规范措辞调整为"可识别性",更有助于司法机关确立统一标准。为了突显人格权的立法价值,GDPR 还对涉及人种、宗教、哲学信仰、生物特征、健康状况、性生活与性倾向的信息定义为"敏感信息",并强调对敏感信息的处理原则上予以禁止,以规制大数据时代下对个人基本权利和基本自由可能形成的干扰。同时,GDPR 对"处理"概念采取了较为开放的立法技术——非穷尽性列举,"处理"是指对个人信息或其集合所形成的任何一(多)项措施,包括但不限于:收集、记录、组织、储存、修改、检索、查阅等。[⑤] GDPR 无疑考虑了时代的发展性,考虑到无论是浏览器缓存等暂存于 IT 系统的个人信息,还是显示于电脑的个人信息,抑或是通过移动设备收集的个人信息,任何数据信息处理都属于 GDPR 的数据"处理"。同时,"处理"行为须以信息权利主体的明示性同意为前提,这样可以在中立立场为权利人提供保护,也可以为司法裁判预留裁量空间,欧洲的司法机关也可以通过判例的形式补充完善"处理"的概念,对于个人信息的处理需要权利主体充分的"自我决定",而"自我决定"

---

① 万方:《终将被遗忘的权利——我国引入被遗忘权的思考》,载《法学评论》2016 年第 6 期,第 155 页。对于个人信更有利于保护公民的个人信息权,故本文重点分析借鉴欧盟的立法模式。

② 丁晓东:《个人信息私法保护的困境与出路》,载《法学研究》2018 年第 6 期,第 194 页。

③ 金晶:《欧盟〈一般数据保护条例〉:演进、要点与疑义》,载《中国欧洲学会欧洲法律研究会第十二届年会论文集》2018 年 11 月份,第 156 页。

④ GDPR 第 4 条第 1 项。

⑤ GDPR 第 2 条第 1 项。

也为保护信息的完整性提供了可能。

（三）强调人格权的不可侵犯性

GDPR 对个人信息的权利者赋予更加强有力的保护，彰显"私权神圣"原则强调个人信息权的不可侵犯性。首先，是对数据的处理者以及控制者的行为和责任也进行了更为严格的规定，GDPR 的第 26 项条例在明确界定了数据处理者内涵的基础上，也对其在个人数据收集、整合、分析等过程中所应承担的责任进行了划分。除此之外，GDPR 还制定了更为全面的处理数据之正当性原则，要求数据的处理需要基于包括数据主体的自愿、与数据主体签订合同等在内的 6 项主要原则。GDPR 的一大创新亮点就在于要求企业或者组织设置数据保护专员，要求数据保护专员具有一定的独立性，在企业与监管机构和数据主体之间起到沟通、协调的作用。[①] 其次，GDPR 的第三部分就正式提出了设立欧盟数据保护理事会，并赋予该理事会监管整个欧盟范围内个人数据保护活动的权力。并且 GDPR 第 7 章中明确规定欧盟各成员国在数据监管方面应保持"合作与一致性"，以实现在各自监管权利的范围和规则内实施数据监管，从而共同推动整个欧盟圈个人数据立法保护的正常和有效实施。[②] 再次，是对跨境数据传输问题设定了实施机制以及保护措施，规定欧盟国家的数据向第三方国家转移应受到 GDPR 规定下的监管，第三方国家也有责任和义务对所转移的数据进行监管和保障。[③] GDPR 在定义中，就对"跨境"做出了广义的界定，只要是涉及的任何营业机构的跨境，都视同为跨境进行数据传输，并特别强调了公众健康领域的跨境数据传输的规制，并课以监管机构更加严格的监管责任这些保护措施以及充分性认定机制的设定可以很大程度上减轻数据中断所带来的风险，从而保障每一个数据主体都能公平地享受到可以信赖的权益。

三、大数据征信下我国个人信息保护的立法优化

我国征信行业近几年保持高速发展的态势，截至 2015 年末，已有超过 2000 万户企业或组织纳入该体系的考核当中，9 亿左右的自然人受该体系的审查。[④] 与此同时，个人交税记录、证券交易信息等更为细致、具体的信息被纳入了征信体系中。为了既推动我国征信事业发展又有效规制个人信息被滥用，可以借鉴 GDPR 的有关做法，基于人格权立场、强化私益保护实行以下

---

① 张建文、张哲：《个人信息保护法域外效力研究——以欧盟〈一般数据保护条例〉为视角》，载《重庆邮电大学学报（社会科学版）》2017 年第 2 期，第 43 页。

② Lawrence. R. A new era in data protection. Computer Fraud & Security，2016(3)．

③ 王融：《欧盟数据保护通用条例》详解，载《大数据》2016 年第 4 期，第 101 页。

④ 雷雪飞：《对互联网金融时代征信业发展的思考》，载《金融与经济》2017 年第 3 期，第 57 页。

措施：

（一）推动《个人信息保护法》的颁布和实施

虽然目前我国有上百条规章都涉及个人信息保护，但是这些法律规章普遍分布较为杂乱，急需一部统一的《个人信息保护法》出台。[①] 因为从社会利益衡量的角度看，通过统一立法模式，强调以人格权的价值目标为遵循保护个人信息，不仅有利于我国解决个人信息被滥用等问题，也有利于提高社会整体对公民个人信息保护的认识以及意识，为我国走向世界、引领世界提供必要的制度和法制准备。[②] 如前所述，这部保护个人信息的专门法应当以保护人格利益为主旨，围绕"知情""自我决定"和"数据完整性"予以展开，并突出个人对信息的自决权。但我们也要注意到个人信息的自决与控制不能漫无边际，无限制的个人信息自决权将使人们失去在交往过程所需的信息基础，合理的拒绝/选退规则可以缓和刚性的个人信息自决权带来的弊端，并以人格权为核心合理划清个人信息权的权利边界。

（二）依据相关原则，构建以人格权保护为前提的征信市场

我们需要通过借鉴国外征信市场中的成功经验，一方面政府应充分发挥引领和指导作用，从顶层设计上完善我国规制个人信息被滥用的法律法规；另一方面应鼓励更多的社会资本投入到我国征信市场中，丰富市场构成，提升行业竞争力。从发达国家征信管制的经验分析，应当有一个良好的征信监管体系对个人征信的发展进行科学管理，GDPR 作为对个人数据运营与流动进行监管与处罚的重要依据引起广泛关注，其在个人数据监管方面的举措将使个人征信监管体系具有更大的覆盖面。我国借鉴 GDPR 的做法对于征信市场的构建，可以依据以下原则：一是合法性原则，要求任何机关和个人在收集公民个人信息时必须在搜集范围上内容合法，在收集方式上也要程序合法；二是最少使用原则，要求在从事某一特定活动中使用个人信息时，要尽量不使用或是少使用个人信息，且要以权利人的知情许可为前提；三是效率原则，即信息的收集要符合效率要求，只要是信息收集成本过大的，就不应当纳入征信范围。

（三）强化私权保护，推动监管体系的完善

对于个人信息的保护，要强调对私权主体的保护体系的建立，围绕信息的"知情""自我决定"和"数据完整"构建合理的权利范围，同时应建立完善的

---

① 张新宝：《从隐私到个人信息：利益再衡量的理论与制度安排》，载《中国法学》2015 年第 3 期，第 38 页。

② 赵海乐：《贸易自由的信息安全边界：欧盟跨境电子商务规制实践对我国的启示》，载《国际商务（对外经济贸易大学学报）》2018 年第 4 期，第 145 页。

处罚与赔偿标准及司法救济程序。在我国，《征信业管理条例》对于违法获取个人信息的最高罚款限额不超过 50 万元人民币[1]，而反观欧盟的 GDPR 框架下的行政处罚及民事赔偿规则，巨额的罚款与赔偿使征信从业者尤其是跨国公司，不得不认真面对个人数据主体的权利及相关隐私保护政策。因为监管机制的设立使 GDPR 可以有效实施，保障私人权利的基石。可以说，正是这些监管机构与监管措施作用的良好发挥，才有效地遏制了一些个人信息侵害行为的发展。因此，我国也可以借鉴欧盟，考虑设立专门的个人信息监管机构，并进一步加强征信行业以及个人信息保护的监管力度。我国现行的监管大多为行业监督，监督的宗旨主要在于实现对各方财产利益的保护，而专门为保护人格利益的监管并不多，所以需要在宏观层面做出一些制度探索。首先，政府应从顶层设计上出台行业标准和法律实施监管的指引，使监管行为有法可依，并强调私权保护原则，可以在出现新情况的时候留有足够的裁量空间；其次，基于个人信息的私权属性，征信行业也应该积极形成自身的自律机制，形成私权之间的互相制衡，与顶层设计相辅相成；最后，应加强社会监督，通过实时公布行业动态，实现对征信行业的公众监督，同时社会监督的反馈也可以反作用于我国征信行业及其他相关行业。

四、结语

本文以人格权为视角，基于个人信息属于私人利益的立场，通过对当前我国征信市场与个人信息立法保护发展的现状与存在的问题以及对欧盟《一般数据保护条例》的深入分析，旨在探索符合我国社会主义发展特征的个人信息保护立法的建立与完善。围绕如何契合人格权的目标价值保护个人信息，具体的措施包括建立统一的《个人信息保护法》、构建更为多元和开放的征信市场、完善监管体系建设等。这些措施不仅可以彰显人格权法的立法价值，更可以为数据主体和处理者共享收益创造必要条件。

---

[1] 《征信业管理条例》第 38 条。

信息时代的实体法与程序法第一原则

费小兵　谭　庆*

（重庆邮电大学网络空间安全与信息法学院，重庆 400065）

摘　要：信息时代的实体法第一原则是：《黄帝内经》之皮部论篇启迪出应保证信息表达的自由性，因为自由的信息碎片总量（如皮）就能反映事物（如内脏）的真实性；它能够和网络空间安全原则相协调。程序法第一原则是：网络信息社会的特点是不确定性、复杂性等，这决定了立法的滞后性常存，因此应恢复中华法系的"律例结合"的形式，给法官更大的自由裁量权，并让优秀判例成为立法的一部分。

关键词：算法；信息自由；律例结合

网络信息社会的特点是不确定性、复杂性等，这决定了立法的滞后性常存。另一方面，网络信息社会的复杂性也决定了网络空间安全是非常重要的。但是，古往今来的大哲人们皆认为追求自由是人之本性，这自由与脆弱的网络空间对安全的强烈需求形成张力。那么，面对网络信息社会的这些张力，该如何为未来确立实体法与程序法的立法精神呢？

本文围绕此问题，抛砖引玉，探索网络信息社会最基本的实体法第一原则和程序法第一原则，以就教于方家。

一、信息世界中的实体法第一原则

（一）信息是在事物流变、运动、发展的现象中呈现出来的痕迹

何谓信息？

这个世界除了流变不休的信息及其不断新陈代谢的信息载体之外，别无他物。

生命是有机、有感觉的信息载体，生命的变迁也体现出不同的信息。无生命的无机物也体现了信息的变迁。在地球上，许多信息与有机生命的变迁

---

* 作者简介：费小兵，女，重庆邮电大学网络空间安全与信息法学院副教授；谭庆，女，重庆邮电大学网络空间安全与信息法学院硕士研究生。

有关。

因此，信息的定义是：在事物流变、运动、发展的现象中呈现出来的痕迹。

在当今信息社会，有智慧的人类（或其他高级生命）将通过互联网掌握更多的信息而拓展人的能力，拓展人自己建立起来的意义网。只是，在其他物种看来，这些意义网或许很无聊，有的甚或很无智。

但无论如何，对于现代的人们而言，这是一个大潮流，并且也只有人类或其他有机生命参与网络，这些高科技才会显示出意义来。即网络作为第五维度空间，如果没有人类（或高级生命）的参与，即便有人工智能参与，也将仅仅是信息储存、算法升级及其画面呈现（机器人不过是立体的画面呈现而已），是虚无的、寂寥、无生机的。

那么，假如没有了人（或高级生命），网络空间作为第五维度空间就不存在，或没有意义。可见，网络是由人的意识虚拟联结起来的一维空间，因此，给网络、人工智能立法，其实还是为人类自身立法。

（二）从《黄帝内经》中得到启发的信息时代第一原则

从系统论的视角看，宇宙是一个大的全息系统，人是一个小的全息系统。由人为建构起来的人类命运共同体、国家、社团等也可说是人类建构的、历史故事中的全息系统。因此，全息系统之间存在一些类似之处，则可从古代经典中返本开新出对当今信息系统的启迪。

本文的启迪是从《黄帝内经》中产生的。但或许距离我们最近的是两千多年以来的帝王时代，所以，我们对先秦诸子百家的解读都或多或少受帝王时代注解版本的影响，而难以发掘、开新出先秦经典的深意。我们认为应该超越帝王时代注解版本的影响，并做与时俱进的新阐释，才符合"至道在微，变化无穷"[①]的道理。

霍布斯认为国家雷同于一个巨型怪兽"利维坦"，反思此逻辑可以思考，在人类历史长河中，如同许多人类学家、考古学家所认为的，国家并不是一直存在的，也就是到了一定时期的人类实践的故事、共同遵循游戏规则，在外部看来，的确像一个巨人——但这样的巨人不是一个实体，如同蚯蚓一样，如果分成两截，每一截又都可以成为一个生命——因此，这样的国家巨人或曰法人是人为的，是由各种原因凝结成的一个组织。但只要这个组织存在，它的生态的确有些如同生命的有机体。例如，这个国家法人有机体要活得好的话，如同生命一样需要良好的环境，需要各个器官如脑、心、肺、肾、肝、关节、四肢等的良性配合。国家法人有机体的各个部分也可以比喻为：主神明、精神的心如同精神领袖、先知、圣人；主支配、逻辑运作的脑如同国家首府、最高

---

① 参见《黄帝内经·素问·灵兰秘典论篇第八》。

统帅;主元气、元精之根源的肾如同人民,人民强则国家元气、元精、力量足;保护生命安全的肝如同保家卫国的将军;关节如同省、市级等非基层的地方官(注:这里指的不是联邦制的邦,而是没有独立立法权的执法者,联邦制的邦则如同巨人身上的小人),地方官不瞒上欺下,则关节畅通无阻碍;四肢手脚如同基层组织,地方官无私地执法,没有关节障碍,则基层能与大脑协调——前提是如同肾的人民、如同心般主导精神的精神领袖与如同大脑般的国家首府之间是协调、和谐的。假如大脑发出错误的指令,例如经常不规律地半夜睡觉,"水能载舟,亦能覆舟",中医讲"肾水不上行,心火不下来,心肾不交,就会失眠、生病",如同心般主导精神的精神领袖与如同肾的人民都不会正常运行,社会就是亚健康,久而久之就会大病,甚或死亡。最主要的是环境对人的生活品质的好坏非常重要,极度糟糕的环境可能会让人死亡,同理,一个国家也应该有一个良好的内环境(国内生态)和外环境(国际生态)。良好的环境就如同效法道的法则,有良好的体内秩序,这种秩序在现代社会以法治为主流的体现,那么,良好的法治就可能使得这个国家法人活在良好的生态环境中,这个国家法人就有了健康长寿的品质保障。

人类为了追寻永久和平、协调各国的组织——联合国与各个国家之间也如同一个巨人有机体(但都是非实体的法人,随时可能分崩离析)。

《黄帝内经·灵兰秘密论篇第八》中言:"心者君主之官也,神明出焉""故主明则下安,以此养生则寿,殁世不殆,以为天下则大昌。"《黄帝内经·灵兰秘密论篇第八》整个内容其实已经超出了身体治疗的范畴,写的是"以为天下则大昌"的天下命运,即如何治理天下,让天下繁荣昌盛的问题——这不是比附,而是经文文字的事实。站在今天的视角,"以为天下则大昌"得到的启发是:天下如同地球村命运共同体;心主神明,神明就是精神,主宰个人的道德修养、成贤成圣,在个人为修养道德;推演为立法,古时候就应是圣法(而非圣人)[1],今日就如同给地球村命运共同体(天下)作根本立法,如果其立法正直合道、决策睿智正确,就会使得地球健康发展、繁荣昌盛,如果立法自私、昏庸,就如同心乱神迷、身体将往不健康方向发展,天下也会逐渐大乱。

从《黄帝内经·灵兰秘密论篇第八》的视角看《黄帝内经》的各篇,就另有意趣。例如心并不是人身体的唯一重要的地方,人的五脏六腑及四肢皮肤皆非常重要。而肾是人的先天之本,没有肾"精"的能量支撑,心肾不交,心就无力运作,人就黯然无神、无精打采。如果把肾水类比为人民,这可启迪出,地球村人民的先天良知及其衍生之思想、智慧甚或文化是天下繁荣的先决保障,是天下(甚或国家)葆有悠久的和平和生命力的活水源头。"水能载舟,亦

---

[1] 《尹文子·大道下》。

能覆舟"一语,联系肾的性质是"水",在这里又可做另一番深意解读:心肾不交,人就生病,其启迪是:如果人民的民主违背了人民的良知,则民主制度就败坏了。如果心火不温熏肾水,就会出现神经官能症及慢性虚弱患者,其启迪是:地球村的立法(甚或一个国家的政治顶层)如果不关心人民,社会就会变得没有智慧、能力,变得弱小、愚昧……

而无论五脏六腑怎样协同运行,其运行的好坏信息大都可以体现在人的经络、头脚、全身皮肤上。《黄帝内经·皮部论篇第五十六》曰:"凡十二经络脉者,皮之部也。是故百病之始生也,必先于皮毛……",又曰"邪之始入于皮也,泝然起毫毛,开腠理,其入于络也,则络脉盛,色变……"。也就是说,所有的病都是从身体的皮毛开始的,并且所有经络、脏腑、卫气的病在体表的络脉上都有所体现,主要症状就是络脉的颜色变了(青、黑等色)。这可启迪出,一个星球(或国度、地区)、整个人类如果某方面身或心生病了,必然有信息表现出来。[①] 这些信息就体现在各个层面,最快、最先体现在网络信息中。那么,综合看网络中碎片化的信息,就可以判断出社会是否生病、病况深浅、病在何处、病因为何。

《黄帝内经》进一步的启迪是,如果社会生病了,不能掩盖、删除生病的信息,而应该通过治疗让整个系统良性转化,使得"皮肤"(网络)上的信息自然变得好起来,而不是把某些有不良信息的皮肤切除或涂上正常肤色的颜料。

因此,网络空间方面的立法应该与其他立法和社会综合治理结合起来,系统思考。例如,人应该在良好的自然环境中才能更好地呼吸、更加健康,其启迪是:良好的体制是人良性发展的大的社会环境,因此地球的每个地区、国度都应该建立更加完善、真正公正的、各方面的体制,包括教育、住房、养老、劳资关系等。

又如,关节使得各个表皮的经气往骨髓里汇合,传入五脏,最后传入脑之髓海,如果关节不将表皮的真实传送入髓海,人也会生病,其启迪是,如果某地区官员媚上欺下、腐化败坏,或掩盖问题的真相,那么,社会问题就会越积越多,社会就会生病。

再如,七情六欲(情志)的不调是人的五脏生病的要因,其启迪是:人体如地球村(甚或国家),地球村绝大多数人的情志不愉悦畅快,地球上的网络信息就是抑郁、病态的,地球就成了人间地狱;或者,国家中绝大多数人的情志不愉悦畅快,人民不能畅所欲言,人民的情志受压抑,国家的有机体也会从内在重要部位生病……

总而言之,身体(天下、国家)各个部位都可以和皮肤(网络)的信息联系

---

① 熊春锦认为,木金水火土还可类比出仁义智礼信,从而推衍出古代圣贤对自我道德的治理,参见熊春锦:《东方治理学》,中央编译出版社2016年版,第278-287页。

起来。因此,网络信息最应该立法的第一条原则是:保证信息表达的自由性——因为自由的信息碎片总量就能反映事物的真实性。无论是正面的信息,负面的信息,甚或谎言的信息,都能反映事物——谎言的信息是扭曲地反映事物,但也能反映事物的问题所在。

另一方面,皮肤也可以启迪出:对于中央集权、单一制的国家而言,网络空间是主权国家自我保护的另一种"国防线"。外感六气(包括各种气候或污染与否的空气)会从皮肤进入身体,导致身体可能生病;但如果身体内部健壮,外感六气也不一定会生病。不过,国际关系不一定就会造成国内的矛盾、社会生病,只要国家内部有良好的体制、情志良好的人民,国际关系对国内的影响力就会降低。

不过,为了减少国际关系中的负面、竞争带来的生病,主权国家肯定要把网络空间安全和网络空间主权作为重要的立法。那么,保护本国的网络空间不受国外势力的控制应该是国家本位的信息立法的重要关注点。但任何人对于某国内的社会疾病的良好建议,理性上应得到国内中立的反思,甚或认同。因为地球村比其中的一个国度在生态系统上更像是一个人——并且互联网是一种天然的无边界存在,人类命运共同体的真实性不再遥远,国家间彼此息息相关,如果某个国家生病了,就如同身体的某个部位生病了,导致这个人整体成为病人,就不得不找医生对这个人整体进行治疗、针灸。

那么,信息的自由与网络空间安全的矛盾如何处理呢? 我们认为,如果没有证据表明是受国外敌对势力操控的信息,只要不是侮辱、诽谤他人的,就应该尊重信息表达的自由——因此这是信息社会的第一原则——这样才能在信息的自由及其真实中正确地、快速地反映出社会有机体内的疾病,及时治疗疾病,从而让这个地球村(如同一个人)及时康复、身体和谐、阴阳平衡,才能实现天下康宁、和平,人民幸福、自在。

不过,自由绝不是放任,而应该是符合良知的自由,符合良知的自由就会旁观地思考放任的自由给网络空间带来的负面影响,而节制、自律地行使自己的自由,从而达到"随心随遇而不逾矩"。

二、程序法的第一原则:恢复创新"律例结合",让判例有立法效力

(一) 信息社会需要更多有高智商、正直而有自由裁量权的法官

网络信息社会的主要特点是不确定性、复杂性、易变性、模糊性、非线性发展、跳跃式发展等。[1] 这就意味着颠覆式创新随时诞生,价值观、潮流、新闻故事变化频繁。那么,立法的滞后性常常存在,但又亟须快速、正确处理各种

---

[1]　欧阳康:《复杂性与人文社会科学创新》,载《哲学研究》2003 年第 7 期。

矛盾、纠纷；并且，互联网是一种天然的无边界存在，那么，跨界的案件将会更多。

因此，这就需要更多有智慧、灵感、正直而灵活的法官，提高司法能动性，运用合于法律原则的、更大的自由裁量权来处理许多于法无据的案件。因此，各国法官的地位应该进一步被提高，当下中国（或大陆法系国家）的司法存在向判例法系学习的可能。

那么，在中国要实现最大化的公正，可否创造中华法系自己的新审判模式？不同于大陆法系和英美法系的审判模式，恢复中华法系的"律例结合"的形式，优秀判例成为法律的一部分，附属在法律条文之后，且被赋予法律效力，并直接由全国人大或其常委会赋予法官更大的自由裁量权——这些判例应比法律条文的法律效力低（因为法条是大家公认的理论结晶，判例却可能有争议），但至少良好的判例有了法律效力。当新的法律理论得到大众认可后，每过几年就可以更换"律例结合"中的案例。这就需要修改《立法法》，让中国法官的良好案例成为立法效力等级中的一级。

具体的方法，可以通过数名理论界专家匿名评审，选出那些最大化实现个案正义和法益的、有理论深度的典型案例，例如目前的一些指导性案例（不一定是最高院的），由人大赋予其法律效力，附在法律条文后，成为当代的"律例结合"。尤其对一些法律空白状态，更应该将相关判例附在法律条文之后，提高判例的法律地位，这样可以有效地解决许多法律空白的问题。当法官面对法律空白或简单机械的条文，又面对复杂多变的案情时，法条后附的、有立法效力的判例就形成较好的模仿，这样可降低法官的风险与压力。[①]

（二）被恢复的中华法系之"律例结合"形式是法律的效力高于判例

但这种被恢复的"律例结合"与英美法系的判例法不一样，后者是判例的效力高于法律，中华法系的"律例结合"形式是法律的效力高于判例。不过本文并非要回到闭关自守，去刻意寻求传统糟粕而忽略外来精华。中国需要吸取英美法系的判例中更能适应复杂现实的优点，又要吸取大陆法系尊重理性逻辑的优点，在此基础上重建中华法系的"律例结合"新形式：法律的效力高于判例，更是因为法律是民主的展现，立法是对各种案例的总结，是逻辑理性的结晶；而把判例作为附属加入法律，是为了保证法律的灵活应变，防止刻舟

---

① 中国当下的司法现实是，司法解释的法律效力处于暧昧的地位，指导性案例更是没有来自法律的效力根据，当司法解释与立法矛盾时，容易导致法制在实践中的混乱与不统一。1981年6月全国人大常委会通过的《关于加强法律解释工作的决议》虽然赋予了最高院司法解释权，但并没有得到立法法和宪法的认可。但有人可能会辩说中国现在有司法解释，也算已经有了"中医式的"判例，它在实践中的地位是很高的，法院和律师都要引用它，司法考试也要考它。另外，我国还在试行指导性案例。不过，现实是，我国的宪法和立法法却没有赋予司法解释（抑或判例）以法律效力。

求剑,实现专家对法律空白的补救和对三段论的扬弃,实现有理论素养的法官对个案的辩证把脉,防止现实中的司法混乱、不统一、不公正。

因此,一定要强调,恢复中华法系的"律例结合"的前提是:法官有更大的自由裁量权,从而让法官尽可能按照案例自身展现在法官头脑中的良知逻辑裁判。而其前提是,法官队伍大都有较精深的法学理论素养,达到了能够在判决书中详尽说理、以理服人的业务素质,并有相应的道德素质——即处于接近于纯粹良知的状态的原则的判决——只有当判决是纯然的法益衡量和最大正义,才有资格成为"律例结合"中的有法律效力的案例。

但在现实中,目前改革中法官数量减少,案件增加,待遇没提高,一名法官只有一名助理,却实行终身责任制,压力大。如要培养德高望重的法官,则需要真正落实高薪养廉、助理配备齐全(建议一名法官配四名助理)等系列制度。

综上,在未来的信息社会,假如真的要实现"律例结合"模式,就需要有合格的判例,就需要更加高尚、有智慧、有良知的法官,也需要给法官更大的自由裁量权。

二、结论:通过"基于良知的自由优先"与"律例结合"原则走出信息时代的困境

过去以近代西方以假设为出发点的古典自然法学派的自然法作为立法的起点,这在未来海量数据的信息社会很有可能进一步受到冲击。因为过去是从"假设出发",未来将从"数据出发"开始研究,数据显示的某些结论可以直接作为立法的起点。另一方面,过去强调"实体规律",但未来肯定更强调"数据规律""统计规律"[①],则说明应打破固定不变的实体观,代之以一切皆流变的观念,从而在通过统计数据立法的同时,确立"律例结合"的原则,让良好的判例附在法律条文之后,成为立法的一部分。

法官的自由裁量也应该以纯粹良知为基准来进行自由裁判:这才能在不确定的、快速发展的未来保证最大化的公正。

本文还有一系列原则,如扁平化、平台化、自媒体的网络导致人的自组织能力的提高,因此民主是未来的趋势;又如,面对打破实体观,未来应有新的主体观、平等观等,限于篇幅,另文详述。

---

① 欧阳康:《社会信息科学的学科定位与研究思路》,载《华中科技大学学报》2007 年第 1 期。

大数据背景下个人信息利用的法律规制研究*

——以利益平衡为视角

王佳宜　姜思彬**

（重庆邮电大学网络空间安全与信息法学院，重庆 400065）

摘　要：近年来，随着数据收集与处理能力的增强，大数据在当前时代背景下的应用深度和广度不断拓展，"大数据"已成为当下时代背景的重要标识。但在社会各界广泛享受这一全新事物带来的发展红利的同时，利益诉求的差异却引发个人信息利用过程中的诸多矛盾。为解决这一现实问题，从利益平衡的视角出发，通过解构当前时代背景下的个人信息利用过程中多重主体之间的利益诉求，提出建立以国家监管为主导的信息保护机制，对不同种类和不同用途的个人信息区别保护。

关键字：大数据；个人信息；利益识别；利益平衡；法律规制

一、大数据背景下个人信息利用的危机与反思

在大数据这一概念出现之前，个人信息主要承载个体的精神利益，是一种消极、被动的权利，一般不具有财产属性，其中所蕴含的经济价值几乎难以被利用。然而，信息技术的发展使个人在互联网的活动留下"数据痕迹"，在庞大的基数与先进算法的双重作用下，个人信息开始产生一定的经济价值并最终以数据的形式加以发掘。其中，对大数据的应用者来说，通过算法分析利用个人信息所汇集而成的大数据能够获得客观、准确且具有经济价值的信息，成为重要的社会资源和财富；而作为这些信息的提供者，公民在享受大数据红利的同时，也不得不面对其所带来的负面效应。

（一）大数据背景下个人信息利用的正外部性分析

当前，数据的收集、分析、储存和传播能力前所未有，无论是各种类型的

---

* 本文为重庆市习近平新时代中国特色社会主义思想研究阐释协同创新团队研究成果。

* * 作者简介：王佳宜（1989—），女，重庆邮电大学网络空间安全与信息法学院讲师、硕士生导师；姜思彬（1996—），男，重庆邮电大学网络空间安全与信息法学院硕士研究生。

智能终端还是应用软件,一切接入互联网的设备都可以被用来收集个人信息。多元化的信息来源为大数据的处理和应用提供了更为优渥的先决条件,而正是以这些遍及我们生活各方面所收集的数据作为基石,大数据这一概念才得以出现并发展。

个人信息已然成为一项重要的商业资本,与资金、技术同样重要。"大数据"用不到十年时间从一个概念逐渐发展成为一项产业。在这一时代背景下,数据收集者会不断探索获取更多数据的来源和更高效处理数据的算法,这在客观上推进了相关技术的发展与相关产业的繁荣。同时,更多原生数据的涌入表明更多的公民成为提供个人信息的主体。就生活现实而言,很多软件将同意其隐私条款作为使用该软件并享受相关服务的前提,公民通过同意这些隐私条款来向相关软件或数据平台提供一部分自己的个人信息,以此交换相关服务,再进一步通过数据开发利用,使无数个人同时分享利用信息。在数据利用过程中,收集的个人信息越多、范围越广,其数据分析与发掘的外部性效应将更加精准与可靠。并且,在大数据在整个社会中得到广泛应用后,基于大数据提供更为完备而有效的社会公共服务将成为可能,社会综合治理能力也会得到切实提升。

(二) 大数据背景下个人信息利用的负外部性分析

传统的个人信息源于个人归于个人,这种纯粹的"个人"信息具备相当的独占性。然而在大数据时代,因为算法和其他网络技术的引入,对公民直接创造的原生信息(或其他衍生信息)的进一步处理加工而获得的衍生信息,个人已不再是唯一的生产者与所有者。此时,产于个人而又归于个人的传统格局被打破[1],传统领域中个人对私人信息享有的控制支配权正在被削弱。

当前,原生信息的来源包括公民的主动提供及被信息收集者抓取的"被动"提供。大数据时代下,其他主体获得公民个人信息的手段同网络技术的发展高度关联,网络技术的不断发展使其他主体获得公民个人信息的手段高度丰富,同时更因为网络技术的虚拟属性变得愈发隐秘。依照我国目前的法律规定来看,对个人信息的收集必须要经过对应主体的同意,但是这种知情同意原则在实践中往往流于形式而难以起到所预期的效果[2]。

更为严重的是,由于网络技术本身的隐蔽性,很多时候对公民个人信息的收集往往通过难以察觉的形式开展。虽然在 2013 年出台的《信息安全技术公共及商用服务信息系统个人信息保护指南》(后面简称《个人信息保护指

---

[1] 高富平:《消除个人数据保护的五大误区》,载中国信息产业网 http://www.cnii.com.cn/Bigdata/2017-03/29/content_1837333.htm？from＝singlemessage。

[2] 阳雪雅:《论个人信息的界定、分类及流通体系——兼评民法总则第 111 条》,载《东方法学》2019年第 4 期,第 2 页。

南》）中首次提出将个人信息分为敏感个人信息（如指纹、浏览记录和 GPS 定位信息等）与一般个人信息，对于一般个人信息的收集无须像敏感个人信息一样进行知情同意的确认而是以默许的态度进行收集。但是在实际操作中，不少企业在利益驱使下利用技术优势逾越上述原则，对用户的敏感信息进行非知情同意的收集。央视"3·15"晚会曾曝光过一部分互联网企业利用浏览器 cookies 追踪用户的访问轨迹的行为①，物流行业内部也曝出了员工违规收集并出售用户个人信息的案例②。实例说明，在巨大利益的驱使下，迅猛发展的大数据行业对公民个人信息的侵犯已不鲜见。个人信息中的财产性价值正在被数据信息收集者和使用者所透支，这无疑是对公民基本权利的一种侵犯。

正如前文所述，大数据时代的个人信息已经不再具有独占性，一份个人信息能够同时被多个个体所使用，其本质上是一种将个人信息共享的行为，这种信息的共享与关联利用正是大数据资源的价值所在③。然而，作为茫茫数据中的沧海一粟，个人信息随着算法的处理逐渐被分析解构，其作为"个人"的那一部分属性逐渐被淡化，变得越来越接近更为纯粹的"信息"。其中这种属于"人"的属性被淡化之后，其背后的公民基本权利也变得愈发容易被忽视。同时，算法作为一种由人所创制的高效工具其本质上很难做到彻底的客观性，而且由于算法的技术性在客观上造成了监督困难的问题，这就使得在大数据时代的个人信息处理环节中出现了诸如算法歧视、大数据杀熟等等算法乱象。

大数据背景下，个人信息利用既可能促进相关产业繁荣、提升个人所接受的服务质量，甚至产生公共价值，也可能因不当使用而泄露信息，从而引起数据安全风险或对信息主体造成隐私损害。可见，个人信息利用所引发的政府外部性交互影响，二者处于深沉的张力之中，因此，如何在增进和引导其正外部性的同时，对其负外部性进行规制和遏制，探寻其法律规制的可能是本文要解决的问题。

二、大数据背景下个人信息利用的主体利益识别与平衡

在大数据背景下，个人信息作为一种复合了人格权与财产权的权利集合，其中多方利益的冲突与失衡是造成个人信息保护与利用对立紧张关系的

---

① 新浪科技：《央视 3·15 称部分互联网广告涉嫌侵犯用户隐私》，https://tech.sina.com.cn/i/2013-03-15/22238150634.shtml。

② 腾讯网：《顺丰 11 名员工获刑 将精准客户名单售三无推销公司》，https://new.qq.com/omn/20180517/20180517F1AV81.html。

③ 胡朝阳：《大数据背景下个人信息处理行为的法律规制——以个人信息处理行为的双重外部性为分析视角》，载《重庆大学学报（社会科学版）》2019 年第 5 期。

深层次原因,最终导致个人信息利用正负外部性共存的两难境地,因此,厘清其中的利益主体和利益关系是探讨对该问题法律规制的逻辑前提。

(一) 大数据背景下个人信息利用的主体利益识别

1. 个人作为信息主体的利益

就我国而言,《中华人民共和国民法总则》的第一百一十条确定了公民个人信息受法律保护。对公民个人而言,这宣示了其个人信息受法律保护的地位[①],为个人信息作为一项利益被保护提供了必要的法律基础。

从构成个人信息的内涵来看,个人信息是实质要素和形式要素的同构[②],其中实质要素则说明个人信息是可以直接或间接识别到本人的信息。这种识别性说明个人信息同个人生活的方方面面相关联,如果个人信息得不到妥善保护则会使得公民的人格尊严受到侵犯,表明个人信息权蕴含着公民的人格利益。至于形式要素则表明个人信息是依托于一定载体并可以处理的存在,而在大数据背景下,可被商品化的客体范围不断扩大。个人信息在经过流转和处理后,其中的财产利益也进一步扩展。

2. 信息业者的利益

就社会整体而言,即使是在大数据时代下,除非是名人或者特殊人物,单独普通公民信息中的经济价值很难被直接发掘,只有在将这些信息搜集整合后在"大数据"中才能发掘其中所蕴含的经济价值。而对信息进行收集、整理、储存并发掘价值的过程需要信息业者不断投入相应的资源以满足信息收集、保存、处理及应用的需要[③]。因此,个人信息的流转和处理过程也包含着信息业者的发展需要和经济利益。

3. 社会公共利益

大数据的构建过程实质上是对个人信息的集中和处理,大数据行业中的各项利益也正来源于此。然而能从大数据行业中获利的不仅仅只有商主体和个人,目前大数据的分析与运用已经逐渐融入社会运行的各个方面,从面向个人的推送与服务到对商主体经营策略的参考与指导,再到国家战略层面的分析运用,社会中的每个个体都可能成为个人信息的提供者与大数据红利的享受者,这恰恰是当前被称为"大数据时代"的根本原因之一。大数据的运用实际上是整体社会高度参与的过程,其来源于社会而又反哺于社会的运行过程,是大数据利用过程中公共利益的集中体现。

---

① 陈甦:《民法总则评注》,法律出版社 2017 年版,第 785 页。转引自:房绍坤、曹相见:《论个人信息人格利益的隐私本质》,载《法制与社会发展》2019 年第 4 期,第 99 页。

② 齐爱民:《个人信息保护法研究》,载《河北法学》2008 年第 4 期,第 17 页。

③ 项金桥:《个人信息权权益特征及其利益平衡》,载《学习与实践》2019 年第 4 期,第 70 页。

（二）大数据背景下个人信息利用的多元化价值目标认定

大数据时代下个人信息复合多种主体的多重利益，在承认个人利益的同时，信息业者和社会公共利益同样不应忽视。为顺应时代发展与技术变革，个人信息保护制度的构建刻不容缓，但是该制度的存在不能扼杀个人信息的合理收集、利用和流通，法律必须在两者之间寻求一个平衡点，而实现利益平衡的前提则是需要对多方利益进行综合考量。

1. 对个体信息赋权的反思

近几年，我国通过《民法总则》《网络安全法》《个人信息安全规范》等一系列法律法规明确公民个人信息作为一项重要的民事权利受法律保护。其中，《民法总则》第一百一十一条规定了个人信息在收集、使用及加工等多个环节必须符合相应的法律法规；而在《网络安全法》中则对个人信息的收集使用添加了目的限定与告知统一原则。而就我国当前的立法实践来看，我国目前虽然确定了个人信息受法律保护的基础地位，但未将个人信息设置为一项专有权利进行特殊保护。这一现状恰好体现了大数据时代对个人信息赋权这一立法困境背后的利益冲突。

首先，现代社会中财产权范围不断扩大，人格权与财产权的权利边界趋向模糊，表现出了你中有我，我中有你的发展态势，这一现象称为人格权的商品化。[①] 此时，个人信息同时具备了人格权和财产权的多重属性，或者说他本身并不是一项单一的权利，而是多种不同属性权利复合而成的权利集。对此，若将其强硬归于一项单一权利，在后续的实践中反而可能会因为无法兼顾二者而造成顾此失彼的乱象。

其次，若将个人信息权划入一种可以对抗第三者的具体权利，这必然会影响正常信息收集活动的开展，极大影响大数据行业的发展；同时这种方式若仍在当前的"告知同意"原则下发展运行，反而会进一步模糊信息业者收集公民个人信息的边界，引发更为严重的隐私权危机；更为可怕的是这种行为会大大影响人们日常交流第三方信息的合理性与合法性，极大地影响人们生活中的日常交流，最终使得人们成为社会中的一座又一座"孤岛"[②]。

因此，如何处理好二者的平衡关系就显得十分重要。就个人层面而言，在保护个人信息中的人格权部分时，如何避免伤及个人信息的财产权属性是现实个人信息使用可持续发展的重要考量因素。但是从实践来看，侵犯个人信息安全案例的多发与获取公民个人信息渠道的不断拓展，紧迫的安全形势使得公众对个人信息中蕴含的人格权保护愈发关注。

---

① 王利明：《试论人格权的新发展》，载《法商研究》2006 年第 5 期，第 16 页。
② 丁晓东：《个人信息私法保护的困境与出路》，载《法学研究》2018 年第 6 期，第 202 页。

2. 对商业信息使用者利益的合理限制

综观各国法律规定,对个人信息使用的规则设定不仅是针对保护公民个人隐私的需要,更是为了在利用个人信息时给予确定性指引。在大数据时代下,个人信息中经济价值的发掘通常需要第三方的整合与再利用,在这个过程中无论是提供原生信息的主体,还是处理信息的信息使用者都投入了相应的成本。但隐蔽的数据收集、复杂的数据分析以及多途径的数据利用使得原生信息主体处于弱势地位,个人信息主体往往处在一个相对被动的地位,其合法权益掌握在数据处理机构手中,不能完全自决,只有在数据使用者充分履行了告知义务后才有机会选择是否同意分享自己的个人信息。这在一开始就造成了在数据使用过程中提供者和收集者地位上的不平等,为二者利益的失衡埋下了隐患。

就大数据的应用环节而言,只有将个人信息汇集成海量的大数据之后,其中蕴含的经济价值才得以集中体现。在个人信息的商业使用中,商业信息使用者作为主导信息收集的主体和大数据的汇编者,其在大数据利益获取中也自然处于优先地位。作为最先发掘出大数据经济价值的主体,商业信息使用者实际上主导了之后的利益分配。个人作为原生信息的提供者,其享有数据红利的多寡完全不能自己决定,因而无法得到有效的保障。

由此可见,在大数据的商业化应用中,无论是对数据的收集还是使用,商业信息经营者较原生数据提供者而言,始终处于占据主动权的优势地位。加之商人逐利的天性,商业信息使用者在大数据开发利用中往往试图获得尽可能多的利益。面对此种利益严重失衡的风险,法律法规有必要对商业信息使用者的获利予以适当限制。

3. 对社会公共利益的有效实现

究其本质而言,个人信息既是人格权与财产权的复合,又是私有与共有的集中表现。① 部分个人信息在形成之时就具备了相当的公共属性。大数据时代下相当数量的个人信息依赖于其他社会资源而存在(比如储存在服务器端的各种数据),此时,个人信息就不再是一项完全排他的专有资源,这使得个人信息的公共利用成为可能。

实践证明,通过分析大数据中的个人信息不仅能为商业活动提供参照,同样能为公共服务提供指引,无论是工商部门通过大数据分析对企业异常行为进行检测预警,还是交通管理部门利用收集的交通数据解决拥堵问题,这些现象都指向大数据在顶层设计中蕴藏的巨大能量。而且,相较于其他主体,政府在数据收集的广度上无疑拥有更为明显的优势,同时也为数据收集

---

① 付大学:《个人信息之半公地悲剧与政府监管》,载《首都师范大学学报(社会科学版)》2019 年第 1 期,第 55 页。

提供了强有力的硬件保障与合规性保障，又由于其所蕴含的公共服务属性，绝大多数利用个人信息的大数据分析最终用于服务社会大众。

三、大数据背景下个人信息利用的法律规制

大数据背景下个人信息保护领域的多方利益纠葛，实际源于不同主体对个人信息保护和利用的多重诉求。面对其中的重重矛盾，法律作为在无限需求和有限资源之间寻求平衡的最佳机制能够应对不同主体进行合理的赋权与限制①，是一套极为有效的调节工具。但是，由于个人信息利用模式的多元化，要求法律在不同情况下合理调节数据利用中多方利益的此消彼长，以此来实现对个人信息利用的合理规制。

（一）确立以国家监管为主导的个人信息保护机制

由于政府履行着大多数社会管理职能，因此，建立一套以国家监管为核心的个人信息管理机制，具有较强的可能性与可操作性；而且，对于个人信息保护问题，公民作为个人信息主体，相较数据使用者而言居于弱势地位。但一个强有力的政府能够弥补二者之间的体量与力量差异，从事前的必要监管到事后的有效救济，从个人信息保护的各个阶段为公民提供切实有效的保障；最后，个人信息作为一种多种权利的复杂集合，牵涉多种主体的多项利益，特别是在大数据产业蓬勃发展的中国，对其中涉及的多方利益实现统筹兼顾的最优解，无法依靠单一个体完成。因此，由政府这一强力主体提供监管与保护，可以在最大程度上减少个人信息保护在大数据时代下不断增加的不确定性。

个人信息保护领域内的全部问题不可能通过国家监管者这一单一途径解决，而行业自律在充分尊重大数据产业利益诉求的同时，还能成为国家监管力量的有效补充。这能充分发挥数据信息行业内部的专业性，实现在保护中的"有的放矢"，也有助于数据保护意识在业内的培养与发展。在此基础上辅以广泛的社会监督则为广大公民提供了反映自身利益诉求的有利渠道，也是通过监督的形式维护个人利益的有效方法。国家监管、行业自律与个人监督以三位一体的构架完善了大数据时代对各方利益的全面保护。

（二）强化商业使用个人信息和非商业使用的区别保护

亚当·斯密指出，商品交换存在于一切社会与民族之中，信息社会个人信息所蕴含的商业价值更多地被商业信息使用者充分发掘和利用，使其对这一部分利益的分配占据着绝对的主导地位。加之商人趋利的本性，商业信息

---

① 张新宝：《从隐私到个人信息：利益再衡量的理论与制度安排》，载《中国法学》2015 年第 3 期，第 51 页。

使用者很有可能过分攫取这一部分的利益,以致利益分配失衡。为了应对这种利益分配不均可能带来的风险,理应对商业化收集个人信息的行为采取更为严格的保护措施。在增加个人信息提供者对自己个人信息处置的权力的同时,进一步规范管理商业信息使用过程,遏制商业信息使用者在其中可能获得的非法利益。

而就个人信息的非商业化应用而言,其往往是出于维护社会公共利益或其他第三方利益等目的。因此,还应适当放宽针对个人信息的非商业化合理使用的范围,这在客观上有利于促进大数据在公共服务领域的运用,从而充分发挥大数据在社会建设中的积极效用,实现类似"公地喜剧"[1]的正面效果。

(三)强化对不同种类信息的区别保护

随着信息获取手段的更新,个人信息所涉及的内容也日趋多元。如果采取"一刀切"式的绝对保护模式,不仅难以保证效果,更有可能制约信息产业的良性发展。因此,出于兼顾多方利益的考量,不同类型的个人信息应有不同种类的保护方式。

1. 多元化的敏感信息分类

敏感信息和非敏感信息的二元化分类是许多国家常用的一种信息分类模式。其中,敏感信息往往涉及个人隐私核心领域,具有高度私密性[2]。与之相对,敏感信息受到侵害和泄露之后往往会给个人的相关利益造成更为严重的侵害。对此,理应针对较为敏感的信息采取更为严格的法律保障。但如果将敏感信息的范围过度模糊,也有可能使得信息隐私作为一项公民基本权利无法得到保障,相应利益亦受损失,进而影响正常的数据使用,伤及数据使用者的利益,造成一系列的负面效应。

个人信息作为一个较为宽泛的概念与一个复杂的权利集合,其所涵盖的内容不仅仅包括隐私权等人身权利,还包括可被发掘的财产性权利,不同种类个人信息所包含的权利组成比例存在区别。同样,其被侵害的风险与产生的损害结果亦不相同。随着当下数据来源的多元化,人们日常生活的各类信息都可能被"数据分析"。齐爱民教授曾表示:"个人信息并非同物一样稳定,其界定存在场景性与动态性。"[3]信息种类的迅速膨胀,让个人信息的界定更为复杂,敏感或非敏感信息二元分类模式在大数据时代可能存在一定的局

---

① 胡朝阳:《大数据背景下个人信息处理行为的法律规制——以个人信息处理行为的双重外部性为分析视角》,载《重庆大学学报(社会科学版)》2019 年第 5 期。

② 张新宝:《从隐私到个人信息:利益再衡量的理论与制度安排》,载《中国法学》2015 年第 3 期,第 51 页。

③ 齐爱民:《识别与再识别:个人信息的概念界定和立法选择》,载《重庆大学学报》2018 年第 2 期,转引自:刘丹阳:《论个人信息的区别保护》,郑州大学,2019。

限性。

我国于 2018 年开始实施的《信息安全技术个人信息安全规范》（以下简称《规范》）作为一部相当详尽的个人信息保护指导性规范，将个人敏感信息定义为"一旦泄露、非法提供或滥用可能危害人身和财产安全，极易导致个人名誉、身心健康受到损害或歧视性待遇等的个人信息"[①]，并在附录中列举了一系列可视为敏感信息的个人信息。但是在实际生活中，随着应用场景的不同，一部分个人信息可以实现敏感信息和非敏感信息的相互转化。如在某些场景中出于社交必要主动提供的个人电话号码，在另一些场景中可能会危及人身和财产安全。所以，除敏感与非敏感的二元化分类标准之外，探索更多元化信息分类模式不失为在大数据时代下保护个人信息的有效方式。

我国在立法中对个人信息保护的分类标准可以更为多元，探索除敏感信息和非敏感信息之外的第三种甚至更多元化的信息分类模式，这样有利于根据不同场景模式下针对不同信息开展不同程度的保护。在确保个人信息资源得到合理使用的同时，最大化保障公民基本权利不受侵害。

2. 强化对原始信息和去标识衍生信息的区别保护

原始信息直接来源于公民日常生活，具有较强的可识别性。无论是遭遇非法利用还是直接泄露都会引发隐私风险。面对可能产生的更为严重的损害结果，应当对原始信息采取较为严格且完备的保护模式。

在数据利用过程中，原生信息并不是构建大数据的唯一来源，经过匿名化等去标识加工的衍生信息也是重要数据，此类信息往往抹除了个人信息中可识别身份的相关内容，无法通过信息重新识别个人及其行为。这几乎从根本上消除了信息利用过程中对特定个人利益造成损害的可能。因而若对此种信息采取与待原生信息同样的严格保护机制，不仅是对个人信息的一种过度保护，还会给去标识信息的合理利用造成困扰。

所以在后续立法中除了应对原始信息提供更为严格的保护的同时，与之对应，也应适当放宽对去标识衍生信息的保护。配合其他行之有效的措施，在此基础上构建起一套规范有序的个人信息合理使用制度，在大数据产业蓬勃发展的时代背景下保证公民的个人信息安全不受侵犯。

---

① GB/T 35273-2017《信息安全技术个人信息安全规范》3.2。

专题三
网络法务与平台治理

社会车辆模式下网约车平台侵权责任研究

——以网约车侵权司法案例研究为基础

黄东东　张煜琪*

(重庆邮电大学网络空间安全与信息法学院,重庆 400065)

摘　要:网约车平台侵权法律关系的类型多样而复杂,基于工业时代特征构建起来的侵权法难以妥当地解决基于网络信息时代产生的网约车平台侵权责任问题。平台与网约车司机间的法律关系是构建平台侵权责任的法理基础。网约车平台侵权责任的构建应当在受害人及司机合法权益的保障与平台经营风险控制之间、公众安全与网约车产业发展之间寻求平衡。"顺风车模式"下的平台以安全保障义务为依据承担补充责任或连带责任;"加盟模式"下平台应当承担承运人的义务,但其内部责任的划分以是否构成劳动关系为基础。

关键词:平台侵权责任;网约车;利益衡量;顺风车模式;加盟模式

一、问题及其缘起

伴随着优步(Uber)2009 年在美国旧金山创立,"互联网＋"背景下基于"共享经济"模式兴起的网约车交通方式在全球范围内蔓延。中国的网约车在近年来得到迅猛发展,截至 2016 年,"滴滴出行"注册司机已超过 1 000 万,每天有超过 200 万滴滴司机为乘客提供服务。[①] 随之而来的是网约车侵权案件频发。仅以司机、乘客纠纷与冲突为例,根据人民法院大数据管理和服务平台的统计数据分析,"口角纷争引发司乘冲突案件中,涉车费问题最为显著,网约车司机案件占比 50%,传统出租车司机案件占比 42%"。[②] 梳理学术

---

* 作者简介:黄东东(1969—),男,重庆邮电大学网络空间安全与信息法学院教授,法学博士;张煜琪(1995—),女,重庆邮电大学网络空间安全与信息法学院硕士研究生。

① 《滴滴出行大数据:平均每日 207 万名司机在线人均收入超 160 元》,http://www.techweb.com.cn/internet/2017-01-04/2466744.html,2019 年 8 月 7 日访问。

② 中国司法大数据研究院:《司法大数据研究报告之网络约车与传统出租车服务过程中犯罪情况》,http://data.court.gov.cn/pages/categoryBrowse.html? classes＝%E7%A4%BE%E4%BC%9A%E6%B2%BB%E7%90%86,2019 年 8 月 7 日访问。

文献，可以发现围绕网约车这一新兴事物，法学界关注的主要有网约车监管及其法律规制[①]、网约车法律关系[②]、网约车司机相关的劳动法律关系[③]和网约车保险问题[④]等，除了少数研究网约车平台公司法律地位[⑤]的成果外，专门研究网约车平台公司（以下简称"平台"）侵权责任的并不多。虽然 2019 年 1 月开始实施的《电子商务法》首次确立了电子商务平台经营者违反安全保障义务应承担责任，但该法第 38 条仅原则性地表述为"相应的责任"。2016 年 7 月，由交通部联合公安部等七部委出台的《网络预约出租汽车经营服务管理暂行办法》（以下简称"暂行办法"）第 16 条规定："网约车平台公司承担承运人责任，应当保证运营安全，保障乘客合法权益。"此规定简单将平台定位为应当承担承运人责任，不仅忽视了由于平台的加入导致网约车侵权法律关系的类型多样化和复杂化的现实，而且基于工业时代特征构建起来的现行《侵权责任法》能否妥当地解决网络信息时代网约车平台侵权的责任亦令人怀疑。需要说明的是，一般认为"网络预约顺风车"并非"网络预约出租车"，因此作为规范网络预约出租车行为的《暂行条例》并不包含顺风车是可以理解的。顺风车不仅对于平台而言是新型出行方式，实质也是"网约车"的一种，因此在学者建议的《民法典侵权责任编（草案）》（征求意见稿）（2018 年 3 月 15 日）"网约车侵权条款"中已经将平台仅仅提供媒介服务的侵权责任纳入其中，因此本文所谓"网约车"不仅包含网络预约出租车而且包含网络预约顺风车。

　　网约车不仅改变了传统出租车行业"巡游"运营模式，从而提升了乘客的用户体验，而且由于"零工经济"的兴起，亦构建起网约车司机与平台之间的新型法律关系。在网约车交通事故中，涉及网约车司机、乘坐人员、第三人、平台公司等多方法律关系主体，而网约车运营模式则直接影响到平台与网约车司机之间法律关系的性质，从而影响到平台法律责任的承担认定。由于划分标准不同，学者们关于网约车营运模式的观点不一。譬如，梁分认为应当区分网约私家车与网约非私家车[⑥]；侯登华认为网约车的经营模式可以称为"四方协议"模式[⑦]。以车辆是否为平台所有进行划分，多数学者认为网约车营运模式包括"自有车辆直接雇佣模式""租赁车代驾模式"和"社会车辆模

① 丁延龄：《网约车监管制度的反思理性法设计》，载《北方法学》2019 年第 3 期。
② 侯登华：《"四方协议"下网约车的运营模式及其监管路径》，载《法学杂志》2016 年第 12 期。
③ 丁晓东：《平台革命、零工经济与劳动法的新思维》，载《环球法律评论》2018 年第 4 期。
④ 方俊：《网约车合法化后的保险真空与法律应对》，载《电子政务》2019 年第 1 期。
⑤ 李雅男：《网约车平台法律地位再定位与责任承担》，载《河北法学》2018 年第 7 期。
⑥ 梁分：《网约私家车交通事故责任之认定与承担》，载《法律适用》，2017 年 19 期，第 71 页。
⑦ 侯登华：《"四方协议"下网约车的运营模式及其监管路径》，载《法学杂志》，2016 年第 12 期，第 70 页。

式"三种类型。①

　　笔者认为"自有车辆直接雇佣模式"和"租赁车代驾模式"完全可以适用现行法的规定解决平台侵权责任问题。首先,在"自有车辆直接雇佣模式"下,由于出租车属于平台所有且网约车司机由平台直接雇佣,网约车司机驾驶网约车运营属于典型的执行工作任务的行为,因此在"自有车辆直接雇佣模式"下的网约车侵权案件中,应当适用《侵权责任法》第 34 条第 1 款由平台对外承担侵权责任。② 其次,在"租赁车代驾模式"下,平台向汽车租赁公司通过租赁方式获得车辆使用权,司机则由劳务派遣公司向平台派遣,但是对网约车司机的管理、考核以及工资支付都由平台负责;因此在"租赁车代驾模式"下的网约车侵权案件中,可以直接适用《侵权责任法》第 34 条第 2 款的规定,由平台对外承担侵权责任,劳务派遣单位有过错的承担相应的补充责任。③ 最后,真正对现行法提出挑战的是"社会车辆模式"下平台的侵权责任认定问题。"社会车辆模式"可进一步细分为"顺风车模式"和"加盟模式"两种类型。"顺风车模式"是社会车辆司机或乘客通过网络平台发布自己的路线信息,平台向有相同出行路线需求的乘客或社会车辆司机进行实时匹配而形成网约车模式;而"加盟模式"则是指社会车辆司机通过与平台签订协议而成为网约车司机,其以自有车辆并由自己驾驶的方式加盟到平台的网约车运营中。

　　由于网约车营运模式多样,网约车司机与平台之间难以类型化为单一的执行工作任务关系,亦不能简单地认为仅仅是"网络服务提供者"或"承运人",因此并非所有网约车侵权案件都可以直接适用《侵权责任法》相关规定,而《电子商务法》第 38 条原则性的规定亦不具有可操作性。值得注意的是,在《民法典侵权责任编(草案)》(室内稿)的编写过程中,曾有专家提出应当制定专门的网约车侵权条款,但在全国人大常委会的多次审议中是否规定网约车条款依然颇有争议。④ 笔者认为,能够部分适用现有法律规范的情形下的确无须构建单独的"网约车侵权条款",但是对溢出现有法律规范的新型社会关系,必须在理论上予以厘清并构建相应的法律规范。因此,本文拟以交通事故中网约车侵权赔偿案例的分析为基础,就"顺风车模式"和"加盟模式"下平

---

① 张素凤:《"专车"运营中的非典型用工问题及其规范》,载《华东政法大学报》,2016 年 19 期,第 78 页。

② 《侵权责任法》第 34 条第 1 款规定:"用人单位的工作人员因执行工作任务造成他人损害的,由用人单位承担侵权责任。"

③ 《侵权责任法》第 34 条第 2 款规定:"劳务派遣期间,被派遣的工作人员因执行工作任务造成他人损害的,由接受劳务派遣的用工单位承担侵权责任;劳务派遣单位有过错的,承担相应的补充责任。"

④ 张素华、孙畅:《民法侵权责任编中网约车条款的回归与重构》,西南政法大学编:《"发展中国特色社会主义法治理论体系"征文暨刊庆座谈会论文集》,2019 年 5 月。

台侵权责任进行专门研究。

二、网约车平台侵权司法案例要点梳理

司法案例作为一个"缩影"，反映了司法实践中人民法院适用和解释法律的理念与技巧，不仅"具有重要的法治和文化价值"[①]而且有助于发现和提炼制度改革与完善的线索。根据判断抽样法，笔者在"中国裁判文书网"上选择了社会车辆模式下"顺风车模式"和"加盟模式"各五个司法案例，在网约车司机（顺风车模式下称"顺风车司机"）应承担侵权责任的情形下，梳理法院判决的主要理由、网约车司机与平台之间法律关系的认定和责任的承担等，就平台是否需要承担侵权责任以及应当承担怎样的侵权责任进行梳理。

（一）案例要点梳理

1. 顺风车模式

见表1。

表1   "顺风车模式"下案例要点梳理

案例	判决的主要理由	法律关系	责任承担	
			平台	司机
王某、张浩川案[②]（案例一）	①平台不对司机进行管理。②司机对乘车费用没有定价权，司乘双方如果对平台的定价不满意，可以不确认该行程。③司机与平台间不符合雇佣关系的一般特征	居间合同	不承担责任	司机承担全部赔偿责任
刘浩杰、陈春阳案[③]（案例二）	①顺风车属于分摊成本或免费互助的共享出行方式。②平台是合乘信息服务提供者而非承运人，而且平台在本案中并无过错	居间合同	不承担责任	司机承担责任，保险公司在保险限额内赔偿
王洪亮、王珏案[④]（案例三）	①平台提供的并不是出租车驾驶或运输服务。②合乘需求信息需双方确认顺风车平台才生产订单。③要求平台承担赔偿责任，无现行法律规定	居间合同	不承担责任	司机承担全部赔偿责任

[①] 于同志：《我们为什么要重视司法案例》，《人民法院报》2017年8月2日，第02版。

[②] 王某与张浩川等机动车交通事故责任纠纷一审民事判决书(2017)渝0112民初3693号。

[③] 刘浩杰、陈春阳机动车交通事故责任纠纷二审民事判决书(2017)豫01民终8797号。

[④] 王洪亮、王珏机动车交通事故责任纠纷二审民事判决书(2018)黑08民终830号。

（续表）

案例	判决的主要理由	法律关系	责任承担	
			平台	司机
刘垚、王富城案①（案例四）	①司机与平台之间并非雇佣关系。②平台只提供了信息，由双方自由选择，其收取信息服务费用。③网约顺风车并非网约出租车	非雇佣关系	不承担责任	保险公司在责任限额内赔偿，不足部分由侵权司机赔偿
孙丽案②（案例五）	①司机收取成本费用的行为不属于营运行为，合乘者支付费用属分摊成本。②平台提供居间服务。③顺风车不以营利为目的，故平台不承担赔偿责任。④《顺风车服务协议》记载，平台通过车辆运载合乘者的方式收取费用，获取一定车辆运行利益，故车辆运行过程中造成损害后果时，平台应在获利范围内承担相应的责任	居间合同	平台承担保险理赔不足部分10%的责任	保险公司在责任限额内赔偿，不足部分由侵权司机承担赔偿责任

　　总体而言，由于交强险是强制性保险而且不少车辆还购买有商业保险，几乎所有的司法判决都认为，顺风车司机与乘客之间仅仅是分担成本的合乘方式，虽然合乘具有有偿性但不具有营利性，在车辆没有改变用途的前提下，商业保险应当对司机的侵权行为承担理赔责任。在保险理赔不足的情形下，方涉及顺风车司机与平台的赔偿责任问题。梳理"顺风车模式"下司法案例中合议庭的认定理由以及判决结果可以发现，多数法院认为平台不需要对顺风车司机的侵权行为承担法律责任，主要有两点理由：第一，平台为顺风车司机和乘客提供信息服务，其法律关系的本质是居间合同关系，如果在提供信息服务的过程中平台没有过错，平台不仅不需要承担违约责任，而且无须承担顺风车司机侵权行为所产生的侵权责任或补充责任。第二，顺风车司机与平台之间不存在雇佣关系，由于平台不对顺风车司机进行管理，因此司机的行为不属于执行职务的行为，因此平台不应当对顺风车司机的侵权行为承担责任。

---

① 刘垚与王富城、北京小桔科技有限公司人寿保险合同纠纷一审民事判决书（2017）津0112民初1766号。

② 孙丽诉北京小桔科技有限公司机动车交通事故责任纠纷一审民事判决书（2018）吉0191民初199号。

　　值得注意的是，案例五的合议庭认为，根据平台提供的《顺风车服务协议》5.2 规定"乘客通过信息平台中的第三方电子支付系统支付合乘费用，顺风车平台代车主收取上述费用，扣除信息服务费用后，将其余的部分转付给车主"，虽然顺风车不以营利为目的，但平台通过收取信息服务费获得了顺风车的运营利益，因此平台应当在获利范围内对顺风车司机的侵权行为承担相应的补充赔偿责任。

2. 加盟模式

　　见表 2。

表 2 "加盟模式"下案例要点梳理

案例	判决的主要理由	法律关系	责任承担	
			平台	司机
唐静、蒋仕豪案①（案例六）	①司机通过平台注册为网约车司机，平台进行信息匹配并将订单分配给司机。②平台发布的《滴滴出行安全管理工作指引》表明："在发生交通事故时，事故双方只要有一方处于滴滴订单服务中，则滴滴平台愿意主动承担相关安全的保障责任。"	未涉及	就保险赔偿不足部分承担连带责任	就保险赔偿不足部分承担连带责任
尹广华案②（案例七）	①发生事故时，司机是执行平台发送的约车任务。②用车服务合同系乘客与平台达成的，由平台签约司机执行	未涉及	承担赔偿责任	不承担责任
王丽、金恩秀案③（案例八）	①《暂行办法》规定："网约车平台公司承担承运人责任，应当保证运营安全，保障乘客合法权益。"②司机没有取得"网络预约出租汽车驾驶员证"即从事网约车服务，存在重大过错	未涉及	承担赔偿责任	与平台承担连带责任

① 唐静与蒋仕豪、安诚财产保险股份有限公司南充中心支公司机动车交通事故责任纠纷（2017）川 1302 民初 606 号。

② 尹广华与中国平安财产保险股份有限公司北京分公司、中国人民财产保险股份有限公司北京市西城支公司等机动车交通事故责任纠纷一审民事审判书（2017）京 0102 民初 14100 号。

③ 王丽、金恩秀与刘限伟等机动车交通事故责任纠纷一审民事审判书（2017）豫 0103 民初 5379 号。

（续表）

案例	判决的主要理由	法律关系	责任承担	
			平台	司机
方士龙案①（案例九）	①司机系注册的快车司机,平台作为运营商提供居间信息服务。②司机与平台之间并不存在劳动或雇佣关系。③司机在接单过程中,具有自主选择权,接单出车并不构成职务行为	居间合同	不承担责任	承担赔偿责任
李明、李丙中案②（案例十）	①司机的小车投保时使用性质明确为家用汽车,该车在成为网约车后从事营运服务,但未向保险公司告知。故保险公司不承担商业三者险责任。②司机与平台之间存在挂靠关系	挂靠关系	对司机的赔偿责任承担连带责任	承担赔偿责任

"加盟模式"下平台的侵权责任承担问题相对复杂,梳理案例可以发现以下三点各地法院的认识不同。

首先,"加盟模式"下商业保险是否应当赔偿。案例六认为商业保险应当承担理赔责任;案例十却认为,保险公司不应对商业保险承担责任;其他案例的判决均未涉及。最高人民法院在 2017 年第 4 期公报中发布了程春颖侵权赔偿一案,该案合议庭认为"加盟模式"下私家车从事网约车营运改变了车辆用途导致风险增加,因此网约车营运过程中发生交通事故的,保险公司不应当就第三者责任险承担理赔责任。③ 在最高人民法院指导性案例的影响下,之后各地法院基本认为,保险公司不应当对"加盟模式"下网约车侵权责任承担商业第三者险责任。

其次,网约车司机与平台之间的法律关系认定不同。案例九认为专车("加盟模式")司机与平台之间属于居间合同关系,案例十则认为司机与平台之间是挂靠关系。其他案例均没有明确认定二者之间的法律关系。根据合议庭阐述的理由可以发现,他们对二者之间关系的认定是不一致的,有认为是居间合同关系的,亦有认为是劳动合同关系的。案例六的合议庭认为,平台进行信息匹配并将订单分配给司机,而判决平台承担责任的主要依据是

---

① 方士龙与滴滴出行科技有限公司、赵海泉等机动车交通事故责任纠纷一审民事判决书(2017)京0113 民初 9825 号。

② 李丙中、钱秋花与李明等机动车交通事故责任纠纷一审民事审判书(2016)苏 0581 民初 10221 号。

③ 《原告程春颖与被告张涛、中国人民财产保险股份有限公司南京市分公司机动车交通事故责任纠纷一案的民事判决书》(2016)苏 0115 民初 5756 号。参见《最高人民法院公报》2017 年第 4 期。

《滴滴出行安全管理工作指引》规定,平台愿意主动承担相关安全的保障责任。似乎合议庭认为二者之间仅仅是一个居间合同关系,平台承担责任的依据是平台事先有一个承诺,即《滴滴出行安全管理工作指引》,所以平台与司机应共同承担连带责任。而案例七和案例八的合议庭则认为,平台与司机之间属于执行职务关系。案例七的合议庭认为,司机是执行平台发送的约车任务,属于执行职务的行为;案例八的合议庭认为,网约车平台承担承运人责任,所以司机只能是履行承运人义务的执行者。既然是执行职务,所以司机与平台之间应当认定为劳动合同关系。

最后,由于对司机与平台之间法律关系认定不同,所以对超过保险理赔部分责任的承担,司法案例展现了不同的判决结果。案例六基于居间合同关系的约定,判决平台与司机共同承担连带责任;案例九基于居间合同关系则认为平台不应当承担任何法律责任;案例七和案例八基于劳动合同关系,判决平台应当承担赔偿责任,由于司机没有取得"网络预约出租汽车驾驶员证",所以案例八判决司机对平台的责任承担连带责任。案例十则基于挂靠关系,[1]判决司机承担赔偿责任,由平台对司机的赔偿责任承担连带责任。需要说明的是,挂靠是为了解决社会车辆和司机没有营运资格的权宜之计,通过规避法律使不具有从业资格的主体获得从业资格因此具有行政违法性;而且挂靠行为隐瞒了真实信息,违反了民法上的诚信原则。因此,司机与平台之间的法律关系不宜确定为挂靠关系。

三、平台与网约车司机间法律关系的厘清

无论是"顺风车模式"还是"加盟模式",网约车由司机驾驶进而实施了侵权行为,平台是否应当承担责任或者承担何种法律责任,必须厘清司机与平台之间的法律关系,该法律关系不仅是受害人请求平台承担责任的请求权基础,而且是构建平台侵权责任的法理基础。

(一)顺风车模式

2016年7月26日发布的《国务院办公厅关于深化改革推进出租汽车行业健康发展的指导意见》第10条认为"顺风车是由合乘服务提供者事先发布出行信息,出行线路相同的人选择乘坐合乘服务提供者的小客车、分摊部分出行成本或免费互助的共享出行方式"。据此,司法案例大多倾向于认为依照居间合同关系处理顺风车司机与平台之间的关系。根据《合同法》425条第

---

① 《最高人民法院关于审理道路交通事故损害赔偿案件适用法律若干问题的解释》第三条规定:"以挂靠形式从事道路运输经营活动的机动车发生交通事故造成损害,属于该机动车一方责任,当事人请求由挂靠人和被挂靠人承担连带责任的,人民法院应予支持。"

2款的规定,只有居间人故意隐瞒与订立合同有关的重要事实或者提供虚假情况,损害委托人利益的才应当承担损害赔偿责任。但笔者认为,仅仅依据《合同法》关于居间合同的规定以及《暂行办法》16条关于"网约车平台公司承担承运人责任"的规定都无法恰当地处理"顺风车模式"下网约车交通事故中平台的法律责任。

1. 平台深度介入顺风车合同关系中并非一般意义上的居间人

一般意义上的居间人仅仅是向委托人提供订立合同的机会或订立合同的媒介服务,通常不会介入到委托人与第三人之间的合同关系中。因此《合同法》524条规定,只有故意隐瞒与订立合同有关的重要事实或者提供虚假情况的,居间人才承担法律责任。然而平台已经深度介入了司机与乘客之间顺风车合同之中:其一,按照支付规则,顺风车执行完运送任务之后,乘客将乘车费支付给平台,平台抽取一定比例的费用以后再支付给司机;其二,平台提供乘客对司机的评分系统,其目的不仅仅是为了管理司机,而且亦是为了提升平台自身的经营信誉,以此占领更大的出行市场来获取商业利益。

2. 平台深度介入顺风车合同关系中是以营利为目的

姑且不论顺风车司机是否具有营利目的,平台介入顺风车合同关系中具有显著的盈利目的,其通过提供分享机会和促进共享合作的经营方式加入与传统出租车竞争中而获得利润。同时平台通过深度介入每一单顺风车交易,构建自己的社会形象并提升平台整体的市场竞争力。事实上,乘客选择顺风车并非因为信任某一位陌生的顺风车司机,而是基于对平台的信任而产生的依赖利益。

3. "顺风车模式"下的平台虽非承运人但应承担安全保障义务

市场竞争中产生的网约车经营模式,同样因为市场竞争样态的变化而变迁。由于网约车安全风险越来越受到公众和政府的重视,一些平台主动提出"事故双方只要有一方处于滴滴订单服务中,则滴滴平台愿意主动承担相关安全保障责任"。这些自我约束规定的出台不仅是平台参与市场竞争的需要,亦是网约车法律关系各方相互博弈的结果。换言之,若平台无法给乘客提供足够的信任与安全感,在这样一个陌生人之间极度缺乏信任的社会环境中,"顺风车模式"难以生存与发展。平台承担安全保障义务不仅是为维护受害人的合法权益,亦是为了网约车行业健康发展的需要。

(二)加盟模式

与"顺风车模式"不同的是,"加盟模式"下不仅车辆属于司机自有,而且司机以接受平台"派单"的方式参与到网约车营运中;同时司机既有兼职亦有专职从事网约车营运的,因此平台与网约车司机之间构成何种法律关系在理论与实践中争议很大。

1. 平台对网约车司机的运营行为具有较强控制力并享有车辆营运利益

首先，平台通过提供事前、事中、事后的交易服务对司机运营行为进行控制。其一，平台在"事前"有权利和义务审查车辆的安全性以及司机的适格性。包括平台应保证网约车安全可靠、具备合法营运资质、具有营运车辆的相关保险以及司机具有合法从业资格。其二，平台在"事中"有权且必须保存网约车运营中的相关数据信息。包括司机和乘客在平台的注册信息、身份认证信息、上网日志、订单日志、车辆行驶轨迹日志等。其三，平台在"事后"构建了对网约车司机的监督机制。平台不仅为乘客提供司机姓名、照片、手机号码和车辆牌照等信息，而且对司机的运营行为提供了在线乘客评价服务机制和投诉机制。最后，平台有权分享车辆运营利益，这是平台构建"加盟模式"下网约车运营方式的目的。《网络预约出租汽车经营服务管理暂行办法》（下文简称"暂行办法"）通过授权平台收取出租车费的方式对平台的经营目的予以了肯定。该办法第 20 条规定，平台应合理确定网约车运价，不仅应明码标价而且应向乘客提供该次行程发票。具体而言，通过数据信息的分析，平台有权根据行驶时间、行驶路程以及乘客评价等因素决定支付给网约车司机的报酬。

2. 平台与网约车司机之间的劳动关系具有复杂性和新型性

通常认为，工业时代的标准劳动关系是构建在人格从属性和经济从属性理论基础上的[①]，表现为"一重劳动关系、八小时工作制、遵守一个雇主的指挥"[②]等特点。2016 年 7 月发布的《暂行办法》删除了原《征求意见稿》中"网约车平台与驾驶员统一拟定为劳动关系"的规定，而是授权平台可以"根据工作时长、服务频次等特点，决定驾驶员订立劳动合同或者其他协议"。[③] 从强制性法律规范修改为授权性法律规范的原因在于，"分享经济"背景下网约车司机的就业形态和就业方式灵活而多样，传统的标准劳动法律关系难以恰切地予以规制，属于典型的技术创新带来的"法律灰色地带"[④]问题。笔者认为，平台与司机之间是否构成现行法上的劳动法律关系应当以司机是否专职从事网约车运营为界限。具体而言，"加盟模式"下网约车司机对平台的确具有一定的人格从属性。不仅表现在网约车司机是执行平台派发的工作指示，而且表现在司机身份的适格性、车辆的安全性、司机报酬的获取等方面受平台制约。但是否形成经济从属性则因网约车司机是专职或兼职从事网约车而

① 王天玉：《经理雇佣合同与委任合同之分辨》，载《中国法学》2016 年第 3 期，第 292 页。
② 董保华：《论非标准劳动关系》，载《学术研究》2008 年第 7 期，第 54 页。
③ 李雅男：《网约车平台法律地位再定位与责任承担》，载《河北法学》2018 年第 36 期，第 115 页。
④ Yanelys Crespo. Uber v. Regulation："Ride-Sharing" Creates a Legal Gray Area，25 U. Miami Bus. L. Rev.79(2016).

有所不同。换言之,在司机专职从事网约车运营的情形下,虽然在工作时间的安排具有一定自主性,但其对平台具有显著的经济从属性;兼职从事网约车营运的司机对平台不具有经济从属性。

3. "加盟模式"下的平台应定位为新型承运人并承担相应责任

"加盟模式"下平台与传统出租车公司经营模式和管理模式有所不同。首先,经营模式不同。平台在网约车运营中参与每个订单的促成与缔结;而传统出租车公司仅仅对出租车司机收取一定的门槛费之后,不再介入每一笔具体交易的促成与管理。其次,管理模式不同。"加盟模式"下的网约车大多属司机自己所有,通过"加盟"方式加入网约车营运中,平台对"加盟模式"下的网约车不具有物权法上的支配权;传统出租车公司则是拥有其所属出租车的所有权,出租车公司对车辆的损耗和维修应当承担最后的义务。正因为上述原因,网约车司机和传统出租车司机面对乘客提出的运输服务要约时,其承担的缔约义务并不相同。具体而言,根据《合同法》第289条的规定:"从事公共运输的承运人不得拒绝旅客、托运人通常、合理的运输要求。"因此,传统出租车司机没有正当理由不得拒载乘客,负有强制缔约的义务;根据已经形成的交易习惯,网约车司机收到乘客的要约后可以选择接受也可以选择忽视,选择的自由度很高,网约车司机无须履行强制缔约义务。虽然在经营模式和管理模式上有一定区别,由于平台对网约车司机的运营行为具有较强控制力并享有车辆营运利益,而且平台与网约车司机之间形成的一定人格从属性甚至经济从属性,"加盟模式"下的平台都应当定位为一种新型承运人并承担相应的责任。

四、构建网约车平台侵权责任的立法建议

如前所述,无论何种网约车营运模式都难以将平台定位为《侵权责任法》第36条"网络技术服务提供者"从而适用所谓"避风港"规则,而《暂行办法》"一刀切"地规定"网约车平台公司承担承运人责任"难以应对现实复杂性的挑战。《电子商务法》第38条原则性的表述为"承担相应责任",不仅难以提供预期而且缺乏可操作性。因此有必要对"顺风车模式"和"加盟模式"下平台的侵权责任予以重构。

(一)规范构建的立法价值取向

无可否认的是,现代社会的法律制度或法律规范都是在理性选择基础上构建的,但其考量的因素绝非单纯的法律逻辑问题,而是包括政治、经济、历史和现实等多种因素综合衡量的结果。就网约车平台侵权责任的构建而言,不仅需要考量平台、网约车司机、乘客或其他受害人之间的利益冲突与平衡,而且需要考量网约车侵权责任法律规范可能带来的社会效果——公众安全

与网约车产业发展的问题。

1. 受害人和司机合法权益保障与平台经营风险控制之间的平衡

在网约车侵权案件中，受害人和司机合法权益的保障始终是公众关注的焦点，与此密切相关的则是网约车平台经营风险的控制。[①] 为回应社会关切，各地方政府纷纷出台地方性规章。譬如，广州市对平台以及车辆的准入标准进一步严格和细化，并要求平台同司机签订劳动合同；上海市则规定平台应承担先行赔付责任。网约车的出现不仅提高了消费者的用户体验，而且有利于提升网约车司机的收入。如果平台侵权责任的归责原则过于严厉导致平台经营风险难以控制或难以承受，不仅会给平台的正常经营带来负面影响，也不利于司机个人福利的提升。当然，包括受害人在内的消费者是网约车运营的基础，司机则是网约车平台业务发展的前提。因此在受害人、司机的权利保障与平台经营风险控制之间如何平衡，是构建平台承担侵权责任必须面对的问题，也是实践中亟待解决的难题。

2. 公众安全与网约车产业发展之间的平衡

网约车是伴随着信息技术的发展和分享经济理念的出现而产生的新兴行业，但是任何产业的发展都不能以牺牲公众安全为代价。因为安全是法律的基本价值目标，保障公众安全不仅是网约车产业生存与发展的基础，而且是网约车产业健康发展的唯一路径。与传统出租车行业不同，网约车的安全保障问题不仅依赖于有效的行业竞争和健全的组织管理，而且依赖于科技投入和技术进步，当然也与法律责任的配置密切相关。因为法律制度的激励作用主要是通过权利义务的安排以及责任的合理配置产生的，因此，如何在公众安全与网约车产业发展之间寻求平衡是构建平台侵权责任必须面对的另一个问题。

（二）"顺风车模式"下的平台违反安全保障义务应承担共同侵权责任

虽然"顺风车模式"下平台非承运人，但仍应承担安全保障义务。已有学者建议，"顺风车模式"下平台可以依据《侵权责任法》第37条关于"群众性活动的组织者"的身份承担规定承担组织者的安全保障义务。[②] 但是平台与《侵权责任法》第37条所谓"群众性活动的组织者"显著不同，因为平台参与"顺风车"运营不仅具有营利的目的而且事实上获得一定收益。因此，平台的安全保障义务不是复制《侵权责任法》第37条，而应是基于"网络预约顺风车"风险控制要求的安全保障义务。因此有学者认为，平台应当承担比《侵权责任法》

---

① 班小辉：《论"分享经济下"我国劳动法保护对象的扩张——以互联网专车为视角》，载《四川大学学报（哲学社会科学版）》2017年第二期，第154-161页。

② 张新宝：《顺风车网络平台的安全保障义务与侵权责任》，载《法律适用》2018年12期，第100页。

第37条所要求的安全保障义务更高的义务,即更高要求的注意义务。① 具体而言,"顺风车模式"下网约车司机侵权行为的发生如果可归责的原因之一是因为平台违反安全保障义务,则平台应当与司机承担共同侵权责任,更为具体的是指帮助者责任而非教唆者责任,而平台因故意或过失违反安全保障义务其具体责任的承担则有所不同。

1. 安全保障义务应当明确而具体

就立法技术而言,安全保障义务既可以表述为概括性的抽象义务亦可以表述为明确的具体义务。由于"顺风车模式"下的平台毕竟不是承运人,其法律责任范围的边界必须是以现有管控技术和保障措施下平台能够实施的行为为基础。因此从利益衡量的角度进行考量,采取明确而具体义务的立法方式比较恰当,可以防止平台承担的安全保障义务被无限放大。具体而言,可以根据《暂行办法》的规定和现有的交易习惯(即网约车平台通过诸如《滴滴出行安全管理工作指引》所做出的公开承诺)进行总结,将"顺风车模式"下以安全保障义务具体化为以下内容:司机适格性审查义务、车辆安全性审查义务、运行中司机真实性审查义务、运行中车辆真实性审查义务、运行中安全保障和处置异常情况的信息服务义务、运行数据备份的保存义务。

2. 平台因过失违反安全保障义务应承担补充责任

平台应当在事前、事中和事后尽到合理的注意以履行相应的安全保障义务,而平台违反安全保障义务通常情形下为过失,如无过失则不应承担责任。譬如,平台有义务审查司机的适格性和网约车的安全性,当符合条件的司机和车辆进入顺风车运营后,仅仅由于司机过错行为导致侵权的发生,则因平台已经尽到合理的注意义务而免责。因为平台已经尽到注意义务,仅仅因司机没有尽到审慎注意义务而发生交通事故,司机侵权行为的发生于平台而言具有偶然与不确定性,平台不应为此承担责任。但如有证据显示,平台因过失违反安全保障义务则应承担补充责任。

3. 平台因故意违反安全保障义务应承担连带责任

平台故意违反安全保障义务导致其不履行或怠于履行相应的注意义务,平台应当承担连带责任。譬如,明知司机或车辆不符合安全保障义务的要求,平台为追求业务规模的扩大而放任不管;接到顾客投诉或求助信息,平台不及时采取相应补救措施或及时通知公安机关;当侵权事件发生后,平台不愿或不能提供完整的车辆运行数据备份信息等。上述情形属于平台有能力对顺风车运行风险进行控制,由于平台明知或放任的故意显著增加了受害人

---

① 陈晓敏:《论电子商务平台经营者违反安全保障义务的侵权责任》,载《当代法学》2019年第5期,第30页。

的风险和损失,可以推定平台与司机对侵权损害后果的发生或损失的扩大有共同过错。

(三)"加盟模式"下平台应当作为承运人承担直接侵权责任

虽然"加盟模式"下的平台是有别于传统出租车公司的新型承运人,但其与传统出租车公司一样作为承运人的责任不能免除,即其应当作为直接侵权人承担法律责任。与"顺风车"不同的是,几乎所有的乘客都认为,与其缔结运输合约的对方当事人是平台而非网约车司机。事实上,在我国司法实践中,机动车交通肇事侵权损害赔偿纠纷中承运人的判断一般以运行支配和运行利益为依据。[1] 具体而言,无论网约车司机与平台之间是否构成劳动合同关系,由于平台不仅有权利和能力监督、控制直接侵权人(网约车司机),而且还从网约车司机的运营行为中获得极大利益。[2] 因此,"加盟模式"下的平台应当承担承运人的法律责任,以承运人的身份承担网约车司机侵权赔偿的全部对外责任即替代责任,而在内部责任分配上以是否构成劳动关系为基础。

1. 构成劳动关系情形下平台有权基于劳动合同的约定进行追偿

如果司机与平台之间构建劳动关系,平台承担替代责任不仅有利于保证受害人的损失得以填补,而且有利于维护网约车司机的合法权益。首先,平台不仅是网约车业务的构建者,同时也是经营主体。换言之,平台既是风险开启者,又是运营利益享有者。如果司机与平台之间构成劳动关系,平台对司机(雇员)在运营过程中实施的侵权行为承担替代责任体现的是承运人的责任。其次,平台作为承运人进行赔偿后,可以根据劳动合同的约定向存在故意或者重大过失行为的司机进行追偿,合理的追偿机制是平衡平台经营风险与司机权利保障之间的重要程序性装置,其合法性源于劳动合同的有效性。

2. 不构成劳动关系情形下平台与司机之间基于过错责任进行内部责任划分

如果司机与平台之间不构成劳动关系,在平台对外以承运人身份承担赔偿责任后,平台与司机之间以过错责任为依据进行内部责任划分。基于平台的支配地位和经济优势,只有在网约车司机因故意或者重大过失导致侵权行为发生时才与平台承担连带责任。换言之,司机由于故意或重大过失导致侵权损害后果发生时,平台有权依据过错责任的比例大小进行追偿。

3. 上述两种追偿机制显著不同

上述两种追偿机制不仅请求权基础不同,而且何谓"重大过失"的确定机制亦有所区别。当司机与平台之间构成劳动关系时,平台的追偿权利源于劳

---

[1] 周学峰、李平主编:《网络平台治理与法律责任》,中国法制出版社 2018 年版,第 63 页。
[2] 夏利民、王运鹏:《论网约车平台的侵权责任》,载《河南财经政法大学学报》2017 年第 6 期,第 104 页。

动合同的明确约定；当司机与平台之间不构成劳动关系时，平台的追偿权利源于过错责任原则。当司机与平台之间构成劳动关系时，"重大过失"以劳动合同的明确约定为依据；当司机与平台之间不构成劳动关系时，如果平台与司机之间无法就何谓"重大过失"达成一致时，只能以法院的判决为依据。

五、结束语

在平台型商业模式和生产方式正在成为资源配置的主要机制之一的情形下，在平台侵权责任的构建中如何平衡多方利益主体之间的冲突，应当基于平台在社会结构和经济结构中的定位来进行思考。因此受害人和司机合法权益的保障与平台经营风险控制之间如何平衡，虽然是教义法学传统的研究思路，但只能算是表面化甚至策略性的考量，公众安全与网约车产业发展间如何平衡才是问题的实质。当然，平台与网约车司机间法律关系性质依然是构建平台侵权责任的法理基础，所以网约车侵权法律问题并非全部都是新问题。但是新技术的运用导致法律关系复杂性不断增加，对正式制度安排的精细化要求亦不断提高，因此网约车平台侵权责任如何构建需要更多学术研究的回应。

互联网企业新商业模式的反不正当竞争法保护

——互联网专条"技术手段妨害＋新商业模式"适法判断规则

摘　要： 新商业模式已经成为互联网企业参与竞争的最为重要的新方式，其本身是竞争优势的新具体情形表述。新商业模式并非知识产权的法定客体，只有反不正当竞争法才具备商业模式司法保护的请求权基础的正统地位。在新《反不正当竞争法》出台前，保护新商业模式往往适用一般条款的规定，新法增设的"互联网专条"为保护互联网新商业模式提供了准确的依据。通过立法过程考察、案例类型化和法解释学研究发现，"技术手段妨害＋新商业模式"判断规则是针对互联网专条的一种合法的、适度的、有效的适法工具。

关键词： 互联网专条；商业模式；技术手段；反不正当竞争法

案例 1　华品公司 Boss 直聘互联网不正当竞争纠纷案①

北京华品公司认为北京拉勾网通过微信公众号发布《拉勾声明》，刊登相关报道对 Boss 直聘 App 被下架事件及双方声明进行解读、评论，其内容构成商业诋毁。

法院认为，华品公司主张的《拉勾声明》中内容没有客观事实依据，属于拉勾公司捏造、散布的虚伪事实的行为，该声明被多家网络媒体转发、评论，对华品公司产品及公司形象造成负面影响，损害了华品公司的商业声誉，被告的行为构成商业诋毁。

案例 2　"360 扣扣保镖"不正当竞争纠纷案②

腾讯公司认为奇虎公司向用户提供的"360 扣扣保镖"软件破坏其商业模

---

*　作者介绍：沈浩，南京大学法学院博士研究生，北京金诚同达（南京）律师事务所律师；高鹏友，北京金诚同达（南京）律师事务所律师。
① 参见北京知识产权法院(2017)京 73 民终 867 号民事判决书。
② 参见最高人民法院(2013)民三终字第 5 号民事判决书。

式,破坏和篡改腾讯 QQ 软件的功能,鼓励和诱导用户删除腾讯 QQ 软件中的增值业务插件、屏蔽客户广告,被告行为构成不正当竞争。

最高法院认为"免费平台与广告或增值服务相结合的商业模式是本案争议发生时,互联网行业惯常的经营方式,也符合我国互联网市场发展的阶段性特征。这种商业模式并不违反反不正当竞争法的原则精神和禁止性规定,被上诉人以此谋求商业利益的行为应受保护,他人不得以不正当干扰方式损害其正当权益"。

一、新订"互联网专条"保护的法益是什么?

自 2018 年 1 月 1 日实施的《反不正当竞争法》,其中特别增设了第十二条"互联网专条"。关于该条,"利用互联网技术实施的不正当竞争行为,包括误导、欺骗、强迫用户修改或者卸载他人的合法网络产品的行为等,新法作了进一步规定""当前在执法中对于互联网领域的竞争行为,一般采取审慎包容的态度,综合考虑技术进步对于公平竞争、市场秩序以及消费者权益的影响,既要鼓励创业、创新,也要维护好市场竞争秩序"[1]。首先要探究的问题是:互联网专条是否为全面规制互联网不正当竞争行为的特别条款呢?

案例 1 和案例 2 均是发生在互联网领域的不正当竞争行为,其中前者系互联网商业诋毁行为,后者系破坏商业模式的不正当竞争行为。互联网专条施行后,若再次发生上述互联网不正当竞争行为,能否直接适用互联网专条予以规制呢? 事实上,案例 1 中的商业诋毁行为,实质仍属于传统的不正当竞争行为在互联网环境下的新样态,其应当继续适用商业诋毁的具体条款予以规制,即"本条仅规定互联网领域的特殊行为,传统不正当竞争行为在互联网领域的延伸部分,适用相应的条款调整"[2]。而案例 2 中的被告使用技术手段妨害其他经营主体的商业模式的行为,则可较为典型地纳入互联网专条予以规制。 由此可见,并非所有发生在互联网领域中的不正当竞争行为均应适用互联网专条,传统的不正当竞争行为即便发生在互联网领域也应当适用相应的特别规定。进一步地,案例 2 谈到的"商业模式"是否为互联网专条所要保护的特别对象呢?

《反不正当竞争法》保护的法益是"公平竞争、经营者和消费者的合法权益""调整竞争秩序"[3],"具有维护公平竞争,保护经营者、消费者和竞争秩序

---

① "新修订《反不正当竞争法》获通过相关部门负责人回答记者提问",http://www.gov.cn/xinwen/2017-11/07/content_5237723.htm,最后访问时间 2019 年 10 月 15 日。

② 孔祥俊:《反不正当竞争法新原理(分论)》,法律出版社 2019 年 3 月版,第 531 页。

③ 蒋舸:《知识产权法与反不正当竞争法一般条款的关系:以图式的认知经济性为分析视角》,载《法学研究》2019 年第 23 期,第 132 页。

的三重保护目的"①。那么，互联网企业的新商业模式是否是竞争优势的一种扩充的概念内涵或新的具体情形表述呢？在《反不正当竞争法》修订前后，有关商业模式的知识产权保护已经受到各方关注。国务院出台意见要求"（三）加强创业知识产权保护。研究商业模式等新形态创新成果的知识产权保护办法"②。"判断商业模式正常运营下所获利益是否属于反不正当竞争法所保护的范畴，关键在于判断商业模式本身是否具有正当性"③。结合司法实践、法律修订相关说明等内容，可知新商业模式是互联网专条保护的对象，是竞争优势的新的具体情形表述。

商业模式不是一个法律专业术语，其背后隐藏着商业利益。"新商业模式是指采用互联网、大数据和云计算等技术手段，在高度垂直细分领域内整合交易主体、改变交易方法或者颠覆交易结构，提升了交易效率和质量并产生较好用户体验的商业方法"④。本文所要探讨的新商业模式特指互联网经营者借助于技术手段向公众提供网络产品或者服务的经营方式与手段。

本文研究的问题是：在新《反不正当竞争法》增设互联网专条的情况下，如何对互联网企业的新商业模式进行保护及法律适用成为新的问题。此问题关系到互联网专条与反不正当竞争法一般条款和其他条款（商业诋毁行为、混淆行为等）之间的准确法律适用。而且，这对于实现准确、适度、依法保护互联网企业间的竞争秩序以及互联网企业的合法权益，具有司法判断的观测点价值。

二、"互联网专条"修订前商业模式既有案例的实证观察

案例 3　深圳房金所公司与上海新居公司虚假宣传等不正当竞争纠纷案⑤

深圳房金所金融公司诉称上海新居公司在其网站对外宣传和提供的协议文本中以"房金所"作为企业简称用于指代自己，该行为足以造成相关公众混淆主体和来源；在广告宣传中使用"系出名门"等引人误解的广告语，给相关公众灌输只有上海新居公司才是"第一名门正宗"、其他企业包括两原告均为"后进杂牌"的错误观念。上述行为违反了《反不正当竞争法》构成不正当竞争。法院就虚假宣传、混淆行为等多项行为进行审理后，认定被控行为为不

构成不正当竞争,最终驳回了原告的全部诉讼请求。

案例 4　微梦公司与淘友公司商业诋毁等多项不正当竞争纠纷案①

微梦公司起诉淘友公司等实施了四项不正当竞争行为:一是非法抓取、使用新浪微博的用户信息;二是非法获取并使用脉脉用户手机通讯录联系人与新浪微博用户的对应关系;三是模仿新浪微博加 V 认证机制及展现方式;四是发表网络言论对其构成商业诋毁。

北京知识产权法院认定被告"未经新浪微博用户的同意及新浪微博的授权,获取、使用脉脉用户手机通讯录中非脉脉用户联系人与新浪微博用户对应关系的行为,违反了诚实信用原则及公认的商业道德,破坏了 OpenAPI 的运行规则。上诉人淘友技术公司等展示对应关系的行为构成不正当竞争行为"。

案例 5　优酷诉金山猎豹浏览器"拦截广告案"②

优酷诉称,金山旗下的猎豹浏览器通过技术手段恶意拦截视频网站合法贴片广告,侵害了视频网站及其广告客户的正当权益并导致其巨大的经济损失,金山公司的行为构成不正当竞争。

法院认为优酷的视频广告属于正当商业模式下所提供的整体服务之一部分,猎豹浏览器利用"满足用户需求"之名,实质通过损害用户和行业内其他企业的合法利益获取自身产品推广,并通过混淆视听的方式掩盖其不法行为。被告的行为构成《反不正当竞争》第二条一般条款的不正当竞争。

案例 6　腾讯诉微信平台用户不正当竞争案③

腾讯公司诉称杭州科贝公司等在不满足从事小额贷款、互联网金融信息中介业务相关法律政策要求的情况下,批量注册并运营内容均为相似"网络贷款产品信息"的微信公众号、微信小程序,并且提交伪造资质文件,骗取公众平台的审核认证,并从事违法套现业务,上述行为构成《反不正当竞争法》第二条一般条款的不正当竞争。

法院认为"当某一商业模式给经营者带来一定的商业利益和竞争优势,他人不得以不正当竞争方式损害其正当利益,反不正当竞争法通过禁止破坏该商业模式的不正当竞争行为的方式对其予以保护",最终认定被告行为构成不正当竞争。

上述案例 1～6 中,其中案例 1(商业诋毁)、案例 3(虚假宣传)、案例 4(商业诋毁)中的被控行为都是发生于互联网的不正当竞争行为,此类行为并非互联网专条的特别适用对象,而系传统的不正当竞争行为在互联网环境下的

---

① 参见北京知识产权法院(2016)京 73 民终 588 号民事判决书。
② 参见北京市第一中级人民法院(2014)一中民终字第 3283 号民事判决书。
③ 参见杭州互联网法院(2018)浙 8601 民初 1020 号民事判决书。

新样态。案例 2 与案例 5 中的被控不正当竞争行为则应当适用互联网专条予以规制。值得注意的是案例 6，该案裁判书在论证中特别谈到了"当某一商业模式给经营者带来一定的商业利益和竞争优势"，但是该案情形是被告"批量注册并运营内容（与腾讯公司，笔者注）均为相似'网络贷款产品信息'的微信公众号、微信小程序"，该案却不适用互联网专条而适用反不正当竞争法一般条款。互联网专条法律适用的要件还要求具备以技术手段妨碍、损害新商业模式的实施行为。

案例 2、案例 5、案例 6 中都涉及商业模式的保护问题，但商业模式并非法定的知识产权客体，但其可获得《反不正当竞争法》的保护。不同新商业模式所涵盖的产品或者服务是不同的，"从以往法院判决的侵犯商业模式的不正当竞争案件来看，《反不正当竞争法》所保护的商业模式主要是产品或服务，尚未涉及整个商业生态系统"①。

三、新商业模式司法保护的路径分析

商业模式背后凝聚着"信息/数据"产权②，新商业模式背后是互联网企业潜在的信息产权利益。"在中国，商业模式创新比技术创新更具有普适性的意义。如果不对商业模式创新给予有效的保护，就难以为企业创造公平的创业环境和竞争环境，最终影响企业的生存和发展。"③在我国现有的司法保护体系下，当发生侵犯新商业模式或者相关主体主动寻求法律保护新商业模式时，《专利法》和《反不正当竞争法》保护成为主流的保护路径。

（一）新商业模式方法的《专利法》保护

我国《专利法》旨在保护专利权人的合法权益，鼓励发明创造，推动发明创造的应用，促进科学技术进步和经济社会发展。2017 年 4 月 1 日起施行的《专利审查指南》增加了"涉及商业模式的权利要求，如果既包含商业规则和方法的内容，又包含技术特征，则不应当依据专利法第二十五条排除其获得专利权的可能性"。④ 随之而来的是互联网公司申请的商业模式专利，例如"共享单车领域的商业模式"已经被申请专利"无固定取还点的自行车租赁运营系统及其方法"（专利号 201010602045.8）；阿里巴巴集团就"蚂蚁森林"商业模式申请了专利"一种监控区块链中的交易内容的方法及装置（专利号

---

① 王健：《一份开创性的判决：简评（2018）浙 8601 民初 1020 号民事判决书》，https://mp.weixin.qq.com/s/9ZNbOovuJJtT8Rvfch5Jkg，最后访问时间 2019 年 10 月 12 日。

② 胡凌：《商业模式视角下的"信息/数据"产权》，载《上海大学学报（社会科学版）》，2017 年第 6 期，第 11 页。

③ 贾振勇、魏炜：《商业模式的专利保护：原理与实践》，机械工业出版社，2018 年 9 月版。

④ 《专利审查指南（2017 修正）》4.2 智力活动的规则和方法。

CN110009494A)"。

但是,围绕着技术手段的新商业模式迭代较为频繁,且只能申请发明专利,客体适格性审查时对"技术方案""智力成果"的僵硬解释[①],加之作为新的专利保护客体从撰写权利到申请审核是复杂困难的,可见互联网新商业模式寻求《专利法》保护的缺陷也是凸显的。

(二)《反不正当竞争法》保护

新商业模式所带来的竞争优势,为其获得《反不正当竞争法》的保护提供了有利的条件。

1. 一般条款与互联网专条的法律适用

在新《反不正当竞争法》出台以前,司法审判中已出现诸多有关新商业模式的案例。例如案例1"扣扣保镖"破坏 QQ 软件完整性案,百度诉奇虎 360 插标和修改提示词案[②]。在审理上述案件中法院援引的都是旧《反不正当竞争法》的一般条款,也称为原则条款。在《反不正当竞争法》未对新商业模式保护出台专门条款之时,寻求一般条款的保护,既是必然之选,也是无奈之举。即当具体条款适用"捉襟见肘"时,司法审判寻求适用具有较强的主观性与不确定性的一般条款。[③] 互联网专条保护互联网领域的新商业模式,则为此后司法审判提供了条款支撑。后续关涉新商业模式的不正当竞争行为规制,司法裁判将会减少向一般条款逃逸。

2.《反不正当竞争法》其他条款与互联网专条的法律适用

借助于互联网,传统商业模式表现出来的新样态,比如互联网领域的广告宣传、互联网领域有关的商业秘密、网络有奖销售等,这些互联网商业模式只是给传统商业模式披上互联网的外衣而已,其实质上与传统的广告宣传、商业秘密、线下有奖销售等在本质上是一致的。传统商业模式有关的不正当竞争行为,如虚假宣传、商业贿赂、商业诋毁等行为一直以来反不正当竞争法都规定了具体条款予以规制。互联网专条的设定是针对新商业模式的,对于发生在互联网中的本质仍为传统的不正当竞争行为其不应当由互联网专条进行规制。可以说反法其他具体条款与互联网专条之间是并行的,而且是有各自的适用范围。

---

① 张平、石丹:《商业模式专利保护的历史演进与制度思考:以中美比较研究为基础》,载《知识产权》2019 年第 2 期,第 55 页。

② 参见北京市第一中级人民法院(2012)一中民初字第 5718 号。

③ 黄军:《视频网站商业模式竞争法保护的反思与完善》,载《时代法学》2019 年第 17 卷第 3 期,第 63 页。

四、新商业模式视角下"互联网专条"的法律解释

（一）"互联网专条"法条的法律解释

1. 第一款原则条款的解读

"经营者利用网络从事生产经营活动，应当遵守本法的各项规定。"该原则性条款是号召和倡议相关主体遵守反法，其内容过于笼统且非系行为规制条文结构。须知，泛泛而谈的守法义务是无法兑现为司法审判的有效适法工具的。

2. 第二款概括式条款解读

"经营者不得利用技术手段，通过影响用户选择或者其他方式，实施下列妨碍、破坏其他经营者合法提供的网络产品或者服务正常运行的行为。"该款内容是概括式条款，其明确了互联网专条规制的领域和对象等内容，起到统摄的作用。从该条款我们可以提取出"技术手段""妨碍、破坏""产品或者服务"法律规制的行为模式的关键组成：实施工具、实施动作和实施对象。其中，产品或者服务是互联网新商业模式的内容组成部分，也是互联网专条所要保护的法益；"妨碍、破坏"可以概括为妨害，即不正当竞争行为的非正当性；技术手段侧重描述行为的工具（或方式）。

互联网技术与商业模式有着紧密联系，离开技术手段则无新商业模式之焉附。《著作权法》第四十八条等设置了相关保护技术措施的内容。从某种程度上来说，保护互联网经营者预先设定的技术措施，就是保护其新商业模式。人大立法就反法修订说明"三是根据互联网领域反不正当竞争的客观需要，增加互联网不正当竞争行为条款，规定经营者不得利用技术手段在互联网领域从事影响用户选择、干扰其他经营者正常经营的行为，并具体规定应予禁止的行为"[①]。

"技术中立原则常常被用于反对法律对技术的监管，或者为技术服务者免责"[②]，但是在新商业模式有关的不正当竞争纠纷中，技术中立原则无法成为"侵权人"摆脱责任的有效抗辩事由。至此，结合互联网专条的行为规制要件"技术手段妨害"以及法条所保护的对象内涵"新商业模式"，互联网专条适法的核心框架是"技术手段妨害＋新商业模式"。

3. 列举式条款的法律解释

第二款列举式条款下是对近年司法审判涉及互联网新商业模式不正当

---

① 张茅：2017 年 2 月 22 日在第十二届全国人民代表大会常务委员会第二十六次会议上"关于《中华人民共和国反不正当竞争法（修订草案）》的说明"。

② 郑玉双：《破解技术中立难题》，载《华东政法大学学报》2018 年第 1 期，第 85 页。

竞争案所涉具体行为的归纳总结。

第一项"未经其他经营者同意,在其合法提供的网络产品或者服务中,插入链接、强制进行目标跳转"。该类行为可以对应到前述"360安全卫士插标案的不正当竞争行为",这一行为可能会劫持他人流量、搭便车获取他人商业模式带来的竞争优势。

第二项"误导、欺骗、强迫用户修改、关闭、卸载其他经营者合法提供的网络产品或者服务"。该类行为通过破坏技术措施进而损害互联网经营者的新商业模式,该行为直指其他经营者的新商业模式,将其列入互联网专条恰如其分。例如前述的"扣扣保镖案件"中被告的不正当竞争行为。

第三项"恶意对其他经营者合法提供的网络产品或者服务实施不兼容"。互联网商业模式领域中过多的技术不兼容,恶意排挤行为对于新商业模式的破坏是巨大的,不仅不利于创新,反而会造成巨大成本损失。但笔者认为该类型在司法实践中认定难度最高,争议也会是最大的。

第四项"其他妨碍、破坏其他经营者合法提供的网络产品或者服务正常运行的行为"。该项内容是互联专条具体情形的兜底条款,其设定是为了弥补前述三项列举的有限性,也进一步申明互联网新商业模式不正当竞争行为不限于本条,同时也为司法审判审理新出现的不正当竞争行为提供立法支持。

关于互联网专条的法条解释框架见表1。

表1　互联网专条的法条解释

	互联网专条		条文规制属性
第一款宣示条款	经营者利用网络从事生产经营活动,应当遵守本法的各项规定		原则宣示
第二款列举式	经营者不得利用技术手段,通过影响用户选择或者其他方式,实施下列妨碍、破坏其他经营者合法提供的网络产品或者服务正常运行的行为		概括式条款
	(一)未经其他经营者同意,在其合法提供的网络产品或者服务中,插入链接、强制进行目标跳转		典型行为:流量劫持、抓取数据
	(二)误导、欺骗、强迫用户修改、关闭、卸载其他经营者合法提供的网络产品或者服务		典型行为:屏蔽广告、竞价排名
	(三)恶意对其他经营者合法提供的网络产品或者服务实施不兼容		典型行为:浏览器不兼容
	(四)其他妨碍、破坏其他经营者合法提供的网络产品或者服务正常运行的行为		情形兜底条款,功能上与概括式条款重合

（二）"技术手段妨害＋新商业模式"规则

关于判定一项互联网不正当竞争行为是否应当适用互联网专条规定时，"技术手段妨害＋新商业模式"判断规则是一种合法的、适度的、有效的适法工具。详言之，针对新商业模式的不正当竞争行为，首先应当是被控行为运用了互联网技术手段。如果仅仅是使用了技术手段，这并不当然认定构成互联网专条的不正当竞争行为（例如上述的案例6）。其次，被控行为妨害的是互联网新商业模式，该新商业模式是互联网企业向相关群体提供服务或产品的方式。最后，由于互联网技术、商业模式及该领域行为表现方式的更新迭代很快，当面临具体行为超出"技术手段妨害＋新商业模式"，则应从考虑保护公平竞争秩序、经营者或消费者的合法权益之反法基本法理，依法判断是否属于互联网专条的非典型行为或反法一般条款所规制，抑或予以容忍而不予规制。

四、结语

《反不正当竞争法》所新订的互联网专条并非规制发生在互联网领域的全部不正当竞争行为，其所要保护的是新商业模式。互联网企业新商业模式依托于技术措施，其能够给经营者带来巨大的竞争优势，是《反不正当竞争法》所保护的竞争性利益。"技术手段妨害＋新商业模式"判断规则是针对互联网专条一种合法的、适度的、有效的适法工具。由此，《反不正当竞争法》一般条款与互联网专条之间的一般条款与特别条款的关系，可以更为清晰地建立起来。互联网企业的新商业模式也能得到兼具准确性与包容性的法律保护。

中国第一起全面审理的标准必要专利侵权案

——西电捷通诉索尼移动标准必要专利侵权案

杨安进　徐永浩[*]

（北京市维诗律师事务所）

一、基本案情

（一）案件背景

原告西电捷通公司成立于2000年9月，专注于可信网络空间构建所必须的基础安全技术创新，开发出一系列与无线局域网鉴别与保密基础架构（即WAPI）相关的技术并获得了众多专利。WAPI技术与WiFi标准安全技术相比，很好地解决了无线局域网链路层的安全问题，使得如用户信息被窃听、截取、传输数据被修改、诱骗接入假冒网络、网络被盗用等安全隐患得到了很好的防范。

WAPI技术从2003年起即被纳入GB 15629.11－2003《信息技术 系统间远程通信和信息交换 局域网和城域网 特定要求 第11部分：无线局域网媒体访问控制和物理层规范》及其系列国家标准（以下简称"WAPI标准"）。

被告索尼移动公司是全球主要智能手机制造商之一，前身是索尼爱立信通信产品（中国）有限公司，从2009年7月开始生产销售智能手机。

2009年3月开始，原告与被告就WAPI标准必要专利许可事宜进行了长达6年多的协商，未果，其间被告多次拒绝获得专利许可。原告遂于2015年以专利号为ZL02139508.X、名称为"一种无线局域网移动设备安全接入及数据保密通信的方法"WAPI核心专利的专利权人身份提起本案诉讼。

（二）原告主张

原告西电捷通公司认为，涉案专利是WAPI标准的基础标准必要专利之一，被告通过其生产并销售被控侵权的智能手机产品实施了涉案专利的技术方案，侵权构成主要体现为：

1. 单独实施的直接侵权行为

即被告在被控侵权产品的设计研发、生产制造、出厂检测等过程通过验

---

* 作者简介：杨安进，北京市维诗律师事务所律师，本案西电捷通公司代理人；徐永浩，北京市维诗律师事务所专利代理人，本案西电捷通公司代理人。

证手机的 WAPI 功能单独实施涉案专利。

2. 共同实施的直接/间接侵权行为

（1）涉案手机产品作为终端（MT）单独一方，与接入点（AP）、鉴别服务器（AS）共同实施了涉案专利。

（2）涉案手机产品的 WAPI 功能模块仅能用于实施涉案专利，是实施涉案专利必不可少的专用工具，为他人实施涉案专利提供了帮助。

原告认为，被告长期、大规模、故意实施侵权行为，主观恶意明显，为此主张被告立即停止实施涉案专利技术，立即停止生产、销售、许诺销售使用原告专利权的智能手机产品，赔偿经济损失 900 多万元。

（三）被告主张

被告索尼移动公司一审认为：

（1）被告认为不构成直接侵权。被控侵权产品中实现 WAPI 功能的部件来自芯片供应商，被告将芯片供应商提供的 WAPI 芯片组装到手机中，无须在生产的任何环节使用涉案专利。

（2）被告不构成共同侵权。首先，被告与 AP 或 AS 的提供方没有意思联络，也没有分工协作，没有共同实施涉案专利。其次，被告向用户提供手机的行为不构成共同侵权，因为不存在直接侵权，且涉案手机具有实质性非侵权用途，并非用于实施涉案专利的专用部件或设备。

（3）原告的专利权已经用尽。原告已经许可芯片厂商提供实现 WAPI 功能的芯片，被告系购买该芯片后合理使用。

（4）涉案专利已经纳入国家强制标准，原告也进行了专利许可的承诺，故被告的行为不构成侵权。

（5）原告提出的停止侵权和高额赔偿数额的请求不应该得到支持。原告主导了强制性标准的制定，并未明确拒绝许可，应当视为同意他人实施该标准中的专利。在经济赔偿足以补偿原告的情况下，停止侵权不符合利益平衡原则。另外，与整个手机的价值相比，涉案专利的市场价值较低。

被告索尼移动公司二审增加主张认为：

（1）索尼移动公司认为标准与专利至少存在三个区别，涉案专利不是标准必要专利，实施 WAPI 国家标准并不等同于实施涉案专利。

（2）索尼移动公司认为侵权行为不满足全面覆盖原则，缺少认定直接侵权的必要构成要件，不需要实施涉案标准必要专利。

（3）索尼移动公司主张其芯片具有合法来源，被控侵权产品具有合法来源，不应承担赔偿责任。

二、法院观点及判决结果

（一）审法院观点

1. 关于被告单独实施的直接侵权

原告有初步证据证明被告会在研发等环节测试 WAPI 功能，从而实施涉案专利。被告对此没有反证予以证明其观点。故被告未经许可，在被控侵权产品的设计研发、生产制造、出厂检测等过程中进行了 WAPI 功能测试，使用了涉案专利方法，侵犯了原告的专利权。

2. 关于被告提供专用设备的帮助侵权

一审法院认为，"一般而言，间接侵权行为应以直接侵权行为的存在为前提。但是，这并不意味着专利权人应该证明有另一主体实际实施了直接侵权行为，而仅需证明被控侵权产品的用户按照产品的预设方式使用产品全面覆盖专利权的技术特征即可，至于该用户是否要承担侵权责任，与间接侵权行为的成立无关"。

由于涉案手机的硬件和软件结合的 WAPI 功能模块组合，在实施涉案专利之外并无其他实质性用途，是专门用于实施涉案专利的设备。被告明知被控侵权产品中内置有 WAPI 功能模块组合，且该组合系专门用于实施涉案专利的设备，未经原告许可，为生产经营目的将该产品提供给他人实施涉案专利的行为，已经构成帮助侵权行为。

3. 关于被告权利用尽抗辩能否成立

一审法院认为，在我国现行法律框架下（如专利法第六十九条等），方法专利的权利用尽仅适用于"依照专利方法直接获得的产品"的情形，即"制造方法专利"，单纯的"使用方法专利"不存在权利用尽的问题。因此，被告基于"AP 设备"和"WAPI 功能的芯片"的权利用尽抗辩不能成立。

4. 标准必要专利、FRAND 许可声明能否成为不侵权抗辩的事由

一审法院认为，专利侵权的构成要件并不会因为涉案专利是否为标准必要专利而改变。也就是说，即使未经许可实施的是标准必要专利，也同样存在专利侵权的问题。FRAND 许可声明仅系专利权人作出的承诺，系单方民事法律行为，该承诺不代表其已经作出了许可，即仅基于涉案 FRAND 许可声明不能认定双方已达成了专利许可合同。

因此，涉案专利纳入国家强制标准且原告已作出 FRAND 许可声明不能作为被告不侵权的抗辩事由。

5. 关于标准必要专利停止侵权责任的救济

一审法院认为，对于标准必要专利而言，专利权人能否获得停止侵害救济，需要考虑双方在专利许可协商过程中的过错。

一审法院基于双方许可协商的邮件认为,被告明显具有拖延谈判的故意,因此,双方迟迟未能进入正式的专利许可谈判程序,过错在专利实施方,即本案被告。在此基础上,原告请求判令被告停止侵权具有事实和法律依据,本院予以支持。

6. 关于赔偿

原告提交的四份与案外人签订的专利实施许可合同,分别于 2009 年、2012 年签订于西安和北京,其适用地域和时间范围对本案具有可参照性。四份合同约定的专利提成费为 1 元/件,虽然该专利提成费指向的是专利包,但该专利包中涉及的专利均与 WAPI 技术相关,且核心为涉案专利。

考虑到涉案专利为无线局域网安全领域的基础发明、获得过相关科技奖项、被纳入国家标准以及被告在双方协商过程中的过错等因素,一审法院支持原告"以许可费的 3 倍确定赔偿数额"的主张。

7. 一审判决结果

一审法院判决,被告立即停止实施涉案专利的侵权行为,并赔偿原告经济损失人民币 8 629 173 元,诉讼合理支出人民币 474 194 元。

（二）二审法院观点及判决结果

与一审判决不同,二审法院认为被告不构成帮助侵权,理由如下。

二审法院认为"间接侵权"应当符合下列要件:①行为人明知涉案产品是实施涉案专利技术方案的专用产品,并提供该专用产品;②该专用产品对涉案专利技术方案具有"实质性"作用;③该专用产品不具有"实质性非侵权用途";④有证据证明存在直接实施涉案专利的行为,包括"非生产经营目的"个人实施行为或《专利法》第六十九条第三、四、五项情形的实施行为。

本案中,由于被告仅提供内置 WAPI 功能模块的移动终端,并未提供 AP 和 AS 两个设备,而移动终端 MT 与无线接入点 AP 及认证服务器 AS 交互使用才可以实施涉案专利。因此,本案中,包括个人用户在内的任何实施人均不能独自完整实施涉案专利。

同时,也不存在单一行为人指导或控制其他行为人的实施行为,或多个行为人共同协调实施涉案专利的情形。在没有直接实施人的前提下,仅认定其中一个部件的提供者构成帮助侵权,不符合上述帮助侵权的构成要件,而且也过分扩大对权利人的保护,损害了社会公众的利益。

二审判决结果:尽管有上述不同意见,二审法院仍然维持了一审判决结果。

三、案件评析

（一）关于共同实施的直接侵权行为的构成

索尼公司共同实施的侵权行为可以从两个角度理解，一种是有共同意思联络的共同侵权；二是无共同意思联络的共同侵权。

1. 有共同意思联络的共同侵权：以标准作为概括性共同意思联络纽带

《侵权责任法》第八条规定，二人以上共同实施侵权行为，造成他人损害的，应当承担连带责任。

本案专利涉及 MT、AP、AS 三个逻辑实体（或者称为通信实体）之间的信息交互步骤，制造销售 MT、AP、AS 厂商就是共同实施本案专利技术方案的主体。MT、AP、AS 厂商需要确保三个物理实体之间能够互联互通，即三实体之间存在技术上的必然关联性，因此其厂商们客观上存在意思联络的必要性，而本案中 WAPI 标准就是其进行意思联络的基础。

由于标准的存在，各主体之间进行共同意思联络的方式发生了变化，由传统的通过特定主体之间的书面或口头联络协商以解决技术问题，转为不特定主体之间按照同样的标准以解决技术问题。索尼公司作为移动终端 MT 的提供厂商，是共同侵权主体之一，依据《侵权责任法》第八条应当承担侵权责任。

2. 无共同意思联络的共同侵权（客观关联共同侵权行为）

《侵权责任法》第十二条规定，二人以上分别实施侵权行为造成同一损害，能够确定责任大小的，各自承担相应的责任；难以确定责任大小的，平均承担赔偿责任。

本案中，MT、AP、AS 厂商在本案专利实施中的行为，本质上最符合上述法条规定的特征。亦即，在实际的产品应用时，各厂商生产的产品无法各自单独完成"通过 WAPI 接入网络"，但彼此共同结合后，恰好能实现实施本案专利的效果，彼此缺一不可，虽然独自的行为不能单独形成最后的结果，但在其各自行为的共同作用下，最终导致了侵权的结果。这种行为学理上也有称其为客观关联共同侵权行为。

另外，比照最高院《关于审理人身损害赔偿案件适用法律若干问题的解释》第三条"二人以上没有共同故意或者共同过失，但其分别实施的数个行为间接结合发生同一损害后果的，应当根据过失大小或者原因的比例各自承担相应的赔偿责任"的规定，本案索尼公司作为移动终端 MT 的提供厂商应当承担侵权责任。

（二）关于间接侵权的构成

本案的一审、二审法院对于间接侵权存在分歧，分歧点在于间接侵权是否应当以直接侵权存在为前提。

一审法院认为，"仅须证明被控侵权产品的用户按照产品的预设方式使用产品将全面覆盖专利权的技术特征即可"，可简称为"直接侵权的高度盖然性原则"。而二审法院认为，必须"有证据证明存在直接实施涉案专利的行为（包括侵权和非侵权直接实施行为），在没有直接实施人的前提下，不符合帮助侵权的构成要件"，可简称为"直接侵权的确定性原则"。

对于上述差异，本文分析如下：

1. 一、二审法院均认定被控侵权手机 WAPI 功能组合是实施涉案专利的专用工具

本案中，智能手机是多种独立功能的集成体，不再是单一功能的设备。但其中软硬件构成的 WAPI 模块组合，仅能用于实现涉案专利技术方案（即以 WAPI 功能选项接入无线局域网），并无其他实质性用途。即使该 WAPI 模块组合中的某个模块也能用来实现其他功能（比如天线），但并不因此影响整个组合而形成的在 WAPI 技术上的专用性。

智能手机固然还有如蓝牙、WiFi 等其他功能，但这些功能的界面、组成模块与 WAPI 模块组合是不同的部分，并不是 WAPI 模块组合实现的蓝牙、WiFi 等其他功能，因此并不能否定手机的 WAPI 专用功能。

此外，一审法院查明被诉手机具有 WAPI 接入专用 UI 界面，该界面是实现人机操作从而接入 WAPI 网络的必需手段，被告专门设计的界面使得利用手机实施涉案专利不仅成为可能，而且是必不可少的。即如果没有这一界面，WAPI 硬件模块及相关软件根本就无法被调用；且该界面除了指导用户接入 WAPI 网络之外，没有任何其他功能。WAPI 接入专用界面的存在，能够进一步证实被诉手机是接入 WAPI 网络的专用工具。

2. 业界普遍认为间接侵权成立

关于专利间接侵权的司法案例不多，因此《专利法》并未直接予以规定，但西电捷通诉索尼案出现后，该问题再次受到业界普遍关注，很多业界学者和专家纷纷发表看法，且大多是从积极地探索规制侵权路径的角度来谈的，简单归纳总结如下：

观点 1：被告提供专用设备的行为构成帮助侵权。

观点 2：认定间接侵权时应该以有"直接侵权之虞"为标准。

观点 3：即便直接实施涉案专利方法的全部为无"生产经营目的"消费者，即无专利侵权"责任能力"，但产品厂商帮助侵权应承担责任。

观点 4：间接侵权判定应考虑直接侵权的相关变形。

观点 5：产品厂商"控制"消费者，消费者的行为应归于产品厂商。

观点 6：专利共同加害侵权中一方的行为属于专利间接侵权的一种。

3. 间接侵权和直接侵权的关系

本案二审判决认为，间接侵权以直接侵权行为的存在为前提，在没有直接实施人的前提下，仅认定其中一个部件的提供者构成帮助侵权，不符合帮助侵权的构成要件。

评析人认为，二审判决的上述结论值得商榷，理由如下：

（1）二审判决既然已经认定索尼移动中国公司实施了直接侵权行为，但又以没有直接实施人为由，认为不存在间接侵权，在这一点上二审判决自相矛盾。

（2）间接侵权与直接侵权的关系，应以《民法总则》《侵权责任法》《专利法》中关于侵权的构成为法律依据，前述法律中均无关于"间接侵权以直接侵权行为的存在为前提"的直接依据。

（3）关于如何得出"本案中，包括个人用户在内的任何实施人均不能独自完整实施涉案专利"的结论从而推导出直接侵权行为不存在，二审判决语焉不详，只是笼统地做出论断。评析人认为，在间接侵权案件中，对直接实施行为的呈现，不应按照直接侵权中的举证责任标准严格要求权利人，权利人只需证明可以合理推断这种直接实施行为的必然且随时可以存在即可；尤其是，涉案专利是设计通信领域的系统专利，其技术和产业领域的特点使得证明直接实施者的身份存在举证上的困难。

另外，二审判决将 MT、AP、AS 三个实体等同于三个法律主体，属于认定错误。涉案专利中的 MT、AP、AS 是三个实体，但二审判决中认定涉案专利是"多主体实施"的方法专利。

二审判决据此认定，在多主体实施的情况下，索尼移动中国公司作为单一主体不会构成直接侵权。事实上，上述三个实体能够同时被一个法律主体同时拥有、控制或使用，索尼公司在测试过程中的直接侵权即是如此。

实际上，即使 MT、AP、AS 分别由三个法律主体进行控制，单一主体的行为也构成侵权，类似于购买了专用部件后，再在市场上购买其他通用产品从而实施侵权行为的情形，如上文所述。

（三）此类多物理实体的技术方案中如何理解"全面覆盖原则"的适用

1. 如何理解法律上的全面覆盖原则

全面覆盖原则是 2009 年最高人民法院《专利侵权司法解释一》第七条规定的，具体为"人民法院判定被诉侵权技术方案是否落入专利权的保护范围，应当审查权利人主张的权利要求所记载的全部技术特征"。该条中针对的是"被诉侵权技术方案"与专利权利要求的全面对比，而从未限定是单一主体实施"被诉侵权技术方案"。此外，《专利法》第十一条中"任何单位或者个人"，也并未限定为单一主体。

　　由此可见，"全面覆盖原则"解决是否存在专利侵权事实，对应的是被诉侵权技术方案与专利的对比，与实施被控侵权技术方案的主体多少无关。

　　而《专利法》第十一条以及《侵权责任法》第 8～12 条，解决的是侵权主体的责任承担问题，而非技术方案对比问题。结合《侵权责任法》中第 8～12 条关于侵权构成的规定，索尼公司所谓"专利侵权的全面覆盖原则必须是单一主体完整实施全部技术方案"的主张是没有法律依据的。

2. 现有的法律制度资源足够解决本案中的专利侵权问题

　　在本案一审判决中，一审法院除了认定索尼公司在产品研发、测试、制造中直接实施了涉案专利之外，还认定了由相关硬件、软件构成的 WAPI 模块是实施涉案专利的专用设备，并且认定此类间接侵权不以直接侵权行为的证据性存在为前提，就为此类多主体、多步骤的方法专利的专利保护既找到了现有侵权理论和法律制度支撑，又进行了务实、灵活的解释，使得现有法律制度焕发生机，得以解决现实生活中的问题。这是基于法律制度的保守性和现实生活的超前性，通过个案司法活动朝着"向前看"的方向作出了有效努力。

　　相反，如果拘泥于机械的"全面覆盖"原则，就会导致专利权人不得不从专利撰写技巧上做文章、找出路。这显然是一种削足适履式的"向后看"的思路，本末倒置，不仅无法解决根本问题，还会使得现实问题变得更严重。且不说单纯的撰写技巧会割裂技术创新的完整性，试想一下，本案是三个物理实体之间的通信，所谓的技巧尚不能解决此问题，而如果是物联网五个、十个主体之间的通信，撰写技巧可能就更无法解决所谓"全面覆盖"原则问题。

　　所以，在现实问题已经明摆着的情况下，"向前看"不仅能解决问题，还能推动理论发展，而"向后看"则几乎是导致知识产权制度自废武功，只能走进死胡同。

（四）方法专利的权利用尽问题

1. 权利用尽只限于产品专利而不适用于方法专利

　　《专利法》第六十九条第一款规定，"专利产品或者依照专利方法直接获得的产品，由专利权人或者经其许可的单位、个人售出后，使用、许诺销售、销售、进口该产品的不视为侵犯专利权"，即权利用尽规则。由此可见，权利用尽并不适用于方法专利本身的使用，只适用于产品的销售、许诺销售、使用和进口环节。

　　权利用尽为什么只限于产品专利而不适用于方法专利，有以下原因：

　　（1）权利用尽制度的目的是防止专利权人就一次实施行为而重复获利。产品是有形物，产品本身就是实施该专利的明确证明，对应的专利技术方案的实施都是明确的，无论其流转过程中的占有如何变化，该证明始终存在，除非该产品灭失。在此情况下，产品的价值中已经包含了专利的价值，首次销售产品时已经体现了专利的价值，因此，需要防止产品再次销售时重复收专利费的问题。但是，方法是无形的，方法上不存在重复收取专利费的问题。

（2）权利用尽只是表明这一个特定产品上的权利被用尽，也就是说不能就这一个产品再重复收取专利费，但并不表示利用这个产品再做其他的事情，如果构成侵权也形成了权利用尽。权利用尽只限于产品本身的使用，而不能扩展到利用这个产品当作工具做其他事情。

2. 权利用尽只能由法律规定，不能在个案中创设，更不能随意推定

权利用尽是对专利权的严重限制，涉及对民事主体物权的剥夺，只能由法律规定，非经法定不能剥夺。

结合《专利法》第十一条与第六十九条来看，立法者完全清楚制造方法（通过该专利方法可直接获得产品）和非制造方法的区别，在第十一条中，将专利产品和"使用、许诺销售、销售、进口依照该专利方法直接获得的产品"归为一类，将"制造方法以外的其他的专利方法"归为另一类；并在第六十九条中就"权利用尽"原则时对二者进行了区别对待，即不将"制造方法以外的其他的专利方法"纳入权利用尽的范畴，这说明在我国立法中，"制造方法以外的其他的专利方法"不适用于权利用尽的原则是明确的，且没有扩大解释的空间。

谁有权授予权利，谁才有权剥夺权利；专利法作为民法、物权法的特别法，其授予权利，则权利的剥夺也只能由专利法规定进行，非经法定或当事人明示放弃权利，不能在个案中剥夺，也不能任意推定。

快递到付中收件人的救济路径及其技术实现

廖 磊*

（重庆邮电大学网络空间安全与信息法学院，重庆 400065）

摘 要：在电子商务发展史中，与快递寄付模式相对应，快递到付是一种以消解线上消费者信任危机为目的的消费模式。随着电商产业的持续发展，快递到付逐渐异化出一些新的形式，例如"寄件人与收件人未达成交易条件合意的到付"或"寄件人与收件人未达成服务费合意的到付"，从而产生负面效果损害收件人利益。可归因于：一方面，"快递实名制"实施效果不佳；另一方面，传统民商法理论难以回应现代快递产业发展的新需求。结合现代技术与法学基本理论，在快递产业中全面推行"后台实名制，前台隐私化"运营思路，构建收件人负担行为撤销权制度，不失为一种有效的解决办法。

关键词：快递到付；收件人负担行为；"快递实名制"；撤销权

一、快递到付模式的本质：以尼日利亚电商发展史为例

（一）快递到付模式的兴起

1. 以电子商务发展的初始阶段为背景

快递到付模式广泛地出现在以电子商务发展处于初始阶段为特征的社会当中，以多数非洲国家为甚（为方便论述展开，下文以尼日利亚电商发展为例）[①]。简单概括，电子商务是一种利用互联网技术和相关基础设施，使买卖双方在没有物理接触的市场中完成商品或服务交易的商业模式。据不完全统计，全球每天超过 30 亿人在接触并使用电子商务。在此背景下，一家名为"Rocket Internet"的德国互联网企业开始关注并孵化尼日利亚的电商产业，创建了 kasuwa.com 和 sabunta.com 两个电商平台。遗憾的是，这家德国企

---

* 作者简介：廖磊，重庆邮电大学网络空间安全与信息法学院讲师。

① 由于尼日利亚人不接受流行的电子商务流程，即浏览产品、添加购物车、提交交付信息和支付订单等，在历经 5 年失败的电子商务经历后，快递到付（Pay on Delivery）的方式被尼日利亚人广泛接受。

业经过 5 年时间的努力,最终以失败告终①。失败原因发人深省,尼日利亚人不接受快递寄付的支付方式。在历经电商产业的寒冬之后,尼日利亚的互联网企业积极应对,迅速转换为快递到付模式,扭转电商发展的不利局面。很快,尼日利亚互联网用户数量从 2000 年的约 20 万人(占总人口的 1%)增长到约 4 300 万人(占总人口的 29.5%),并在 10 年内以 21 891.1% 的速度增长②。据网络信息公司 Alexa.com 的统计③,在提供快递到付服务的 6 家在线商户中,有 5 家跻身全国访问量前 10 之列;在排名前 10 的网上商户中,提供快递到付服务的 5 家,其在线声誉(1248)是其他 5 家不提供快递到付服务的网站(245)的 5 倍。由此可见,快递到付模式的出现并非偶然,其受电商产业发展程度的影响甚为严重。

值得注意的是,快递到付模式并非只存在于电子商务发展的初始阶段。目前,就我国的电子商务发展而言,即使谈不上业已成熟,但高速发展态势至少也应处世界领先行列④,即便如此,快递到付模式在我国的电商环境中也并未销声匿迹,这主要取决于不同年龄、教育背景的人对电子商务产业的理解偏差。可以预见的是,随着电子商务的进一步发展,快递到付模式也并不会被寄付模式所取代,因为在任何一个社会中总是存在一部分谨慎的、担心个人信息泄露、威胁个人支付安全的群体。

2. 以缺乏网络用户信任为根本原因

归根结底,尼日利亚电子商务失败的根本原因在于没有构筑网络用户对电子商务消费环境的信任⑤。概括起来,引发信任缺失的因素主要包括以下方面:

(1)商品质量。电子商务的最大特征在于阻断销售环节的物理接触,因此摆脱人为因素导致效率的极大提升,这是引发网络用户缺乏信任的主要因素。与线下消费相比,以观感、触感和气味辨别为主的传统选购方式被以纯粹浏览网页的选购方式所取代,由此产生的后果是:一方面,网络用户对仅仅通过文字、图片了解到的商品质量是否真实全面产生质疑;另一方面,网络用

① Chike Chiejina.Investigating the Significance of the 'Pay on Delivery' Option in the Emerging Prosperity of the Nigerian e-commerce sector. Journal of Marketing and Management,5(1),120 – 122,May 2014 120.

② See Economist Intelligence Unit (2011). 'Country Commerce Nigeria'. Accessed:April 25,2013.

③ Alexa.com-the Web Information Company. Accessed:April-May,2013. http://www.alexa.com/.

④ 参见奥美中国:《2018 电商白皮书——品牌在中国电商的突围战》。

⑤ Chike Chiejina.Investigating the Significance of the 'Pay on Delivery' Option in the Emerging Prosperity of the Nigerian e-commerce sector. Journal of Marketing and Management,5(1),125,May 2014 120.

户对将来收到商品的质量是否与网页描述的商品质量完全一致产生怀疑。

（2）平台保障。当收到的产品质量存在问题或因迟延收寄导致消费需求荡然无存而引发退、换货纠纷时，网络用户担心交易平台没有完善的应对机制，处理消费者投诉就会受到不公正的对待。加之，电子商务举证较线下消费更为困难，这也是导致网络用户缺乏信任的重要因素。

（3）交易安全。电子商务交易安全问题，是导致许多网络用户望而却步的又一重要因素。与个人相关的身份信息、卡片信息、移动终端信息等都与交易安全密切相关。这些重要信息都保存在电子商务交易平台，一旦无法妥善保管将导致网络用户金融安全遭受极大危害。客观上，在电子商务发展的初始阶段，互联网企业都会面临来自这些方面的质疑。

（二）快递到付模式的功能

快递到付模式旨在解决电子商务行业中的网络用户信任危机，将快递到付整合到电子商务订单的流程中，可以在很大程度上克服信任危机的弊端，甚至无限接近网络用户线下消费的传统习惯。

（1）查验商品质量。网络用户可以在付款前对商品进行检查，不再担心商家可能交付错误或质量不一致的产品。另外，如果商家延迟发货，且收货日期已超过网络用户的期待期限，那么网络用户可以决定是否要该产品。

（2）支持现金支付。网络用户可以用现金支付，或者使用销售点（POS）终端机支付，并且可以在快递收货时收到收据，因此大大减少了他们对自己的银行卡或支付细节被泄露的担忧。

（3）类似线下购物的消费体验。商家会额外通过电话确认订单、发货时间和收货地址，这让网络用户有类似于实体店消费的人际接触，也建立了顾客信任。换言之，快递到付模式让网络用户在线上购物时获得了更为良好的消费体验。

（三）快递到付模式的本质

一般而言，快递到付是指在电子商务的交易中与快递寄付相对应，商家与网络用户（即买家）协商一致，由商家将商品寄送并承担相应寄送费用（也可能由买家承担），买家在收货时可根据商品质量、收货时间等因素作出与网页描述是否一致的判断，从而决定收、退商品和是否支付商品费用的交易模式。但快递行业伴随电子商务的快速发展，如今的快递到付并非这一种固定模式。如前所述，倘若将上述情形描述为商家与买家针对交易条件达成合意的快递到付，那么，在商家与买家针对交易信息并没达成合意甚至买家没有任何意思表示的情形，法律关系的认定及救济就变得较为困难。例如，在买家并不知情的情况下,利用快递到付的形式向买家销售商品或寄送广告宣传单①。在此关系中,商家与买家之间并未对商品交易合同达成一致(如果存在商品交易),买家仅在不知情的情况下签收商品并支付了对价,能否认为买卖合同已经生效,这是寻求收件人救济渠道的前置条件。在寄送广告宣传单的情形中,寄件人与收件人之间不存在买卖合同的法律关系,但快递服务合同的主体为何,如何定性收件人承担快递服务费用的行为,则又是一个需要重点研究的问题。

二、快递到付的法律关系类型化及救济评析

法律关系是对生活关系的理性概括和抽象,法学则是通过解释来理解语言表达方式及其规范意义的科学②。根据快递行业的发展现状,研究快递到付的法律关系,应区分商品对价到付和服务费到付两种不同类型,下文逐一展开。

(一)商品对价到付的法律关系及救济评析

1. 达成交易条件合意的情形

在商家与买家针对交易条件达成一致的情形中,快递到付的实质内容体现为:由商家将商品交由快递公司寄送,买家检查并签收商品,并支付商品对价的行为。根据商品质量是否符合约定,作区分讨论:

1)商品质量符合约定

如果交付的商品质量符合约定,买家签收并支付商品对价,完成订单义务,快递公司收到商品对价并按照其与商家之间的约定,将商品对价转交给商家,完成整个交易流程。在此过程中,涉及三方法律主体,共三层法律关系,分别是:①商家与买家的买卖合同关系;②商家与快递公司之间的快递服务合同关系;③商家与快递公司之间委托合同(收款)关系。

2)商品质量不符合约定

如果交付的商品质量不符合约定,买家可以拒绝签收商品,并由快递公司将商品退回,交易终止。在此过程中,涉及三方法律主体,一层法律关系,即商家与快递公司之间的快递服务合同关系。

小结:一般而言,在商家和买家针对交易条件达成合意的情形中,法律关

---

① 济南市市中区的魏女士收到一份到付快递,支付"代收货款46元"之后,发现快递物品只是两张毫无用途的宣传页。参见沙元森:《快递公司不能对'到付'骗局推责》,中华工商时报2019年8月5日,第003版。又如,湖南的田先生收到一份标注"重要文件"的"货到付款"快递,以为是公司发的,没多想便签收了,打开包裹发现"商品"竟是几张废纸。田先生给发件人打电话,却一直联系不上,这才意识到遭遇了"到付"快递诈骗。参见《"到付"快递诈骗 "重要文件"签收你就中招了》,访问时间:2019年8月17日,访问地址:http://www.shzhidao.cn/system/2017/05/06/010398691.shtml。

② [德]卡尔·拉伦次著,陈爱娥译:《法学方法论》,商务印书馆2004年版,第25页。

系清晰，权利义务明确，不易发生纠纷。

2. 未达成交易条件合意的情形

在商家（寄件人）与买家（收件人）针对交易条件未达成一致的情形中，快递到付的实质内容体现为：在未获得收件人同意的情况下，寄件人通过非正常渠道获得收件人的详细个人信息，通过快递公司将指定商品寄送收件人，收件人签收并支付商品对价的行为。在此过程中，涉及三方法律主体，至少两层法律关系，即寄件人与快递公司之间的快递服务合同关系和寄件人与快递公司之间委托合同（收款）关系，至于是否实际收到相应款项，在此不讨论。

值得关注的是，寄件人与收件人之间是否存在买卖合同关系，有待进一步探讨。根据民商法基本理论，合同为一人或数人对另一人或数人承担给付某物、做或不做某事的义务的协议之一种[①]，要约一经承诺，合同即可成立[②]。因此，判断买卖合同是否成立的关键，在于如何评价快递公司替商家送达商品行为的性质以及收件人签收行为的性质。

快递公司送达商品的行为，是否构成合同法理论中的要约，应视情况而定。要约是希望与他人订立合同的意思表示，它能够对要约人和受要约人产生一种约束力，是订立合同的必经阶段。要约的内容必须具体[③]，至少应包含：交易客体和价格两个基本要素[④]。详言之，如果收件人在签收快递并支付对价之前，并未及时、准确获得对快递商品种类、质量、价格等具体交易信息[⑤]，那么类似的送达商品行为就不能认定为要约，收件人的签收和支付行为也不能认定为承诺，进而，买卖合同不成立。

如果收件人在签收快递并支付对价之前，快递员已经告知其关于快递商品的种类、质量、价格等具体交易信息，收件人知悉上述信息后，仍然选择签收快递并支付对价，则应当将快递员送达商品的行为，认定为商家的要约，而收件人签收并支付的行为认定为承诺，此时，买卖合同成立。

小结：在寄件人与收件人之间未达成交易条件合意的情形中，如果收件人在签收快递并支付对价之前，并未及时、准确获得对快递商品种类、质量、价格等具体交易信息，那么买卖合同不成立，收件人面临的救济障碍表现为：

---

① 尹田：《法国现代合同法——契约自由与社会公正的冲突与平衡》，法律出版社 2009 年版，第 5 页。

② ［德］迪特尔·梅迪库斯著，邵建东译：《德国民法总论》，法律出版社 2013 年版，第 269 页。

③ 所谓具体，是指要约的内容必须具有足以使合同成立的主要条款。参见曾宪义、王利明主编：《合同法》（第四版），中国人民大学出版社 2013 年版，第 37 页。

④ 如果一项意思表示尚不完整，例如还没有全部包括合同所需的必要内容，则该项意思表示仅仅是一项预备行为。比如，出售汽车，但并没有标明价格。参见［德］迪特尔·梅迪库斯著，邵建东译：《德国民法总论》，法律出版社 2013 年版，第 269 页。

⑤ 在现实生活中，收件人对到付快递往往无法及时查验。例如，快递员将快递放入快递柜中，收件人只有支付相应款项才能取出快递；又如，大多数快递公司告知收件人，快递包装一旦破损，视为签收等。

①收件人不是快递服务合同的缔约主体,无法向快递公司寻求救济;②收件人与寄件人之间买卖合同不成立,无法向其主张合同责任;③如果收件人向寄件人主张返还不当得利之债,客观上无法获得准确的寄件人信息。

(二)服务费到付的法律关系及救济评析

所谓服务费到付,即快递费到付。与商品对价到付不同,服务费到付并不包含商家与买家之间的买卖合同法律关系。在快递实践中,服务费到付通常包含两种情形,即基于合意的到付与非基于合意的到付。

1. 基于合意的到付

基于合意的到付是指,寄件人与收件人协商一致,由寄件人将物品交给快递公司并提供运送服务,由收件人签收并支付快递服务费用的行为。在此过程中,共涉及三方法律主体,一层法律关系,即寄件人与快递公司之间的快递服务合同关系。值得注意的是,由收件人承担快递服务费的本质应为合同条款设定第三人负担行为,合同条款为第三人设定负担并且对第三人发生效力的前提条件是获得第三人同意。因此,在快递实践中,收件人事先同意支付快递服务费用的情形并不易引发纠纷。

2. 非基于合意的到付

非基于合意的到付,即寄件人在未获得收件人同意的前提下,将物品交给快递公司并提供运送服务,收件人误签并支付快递服务费用的行为。实践中,导致收件人误签的原因较为复杂,一般包括:误当工作文件、费用较低、快递柜签收等。在此过程中,仍然涉及三方法律主体,一层法律关系,即快递服务合同关系,但法律关系的主体认定较为复杂。

1)难以认定收件人为快递服务合同主体

客观上,收件人的行为表现为签收物品并支付快递服务费用,在享有签收物品权利的同时,也在履行快递服务合同的付款义务,极容易将其视为快递服务合同的主体之一。但值得关注的是,收件人从始至终都没有参与快递公司缔结活动,也从未进行快递服务合同的意思表示,仅作为不知情的义务负担人误将义务履行罢了。因而,难以将收件人认定为快递服务合同主体。

2)认定寄件人为快递服务合同主体

与之相对应,寄件人与快递公司达成快递服务协议,约定由快递公司承担运送义务,由收件人签收并支付运费。在民商法理论中,合同的成立与否,重点关注协议是否达成一致。① 事实上,快递服务协议的达成与履行主要依

---

① 《中华人民共和国合同法》第 2 条规定:"本法所称合同是平等主体的自然人、法人、其他组织之间设立、变更、终止民事权利义务关系的协议。婚姻、收养、监护等有关身份关系的协议,适用其他法律的规定。"

据的是寄件人与快递公司之间的合意,因此,应当将寄件人认定为快递服务合同的主体之一,收件人仅作为合同之外的第三人。

小结:基于合意的服务费到付不易产生纠纷,在此不讨论。在非基于合意的服务费到付的情形中,寄件人与快递公司应当认定为快递服务合同主体,收件人仅作为合同之外的第三人,并且在未获得第三人同意的前提下,寄件人与快递公司为其设定合同义务、诱导其进行错误履行。其中,收件人的救济障碍表现为:①收件人不是快递服务合同的缔约主体,无法向快递公司寻求救济;②合同法第 65 条[1]并未对第三人负担行为的错误履行提供救济规则。

三、快递到付中收件人的救济路径及其技术实现

如前所述,在快递到付中极易引发纠纷且难以救济的情形主要表现为两类:①寄件人与收件人未达成交易条件合意,收件人在签收快递并支付对价之前,并未准确获知快递商品种类、质量、价格等具体交易信息的情形(以下简称"未达成交易条件合意的情形");②寄件人与收件人未达成服务费到付合意,收件人作为第三人错误签收并支付服务费的情形(以下简称"未达成服务费合意的情形")。不难发现,以上两种情形具有一些共同之处:①关于物品的寄送,收件人均不知情;②关于物品的签收,收件人错误签收并支付相应价款;③关于寄件人信息,收件人往往无法获知。基于此,下文将从私法的角度探讨快递到付中收件人的救济路径及其实现问题。

(一)未达成交易条件合意的救济路径及其技术实现

1. 救济路径

前已论及,该情形中的基础法律关系包括:寄件人与快递公司之间的快递服务合同关系成立,寄件人与收件人之间的买卖合同关系不成立。

根据《民法总则》第 122 条[2]、《民法通则》第 92 条[3]的规定,缺乏合法根据取得不当得利,受损失的人可以请求返还财产。因此,寄件人与收件人之间的买卖合同关系并不成立,寄件人通过快递公司收取的商品对价缺乏合同依据属于不当得利,收件人可以基于相关法律规定请求寄件人返还。但是,收件人往往无法获知寄件人信息,导致返还请求无法主张且不能实现。

---

[1] 《中华人民共和国合同法》第 65 条规定:"当事人约定由第三人向债权人履行债务,第三人不履行债务或者履行债务不符合约定,债务人应当向债权人承担违约责任。"

[2] 《中华人民共和国民法总则》第 122 条规定:"因他人没有法律根据,取得不当利益,受损失的人有权请求其返还不当利益。"

[3] 《中华人民共和国民法通则》第 92 条规定:"没有合法根据,取得不当利益,造成他人损失的,应当将取得的不当利益返还受损失的人。"

2. 技术实现

收件人获取寄件人的信息，只存在两种可能的路径：①从快递公司获取；②从快递单获取。快递公司因保护客户隐私及信息，又与收件人没有合同法律关系，除特殊情况外（司法机关或其他主管机关介入），否则不会将寄件人信息告知收件人。排除这种可能性之后，收件人就只能从快递单获取寄件人信息。

快递单是快递服务合同的载体，其内容应当包括快件编号、收件人/寄件人信息（姓名、地址、联系电话等）、快递服务组织信息、快件信息及费用信息等。[①] 根据《快递暂行条例》第 22 条的规定[②]，快递公司不仅应当在快递单上记录寄件人姓名、电话、地址等信息，还应当对寄件人的身份信息进行查验，业内人士称之为"快递实名制"。但尽管如此，《快递暂行条例》从 2018 年 5 月 1 日施行以来，快递实名制的贯彻效果并不尽如人意[③]，时至今日，收到的快递中仍有大部分没有保留寄件人信息。归根结底，"快递实名制"实施效果不佳的主要原因包括：寄件人抵触[④]、收寄效率低[⑤]、快递公司规模不一等[⑥]。因此，收件人企图通过快递单查找寄件人信息的方式也存在障碍。

"后台实名制，前台隐私化"的制度思路，可能是解决实名制推行难的有效途径。利用分布式信息存储技术，从源头分离数据保障安全。[⑦] 例如，用户收派信息保存在快递公司，订单信息存储在运营商，实名制身份信息存储至公安系统等。收件人一旦签收并支付未达成交易条件的商品，收件人即可向快递公司进行投诉，要求快递公司向运营商核对订单信息，如未查询到订单信息，则应当将寄件人信息披露给收件人，以便收件人寻求救济。值得注意

---

① 参见《中华人民共和国快递服务国家标准》第二部分（组织要求），第 5 页，第 11 条。

② 《快递暂行条例》第 22 条规定："寄件人交寄快件，应当如实提供以下事项：（一）寄件人姓名、地址、联系电话；（二）收件人姓名（名称）、地址、联系电话；（三）寄递物品的名称、性质、数量。除信件和已签订安全协议用户交寄的快件外，经营快递业务的企业收寄快件，应当对寄件人身份进行查验，并登记身份信息，但不得在快递运单上记录除姓名（名称）、地址、联系电话以外的用户身份信息。寄件人拒绝提供身份信息或者提供身份信息不实的，经营快递业务的企业不得收寄。"

③ 截至笔者撰稿之日，按照每天收取 1 份快递的频率，在快递单上能够显示寄件人姓名、电话的快件不超过 2 份，能够显示寄件人真实姓名、电话、地址等完整信息的快件就更加屈指可数。

④ 寄件人一方面担心自己的身份信息被泄露，一方面觉得寄送的程序太繁琐。

⑤ 快递员的收入，取决于收寄快递的数量。进行寄件人身份登记，严重影响快递员收寄快递的效率，从而影响快递员的收入。

⑥ 快递公司规模大小不一，知名快递公司有能力、有成本推行实名制，但非知名快递公司一旦推行实名制，将导致快递成本骤增，企业难以维系。

⑦ 如同快金数据 CEO 李勇虎所说一样，"后台实名制—前台隐私化"既满足政府需要，又满足物流公司的需求，通过技术处理将消费者的信息隐藏，并实时将信息采集上传到相关政府部门，不经过快递公司，从源头上解决信息泄露的风险，达到信息安全。访问时间：2019 年 8 月 20 日；访问地址：https://www.iyiou.com/p/42117.html。

的是,这一过程看似较为复杂,但在"互联网＋"及大数据的技术背景下,即刻完成并不困难。在其他更好的解决思路出现之前,"后台实名制,前台隐私化"的制度思路不失为一种解决"实名制"落地难的良好办法。

(二) 未达成服务费合意的救济路径及其技术实现

1. 救济路径

该情形中的基础法律关系包括:寄件人与快递公司之间的快递服务合同法律关系成立,收件人仅作为合同之外的第三人在不知情的前提下错误支付快递服务费。

根据《合同法》第 65 条的规定,当事人约定由第三人向债权人履行债务,第三人不履行债务或者履行债务不符合约定,债务人应当向债权人承担违约责任。但我国《合同法》并未确认,第三人错误履行合同义务时[1],如何对第三人的财产损失进行救济的规则。尽管,《快递暂行条例》第 22 条明确规定,寄件人寄递物品应当如实记录物品的名称、性质、数量等信息,但对寄件人未如实记录上述信息的后果置若罔闻,不能形成有效的行为指引规范。此外,《快递暂行条例》中关于寄件物品的规范仅限于第 30 条"禁止寄递或限制寄递物品"[2]、第 31 条"验视内件的程序"[3],上述规定对寄递广告宣传单的行为并不能予以规制。

依据民商法基本理论,合同当事人可以约定由第三人向债权人履行债务,但此约定对第三人没有约束力,第三人不履行债务或履行债务不符合约定时,债务人应当履行债务或者承担损害赔偿责任。[4] 因此,合同条款对第三人设定义务时,如果没有获得第三人同意,则相关条款对第三人不产生法律效力。在快递实践中,寄件人与快递公司之间约定快递服务费由收件人支付的合同条款,对收件人并不产生法律效力。换言之,收件人可以拒绝签收快递并拒绝承担快递服务费,也可以签收快递并拒绝承担快递服务费。但在实践中,收件人往往无法核验寄件人信息而错误相信是熟人快件或工作快件,导致其签收并支付服务费的结果出现。根据相关法理,错误签收并支付服务费的行为(第三人承担合同义务),并不构成寄件人与快递公司达成的合同条款对收件人产生效力的默示承认,收件人仍可撤销支付行为并主张快递公司

---

① 如前所述,第三人错误履行是指,收件人在签收并支付快递费后,发现快递物品仅为几页广告宣传单的情形。

② 《快递暂行条例》第 30 条规定:"寄件人交寄快件和经营快递业务的企业收寄快件应当遵守《中华人民共和国邮政法》第二十四条关于禁止寄递或者限制寄递物品的规定。"

③ 《快递暂行条例》第 31 条规定:"经营快递业务的企业收寄快件,应当依照《中华人民共和国邮政法》的规定验视内件,并作出验视标识。寄件人拒绝验视的,经营快递业务的企业不得收寄。"

④ 梁慧星:《中国民法典草案建议稿》,法律出版社 2003 年版。

予以返还。

值得特别关注的是,关于收件人负担行为撤销权制度的理论构造在传统民法理论中未曾提出,换言之,该权利的出现是在回应现代物流产业发展的新趋势、新局面、新要求。关于收件人(合同第三人)负担行为撤销权制度的理论构造,将择文详述。

2. 技术实现

根据相关法理,收件人作为第三人错误履行合同义务,并不能视为当事人之间(即寄件人与快递公司)所达成的合同条款对第三人产生效力的依据,收件人可主张撤销支付行为并予以返还。合同第三人负担行为撤销权制度可在《民法典》编纂中(合同编)予以体现,快递产业中的收件人负担行为撤销权制度可在《快递暂行条例》中予以修订。其制度内容及具体展开如下:

(1)在《民法典》(合同编)中可表述为:"当事人约定由第三人向债权人履行债务,第三人不履行债务或者履行债务不符合约定,债务人应当向债权人承担违约责任。

未经第三人同意,当事人约定由第三人向债权人履行债务并诱导第三人履行的,第三人可以主张撤销并返还财产。"

合同第三人负担行为撤销权制度的具体展开应为:①当事人约定由第三人向债权人履行债务;②第三人不知情或不同意向合同债权人履行债务;③客观上存在诱导第三人履行行为;④第三人向合同债权人履行债务。

(2)在《快递暂行条例》的修订中可表述为:"寄件人与快递公司之间达成快递运输服务合同,约定由收件人支付快递服务费用,收件人不履行债务或履行债务不符合约定,寄件人应当向债权人承担违约责任。

未经收件人同意,寄件人与快递公司之间约定由收件人承担快递服务费用,并诱导收件人支付的,收件人可以主张撤销并返还财产。"

收件人行使撤销权的制度开展应为:①寄件人与快递公司约定由收件人支付快递服务费用;②收件人不知情或不同意支付快递服务费用;③客观上存在诱导收件人支付的行为,例如快递单上没有真实保留寄件人信息或物品名称等;④收件人支付快递服务费用。

值得注意的是,关于收件人行使撤销权的期间应适用短期除斥期间为宜。理由在于:①顺应快递产业发展需要。快递公司保存订单信息需要付出额外成本,时间越长,成本越高、效率越低。②收件人拆开快件后,即可知道权利是否受到侵害。法律不宜过分保护权利上的睡眠者。③涉及的金额较小。我国《民法总则》第152条规定,撤销权的除斥期间一般为1年,存在重大误解的情形为3个月[①]。据此，笔者认为，收件人行使撤销权的除斥期间应较3个月更短为宜，具体期间长度仍有待进一步研究确定。

[①]　《中华人民共和国民法总则》第152条规定："有下列情形之一的，撤销权消灭：（一）当事人自知道或者应当知道撤销事由之日起一年内、重大误解的当事人自知道或者应当知道撤销事由之日起三个月内没有行使撤销权；（二）当事人受胁迫，自胁迫行为终止之日起一年内没有行使撤销权；（三）当事人知道撤销事由后明确表示或者以自己的行为表明放弃撤销权。当事人自民事法律行为发生之日起五年内没有行使撤销权的，撤销权消灭。"

初始软件与升级软件相似性认定判例研究

黄 敏*

(北京德恒(合肥)律师事务所,合肥 230039)

摘 要:本案系目前安徽省计算机软件著作权侵权一审判赔数额最高的
案件,但最终被二审法院撤销发回重审。案件历时四年,历经原
告的起诉、撤诉、重新起诉,一审胜诉、二审撤销一审发回重审,以
及可能还将存在的二审或再审。本文从当事人情况、当事人诉
辩、争议焦点、判决结果、案件评析五个方面进行介绍和分析,全
面展现案件全景,以飨读者。

关键词:计算机软件;源程序;目标程序;实质性相似

一、案情介绍

(一)当事人情况

表 1 当事人情况

计算机软件	原 告	被 告
涉案软件	A 技术公司(以下简称原告)	
开发方		B 科技公司(以下称被告一)
销售商		C 股份公司(以下称被告二)
使用方		D 人民医院(以下称被告三)
使用方		E 医院(以下称被告四)
使用方		F 中医院(以下称被告五)

原告系 HIS 医疗系统系列计算机软件著作权人,多年来共开发 27 件用
于医院的信息管理系统软件。B 科技公司系被控侵权软件的开发方,C 股份
公司系被控侵权软件的销售商,D 人民医院、E 医院、F 中医院系被控侵权软
件的使用方(见表 1)。原告认为,B 科技公司挂靠 C 股份公司投标,但投标的

---

* 作者简介:黄敏,北京德恒(合肥)律师事务所高级合伙人。

软件系从原告处盗取，系直接侵权人；C 股份公司作为软件销售商，也系直接侵权人；三家医院未经许可擅自使用原告的软件，同样构成侵权。为维护自身合法权益，打击侵权，原告遂诉至合肥市中级人民法院，要求判令被告停止侵权、赔偿损失。

（二）当事人诉辩

1. 原告诉称

原告系 2000 年 1 月 18 日成立的软件开发与服务企业，多年以来投入大量的人力、物力、财力开发出医院信息管理系统系列软件，并向国家版权保护中心进行了著作权登记。原告的原总经理于 2013 年 4 月带领工程研发人员及技术人员、销售人员共 9 人从原告公司辞职，并于 2013 年 5 月成立 B 科技公司。原告认为，B 科技公司盗取其开发的医院信息管理系统、电子病例系统、门诊一卡通系统、体检管理系统等一批计算机软件，在更换软件界面后，挂靠 C 股份公司投标三家医院并中标，合同涉案金额高达 624 万，违法获利巨大，给原告造成巨大经济损失，为此诉至法院，请求依法判令：

（1）五被告立即停止对原告软件著作权的侵权；

（2）被告 B 科技公司和 C 股份公司共同赔偿原告因侵权给原告造成的经济损失 500 万元；

（3）被告 B 科技公司和 C 股份公司共同赔偿原告聘请律师费 20 万元；

（4）本案诉讼费用由被告承担。

2. 被告辩称

C 股份公司辩称：①C 股份公司是通过正常的招投标程序并签订软件销售合同；②合同履行过程中，C 股份公司系从 B 科技公司采购的涉案软件和部分硬件，C 股份公司对被控侵权软件享有合法来源；③C 股份公司对被控侵权软件是否构成侵权无从知晓；④C 股份公司不应承担任何侵权责任，恳请法院驳回原告对 C 股份公司的诉请。

B 科技公司辩称：①被控侵权软件系 B 科技公司自行开发产生，并非盗取；②原告第一项诉讼请求不明确，未明确被告侵犯了其哪一件计算机软件著作权，以及侵犯的是该软件著作权中的何种权利；③原告仅提交了几份软件著作权登记证书，未举证登记时提交的程序证据或文档，不能证明二者具有关联性；④被告没有机会接触到原告的涉案软件；⑤原告主张的经济损失 500 万元没有事实和法律依据；⑥原告主张的维权合理开支过高；⑦请求法院驳回原告的全部诉请。

D 人民医院、E 医院共同辩称：①其使用被控侵权软件享有合法来源，且医院并不以营利为目的，停止使用被控侵权软件将会导致社会资源的浪费，危害公共利益；②如果法院判决构成侵权，请求判令在原有范围内继续使用。

F 中医院未发表答辩意见。

（三）争议焦点

1. 一审法院归纳的争议焦点

一审法院审理认为,本案的争议焦点主要有两个:①由 B 科技公司开发、C 股份公司销售、三家医院使用的涉案医院信息管理系统软件,五被告的行为是否侵犯了原告的软件著作权;②如果构成侵权,各被告应承担何种侵权责任。

2. 二审法院归纳的争议焦点

二审法院审理认为,本案的争议焦点主要有三个:①各被告的行为是否侵犯了原告的计算机软件著作权;②如果构成侵权,各被告应承担何种侵权责任;③一审判决赔偿数额及合理开支是否过高,若过高,是否应当减少。

二、案件判决结果

（一）一审判决结果[①]

一审法院根据《民事诉讼法》第 64 条、144 条,《著作权法》第 3 条第 8 项,第 49 条第 1 款,《计算机软件保护条例》第 2、4 条,第 7 条第 1 款,第 9 条第 2 款,第 24 条第 1 款第 1、2 项,第 30 的规定,判决如下:

(1)C 股份公司与 B 科技公司立即停止侵害原告医院信息系统计算机软件著作权的行为;

(2)被告 C 股份公司与 B 科技公司于本判决生效之日起十日内,共同赔偿原告经济损失及制止侵权的合理支出合计 150 万元;

(3)驳回原告其他诉讼请求。

一审判决送达后,B 科技公司与 C 股份公司不服,向安徽省高院提起了上诉,原告也提起了上诉。

（二）二审判决结果[②]

二审法院经过开庭审理和一次庭下专家辅助比对,认为一审判决对以下基本事实认定不清:①原告以其经过国家版权保护中心登记的 8 件计算机软件著作权为权利基础提起本案诉讼,但其在一审中提交的用于比对的医院信息管理系统软件与上述软件是否具有一致性,能否作为本案比对基础;②涉案被控侵权软件与原告主张的权利软件的源代码或目标代码是否构成相同或实质性相似。

因此,安徽省高院于 2016 年 9 月 6 日作出(2015)皖民三终字第 00170 号

---

① 合肥市中级人民法院(2015)合民三初字第 0019 号民事判决书。
② 安徽省高级人民法院(2015)皖民三终字第 00170 号民事裁定书。

民事裁定书：①撤销合肥市中级人民法院（2015）合民三初字第00019号民事判决；②发回合肥市中级人民法院重审。

三、案件评析

（一）作为一审定案依据的关键事实认定不明确

1. 本案诉争的权利基础到底是一件还是八件，原告未予证明，一审法院亦未查明

本案当中，①原告提交了8件计算机软件著作权登记证书，分别是"医院信息管理系统、门诊一卡通系统、电子病历系统、电子病历质量控制管理系统、医疗办公自动化系统、体检管理系统、院感信息管理系统、临床路径管理系统"。但其在诉请中仅要求立即停止对原告软件著作权的侵权，其在向法庭陈述时却声称被告侵犯了其医院信息管理系统，面对多种不同表述，一审法院有义务要求原告厘清其起诉的权利基础，但一审判决对此并未查清。②原告主张的权利与其提供的证据没有一一对应，一一举证，一审法院对此也未查清。③原告提供给法院用于比对的软件系哪一款软件，比对的是该软件的源程序还是目标程序还是文档，判决书未明确，亦未查清。

2. 原告提交的著作权登记证书与用于比对的软件是否具有同一性缺少相应证明，一审法院亦未查明

根据《计算机软件保护条例》规定，软件著作权登记证书仅仅是权利的初步证明。实务中，申请人想要证明自己享有著作权，还需要提供该软件的全部程序。只有在该软件的全部程序包含备案时提供的部分程序，才能证明二者具有同一性，否则难以认定两者系同一作品。这里强调一点，初始开发的软件与升级软件并非同一作品。

本案当中，原告自始至终未提供涉案8件软件的源程序，又不同意司法鉴定，且提交给法院用于比对的软件权利来源不明，B科技公司有理由怀疑其提交给一审法院进行比对的软件并非初始登记的软件，可能系升级的或重新开发的软件，即存在原告向法院主张权利的是A软件，但是提供给法院用作比对的却是B或C软件的可能性。由于上述权属证据存在重大的瑕疵，原告予以撤诉，后又重新起诉。第二次起诉时，原告向法庭提交了国家版权保护中心出具的8件登记软件概况查询表及部分程序证据，但该证据未加盖国家版权保护中心的证据查询专用章。而在二审过程中，原告的技术人员曾明确说明该软件系多次升级后的版本，原始程序没有备份，无法找到。另，原告在第二次起诉时仍未提供涉案8件软件的程序代码，权属证据依然存在重大瑕疵。为此，B科技公司多次提出质疑并予以反驳，然而，一审法院未予采纳。本案中，原告起诉被告侵害了其8件计算机软件的著作权，理应提供8件软件的登记证书和8件软件对应的源代码或目标代码,法院理应对是否存在该8项权利一一审查,在对8件软件与被告销售的软件一一比对后,方能作出是否构成侵权的认定。然而,一审法院以上认定案件事实的关键证据均未查清。

(二)一审法院采用的比对方法、比对内容和比对结果合理性存疑

1. 一审法院采用的三级比对方法是否具有合理性

一审法院采用的三级比对法中(原告杜撰的比对方法),其中一级比对和二级比对所比对的只是软件数据库名称和"表、视图"名称,比如病案库(BA)、标准库(BZ)、查询库(CX)、电子病例库(EM)、体检库(TJ)、病房日报表(BFRBB)、病历诊断表(BLZDB)、挂号类型表(GHLXB)等。从名称来看都是医院在管理中所常见的内容,其缩写也仅是取汉字的第一个字母,这种缩写方法很常见,并不是原告所独创。一审法院采用的三级比对中,比对的内容也是医院信息管理中常见的内容,如病案借阅表,缩写也是采用的首字母缩写。字段长度中有部分是系统自动生成的后缀,因此在命名、类型、长度、是否空格等方面当然具有一致性,此种比对方法不具有合理性。

2. 一审法院采用的三级比对内容是否具有合理性

1)一审法院比对的内容属于公知内容

本案当中,一审法院没有比对源代码或目标代码或文档,仅比对了数据库名称。由于数据库名称不是程序,仅仅是软件的组成部分,其在整个软件中只占很小的一部分,依靠数据库名称文件数量的相同比例,认定两款软件构成实质性相似缺乏法律依据。其中,医院信息管理系统软件,软件代码高达30～50万行,每行近30个代码,一个软件的源代码高达900～1 500万个。然而,一审法院仅比对了不到50个数据库名称,先不论数据库名称是否应当被保护,是否与本案有关,光凭一审法院比对所采用的数据数量来说,也根本无法达到完全相同或高度近似的程度。

2)一审法院比对的检材存疑且未经双方认可

原告主张8个软件被侵权,但比对过程中仅提供了一个软件的部分数据,两者之间能否建立一一对应关系未查明,一审法院在比对时也没有明确所比对的内容属于哪一款软件,是否跟本案有关。因此,在没有明确的前提下,比对的结果其实没有任何意义,更不应被采用。

3. 一审法院比对结果合理性存疑

本案当中,数据库名称文件数量占整个软件的百分比仅为几十万分之一,比对结果能否构成实质性相似存在重大嫌疑。医院软件系统架构主要分为两种(C/S架构、B/S架构)(见图1)。

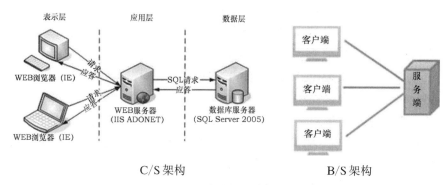

图 1 医院软件系统架构

服务端，简单来说就是运行在一台服务器上的数据库管理系统（DBMS），常见的 DBMS 有 MS SQL、Oracle 等（见图 2）。在 DBMS 基础上可以创建表、视图、存储过程等对象，用来存储或处理医院信息管理系统中的病人数据。表、视图、存储过程，均包含系统和用户自定义两类。数据库系统是向国际数据库厂家购买的，在中国国内没有数据库厂家，国际上主要有 Microsoft、DB2、Oracle 等著名厂家。客户端，简单来说，就是由软件厂商通过软件开发工具编写代码指令形成的源程序，并通过软件工具编译为计算机操作系统（Windows）可识别的 exe、dll 等目标程序，这些目标程序运行在操作系统之上，软件的使用者运行这些目标程序后看到的是软件界面。

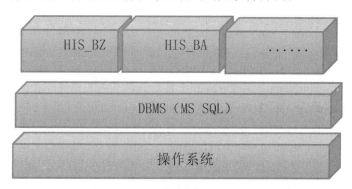

图 2 服务端组成

一审中，法院仅对数据库名称进行了比对，该种比对存在以下几个未解决且难以解决的问题：

（1）原告应证明这些数据库名称均为其开发的医院信息管理系统所使用的，系源程序或目标程序，受《计算机软件保护条例》保护，否则就如同拿操作系统中的 Windows 目录来比对，结果肯定是相同或相似的，没有任何意义。

另,原告应拿每家医院所使用的医院信息管理系统对应的每个数据库代码进行逐一比对。仅拿 E 医院的一个 HIS_BA 库名称比对,不能得到 E 医院软件的相似度,更不能推论其他两家医院也一样。另,应用软件的主要要素包括:开发文档、数据库、代码、用户界面、操作手册。众所周知,软件源程序才是软件的核心。医院信息管理系统的代码有几十万行,界面有上千个,数据库名称在其中占比仅几十万分之一,且是开放式的,任何人都可以获取上述数据,该数据属于公知数据,不受《著作权法》和《计算机软件保护条例》的保护,软件数据库名称相似不能证明两款软件构成实质性相似。

（2）医院信息化系统包含 17 个子软件分类（见图 3）,每个子软件分类又有多个子系统或功能模块,如医院管理信息系统包含 21 个子系统,门诊一卡通系统包含 8 个子系统;电子病历系统包含 6 个子系统;电子病历质控系统包含 7 个子系统;医疗办公自动化系统包含 7 个子系统;体检管理系统包含 4 个子系统;院感信息管理系统包含 9 个子系统等等。其中:医院管理信息系统 21 个子系统又包含基础数据管理系统、门诊挂号与收费系统、住院与出院管理系统、住院护士站系统、住院医生工作系统、护理管理系统、医务管理系统等。本案当中,一审法院比对的仅仅是 21 个子系统当中的一个模块或功能的文件名称,比对的并非是程序。法庭当庭比对的仅是 E 医院使用的软件数据文件,即指令性代码所调用的数据,而非程序,这些数据仅存在医院所用系统或硬盘上的数据文件,并没有当庭比对三家医院所用软件的全部程序或文档。依据软件运行的特性,每个软件的数据库文件包含两部分,一部分是软件运行自动生成的系统文件,一部分是用户自定义的文件,只有用户自定义的文件才具有独创性。从一审判决书中所截取的部分视图可以看出,数据库名称所包含的文件中含有系统自带的文件,如"系统表""系统视图""系统存储

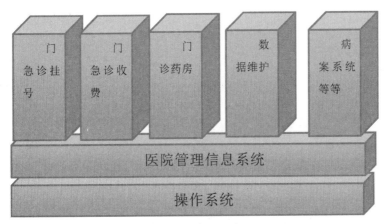

图 3　客户端组成

过程"等，这些都是系统自带生产，不是原告独创的，且数据名称均是医院保存的病人资料，并非软件程序或文档。如判决书第 12 页截图 dbo.BFRBB，即病房日报表的拼音简称；dbo.BLFMT 即病历封面图的拼音简称；dbo.BMBMB 即部门编码表的拼音简称；再如判决书第 12 页的视图名称第三个 dbo.v-BLZDB 即病历诊断表的拼音简称；dbo.v-GHLXB 即挂号类型表的拼音简称。其中，"dbo""dbo.v"均是微软系统自带前缀名称。一审法院将医疗软件自定义的文件名称和医院保存的病人资料文件名作为计算机软件侵权比对素材，显然属于事实认定错误。

鉴于一审法院并未当庭比对全部数据库或子系统数据库，因此，一审法院所得出的文件总数是不客观的，是否剔除了系统自带文件都存在疑问。其认定的"高度近似"也不具有客观性，得出的高度近似文件数量也存在疑问，结果是否具有合理性不言自明。

（三）一审法院认定本案构成侵权依据的其他几个存疑问题

1. 关于文件创建时间事实的认定

一审法院在对比数据库时，对文件的创建时间进行了比对。虽然 B 科技公司成立于 2013 年，但在其成立之前，B 科技公司的员工或股东完全可以为了创业准备先行开发软件，并不一定要等到公司成立后才能开发软件，且文件的创建时间完全是可以进行更改的。

2. 关于痕迹比对事实的认定

（1）被控侵权软件提示信息出现在"C 股份公司智慧医疗药库管理信息系统"中，根据原告提供的软件著作权证书，并没有"医疗药库管理信息系统"这一软件登记证书，说明医疗药库管理信息系统与本案没有关联性。一审法院据此认定侵权与事实不符。

（2）E 医院在采购新的软件之前，使用的是原告的软件，B 科技公司安装软件时，因医院信息保存的需要，没有删除之前所保存的信息完全是有可能的，因此，在"C 股份公司智慧医疗药库管理信息系统"提示信息中出现"具体请联系 B 科技公司管理员"是完全有可能的，原告据此提示信息诉称被告侵权也不具有合理性。相反，其他两家医院的提示信息出现"具体请联系 B 科技公司管理员"，而不是联系 A 技术公司管理员恰恰说明了 B 科技公司并没有侵害原告的软件。

3. 本案电子证据的取证程序是否合法

本案当中，原告存在起诉、撤诉，再起诉问题，前案调取的证据能否在后案中直接使用？一审法院如何衔接两个案件当中涉及的电子证据保存问题，都是本案最终能否认定侵权的关键所在。由于电子证据的特殊性，法院在调取时，应当将运行该软件的整台设备进行封存，以保证调取证据的完整性。

一审中,原告申请法院调取的证据仅仅是软件运行过程中所存储的部分数据,并不是被告整台电脑中的相关所有数据,而且,E医院在安装B科技公司软件之前,使用的是原告的软件,其电脑中仍保留原告软件所存储的数据,一审并未将二者加以区别。

4. 一审法院判决被告赔偿150万元是否合理

1)一审法院未查清三家医院采购合同中所采购的项目是否与本案有关

本案中,三家医院各自提供了采购合同,但一审法院仅仅调查了合同的金额,并没有审查合同采购的具体项目。从三家医院的采购项目来看,有硬件采购,也有软件采购,法院在审理中应当对具体的采购项目进行审查,对与本案无关部分,如硬件、接口、PACS系统、检验科管理系统(LIS)、手术与麻醉管理系统、合成用药系统、静脉输液配置中心系统、RIS系统、人力资源管理系统等应予以排除。一审法院在未查明事实的前提下,以三份采购合同的金额为基础做出赔偿数额,违反了"以事实为基础,以法律为准绳"的基本原则。

2)B科技公司未挤占原告的销售市场,未造成原告可得利益的损失

F中医院的采购项目,原告曾参与了项目的投标,并以第一中标人的身份中标。中标后,原告单方面毁约,不愿与F中医院签订合同,后C股份公司作为第二中标人与F中医院签订了采购合同。对于这一采购项目,B科技公司显然并未挤占其市场;D人民医院的采购项目,招标文件要求投标人注册资本不能低于2 000万元,而原告的注册资本为1 000万,没有资格参加投标,被告参与投标也未挤占其市场,该项目的所得利润与原告无关;E医院的采购其重点在于硬件,软件是免费提供的,即使原告中标,软件部分也无法获利,硬件销售的盈利也与本案无关。

3)三家医院应承担的侵权赔偿数额由谁承担问题分析

本案中,原告在诉状中仅要求三家医院停止侵权,并未要求赔偿损失,一审法院认为三家医院应当支付权利人合理使用费用,且该费用应由B科技公司承担,一审法院如此判决违反了不告不理的基本原则。

四、结语

本案系一起典型的计算机软件著作权侵权案件,具有涉及权利数量多、被告多、软件程序复杂等特点。由于我国关于计算机软件著作权侵权认定标准不明,司法实务判案全凭法官自由裁量,从而导致司法实务中侵权认定标准不统一,不利于权利人合法权益的保护,也不利于司法公正。因此,对现行法律法规的修改或出台相应的司法解释指导司法实践迫在眉睫。

专题四
青年论坛

搜索引擎服务提供者在竞价排名中的商标侵权责任

吴佳佳*

（上海交通大学，上海 200030）

摘　要：根据竞价者和搜索引擎服务提供者有无意思联络，竞价排名中的商标侵权可分为共同侵权和无意思联络数人侵权。服务商接到商标权人的有效通知后，应及时删除关键词、断开链接，当竞价者将他人驰名商标以及与公众日常生活密切相关且有较高知名度的商标作为关键词并在网页标题、描述中突出使用时，服务商应采取必要措施。否则认定其主观存在故意，与竞价者构成共同侵权，对外承担连带责任。服务商应审查竞价者提交的关键词是否侵犯商标权，并以审查的内容、范围、不同情形下的审查标准确定其注意义务的具体内容。否则认定其主观存在过失，与竞价者构成无意思联络数人侵权，对外承担按份责任。

关键词：搜索引擎；服务提供者；竞价排名；商标侵权；注意义务

　　竞价者为推广自己的商品或服务，可能将所处行业具有较高知名度的商标作为竞价排名中触发网页链接的关键词，可能涉及商标侵权。此时搜索引擎服务提供者（以下简称"服务商"）的商标侵权责任应如何认定和承担，现行法对此尚无明确规定。本文旨在结合司法实践中存在的问题，以平衡商标权人与服务商的利益、保护商标权人的合法权益为目的，探究竞价排名中服务商的商标侵权责任，并提出相应的建议。

　　本文首先阐述竞价排名的相关问题，分析其法律性质，并探究立法不足导致的司法困境。继而，笔者结合司法现状，探究服务商主观心理分别是故意、过失时，如何认定其商标侵权责任。

---

*　作者简介：吴佳佳，上海交通大学凯原法学院法学硕士研究生。

一、竞价排名概述及法律性质

（一）竞价排名概述

竞价排名，是指由竞价者提供关键词、服务商按竞价高低决定竞价者的网页在搜索结果中出现的先后顺序并以点击次数付费的网络营销模式。[①] 当网络用户输入的内容与竞价者选定的关键词一致或包含该关键词时，服务商利用技术使竞价者的网页排名提前或出现在本不显示该网页的搜索结果页，其网页排名甚至超过商标权人的网页排名。

（二）竞价排名法律性质

立法实践，《互联网广告管理暂行办法》（以下简称"《办法》"）第 3 条第 2 款第三项明确规定，付费搜索广告为互联网广告。《中华人民共和国电子商务法》第 40 条重申竞价排名的法律性质是商业广告。

司法实践，多数法官未对竞价排名定性，但有法官将其定性为信息技术服务或商业广告，即使定性，多数法官仍会阐述服务商的注意义务，可见法官未完全将竞价排名视为信息技术服务。

竞价者通过竞价排名改变其网页排名，从而获得更多网络用户的关注，并以网页标题和描述宣传商品或服务[②]，符合《中华人民共和国广告法》（以下简称《广告法》）对广告的定义[③]，结合立法和司法实践，将竞价排名定性为商业广告具有合理性。

二、搜索引擎服务提供者商标侵权责任的立法现状及司法困境

现行法中，可适用于服务商在竞价排名中商标侵权责任的法条数量较少，且规定笼统、分散。

（一）《广告法》《互联网广告管理暂行办法》规定不明确

竞价排名中，服务商为竞价者发布广告，其属于广告发布者。《广告法》

---

① 寿步：《搜索引擎竞价排名商业模式的规制》，载《暨南学报（哲学社会科学版）》，2014 年第 2 期，第 67 页。

② 寿步：《搜索引擎竞价排名商业模式的规制》，载《暨南学报（哲学社会科学版）》，2014 年第 2 期，第 67 页。

③ 2015 年《中华人民共和国广告法》第 2 条第 1 款："在中华人民共和国境内，商品经营者或者服务提供者通过一定媒介和形式直接或者间接地介绍自己所推销的商品或者服务的商业广告活动，适用本法。"

第 34 条规定了广告发布者查验证明文件和核对广告内容等注意义务。①《办法》第 12 条第 1 款具体规定了广告发布者审查验收并登记广告主基本信息的义务②,但多数条款仍是重申《广告法》内容。《广告法》和《办法》的规定并不明确,未详细规定审查和核对的范围,未规定服务商的其他注意义务,多数法院仍以司法实践中形成的裁判思路认定服务商的注意义务,故有必要研究服务商的注意义务。

(二)《商标法》第 57 条第六项仅规制故意帮助

《中华人民共和国商标法》(以下简称《商标法》)作为特别法,在商标侵权领域应当优先适用。根据《商标法》第 57 条第六项,故意帮助他人实施商标侵权行为的属于商标侵权行为。③《中华人民共和国商标法实施条例》第 75 条对该条款的"提供便利条件"列举了七类行为。④ 服务商为竞价者提供广告发布平台和发布技术,与七类行为性质相同,属于为竞价者侵犯商标权提供便利条件。该条文明确规定帮助人的主观心理是故意,故帮助人过失帮助的,不适用该条。

服务商明知的情形主要包括:第一种,服务商为竞价者选择、添加、推荐含有他人商标的关键词;第二种,服务商明知竞价者可能侵犯他人商标权,仍发布广告;第三种,服务商接到有效通知后,未及时删除关键词、断开链接;第四种,服务商注意到侵权明显的事实,未采取必要措施。

(三)不应以《侵权责任法》第 36 条第 3 款规制过失帮助

基于广告发布者的法定义务,以及出于保护商标权人合法权益的目的,服务商应当履行注意义务,若其违反注意义务,则适用一般法《侵权责任法》的规定,认定其过失帮助竞价者侵犯他人商标权。《侵权责任法》第 36 条第 3 款规定网络服务提供者的主观过错是"知道"⑤,笔者认为"知道"不包括"应

---

① 2015 年《中华人民共和国广告法》第 34 条:"广告经营者、广告发布者应当按照国家有关规定,建立、健全广告业务的承接登记、审核、档案管理制度。
广告经营者、广告发布者依据法律、行政法规查验有关证明文件,核对广告内容。对内容不符或者证明文件不全的广告,广告经营者不得提供设计、制作、代理服务,广告发布者不得发布。"

② 2016 年《互联网广告管理暂行办法》第 12 条第 1 款:"互联网广告发布者、广告经营者应当按照国家有关规定建立、健全互联网广告业务的承接登记、审核、档案管理制度;审核查验并登记广告主的名称、地址和有效联系方式等主体身份信息,建立登记档案并定期核实更新。"

③ 2013 年《中华人民共和国商标法》第 57 条第(六)项:"故意为侵犯他人商标专用权行为提供便利条件,帮助他人实施侵犯商标专用权行为的。"

④ 2014 年《中华人民共和国商标法实施条例》第 75 条:"为侵犯他人商标专用权提供仓储、运输、邮寄、印制、隐匿、经营场所、网络商品交易平台等,属于商标法第五十七条第六项规定的提供便利条件。"

⑤ 2009 年《中华人民共和国侵权责任法》第 36 条第 3 款:"网络服务提供者知道网络用户利用其网络服务侵害他人民事权益,未采取必要措施的,与该网络用户承担连带责任。"

知"，因而不应当以《侵权责任法》第36条第3款规制服务商的过失帮助行为。服务商过失帮助竞价者侵权，其过错程度相较于故意帮助明显较轻，若对外仍承担连带责任，实际是对服务商施加了过重的责任，不利于竞价排名服务的发展。反之，服务商对外仅承担按份责任，则能较好地平衡商标权人和服务商之间的利益。

服务商过失帮助竞价者商标侵权，尽管不构成帮助侵权，仍应与竞价者构成无意思联络数人侵权。《侵权责任法》第11条和第12条均规定了无意思联络数人侵权，但服务商的行为显然不足以导致全部损害，故此时不适用第11条，而适用第12条认定服务商的商标侵权责任。

综上，以《商标法》第57条第六项认定服务商构成帮助侵权，以《侵权责任法》第12条认定服务商与竞价者构成无意思联络数人侵权。

三、搜索引擎服务提供者商标侵权责任的认定

依据服务商与竞价者之间有无意思联络，将竞价排名中的商标侵权分为共同侵权和无意思联络数人侵权[①]，通过分析构成要件，探讨如何认定服务商的商标侵权责任。

（一）共同侵权下搜索引擎服务提供者的商标侵权责任认定

服务商在竞价排名中构成商标帮助侵权，同样要满足帮助侵权的构成要件，包括：第一，竞价者实施商标侵权行为并造成损害；第二，服务商具有主观故意；第三，服务商实施帮助行为；第四，服务商的帮助行为与损害后果具有因果关系。

1. 竞价者实施商标侵权行为并造成损害

服务商并不直接实施侵犯商标权的行为，其仅为竞价者提供帮助，其构成帮助侵权的前提是竞价者实施了商标侵权行为，以下对竞价者的几种行为分别探讨。

（1）竞价者所选与他人商标相同或近似的关键词仅出现于竞价者网页的源码代码中，即竞价者网页标题和描述中均未出现该关键词。此时商标起到的是信息传递功能而非识别功能[②]，商标关键词被传递至计算机系统，通过运算形成搜索结果页。竞价者旨在向相关公众推荐相同或类似的商品或服务，另外，商标权人的链接往往会同时出现在搜索结果页，网络用户只要稍加辨别，即可识别出商标权人的网站，因此竞价者的行为不构成商标性使用，显然

---

① 王国柱：《多数人侵权视野下的知识产权间接侵权制度》，载《大连理工大学学报》（社会科学版）2015年第3期，第106页。

② 凌宗亮：《仅将他人商标作为搜索关键词不构成商标侵权》，知产力网，http://www.zhichanli.com/article/798.html，2019年8月20日访问。

不构成商标侵权。

(2)竞价者所选与他人商标相同或近似的关键词仅出现于竞价者网页标题或描述,根据竞价者有无突出使用他人商标,又可分为两类。①竞价者未突出使用他人商标,如利用他人商标进行对比广告。此时竞价者的目的不是为了指示服务来源,不构成商标性使用,故不构成商标侵权。②竞价者突出使用他人商标。司法实践基本已形成共识,此种情形竞价者的行为构成商标性使用。即使竞价者的网页未出现涉案商标,但是竞价者将与他人商标相同或近似的标识作为网页标题或描述的内容,容易使相关公众认为二者存在关联,产生混淆,亦属于侵犯商标权的行为。

(3)竞价者所选与他人商标相同或近似的关键词出现于竞价者网页中。此时按照一般的商标侵权判断即可。

综上,只有当竞价者将与他人商标相同或近似的标识在网页标题或描述中突出使用或用于网页中,才构成商标侵权。竞价者的行为导致商标权人的潜在客户流失,夺取了本属于商标权人的商机,造成商标权人财产损失。

2. 搜索引擎服务提供者具有主观故意

前文已列举服务商明知竞价者可能构成商标侵权的四种情形,本文主要针对通知删除规则和红旗规则展开讨论。

1)通知删除规则下搜索引擎服务提供者的过错认定

通知删除规则下,以侵权通知是否有效、服务商是否及时删除关键词并断开链接为要件,判断服务商主观是否存在过错。若商标权人提交有效通知后,服务商未按规定采取措施,则推定其明知侵权事实。

(1)有效通知的条件。服务商采取措施的前提是通知有效,否则不能据此认定其明知侵权事实,服务商主观无故意,无须承担侵权责任。关于通知的内容,可借鉴《最高人民法院关于审理侵害信息网络传播权民事纠纷案件适用法律若干问题的规定》第14条,并由服务商加以细化,如百度规定侵权通知应包括享有商标权的证明文件、被侵犯的合法权益、侵权内容、权利人的联络信息、网址等,[①]而不能仅提供网页标题。

(2)服务商是否及时采取必要措施的判断。首先,服务商只需对通知进行形式审查,无须核实权利人的身份和权属证明的真实性;其次,服务商判断竞价者是否构成商标侵权,只需达到客观的理性人标准,无须精准理解判断"混淆可能性"等概念。以上限定主要是为了减轻服务商的责任,使其无须承担因证据不真实以及非因故意或重大过失而导致错误删除的责任。具体言之,服务商可采取的措施包括删除涉嫌侵权的关键词、断开网页链接、针对重

---

① 《百度权利保护声明》,百度网:https://www.baidu.com/duty/right.html,2019年8月10日访问。

复侵权的竞价者终止竞价排名服务。判断服务商采取的措施是否及时,应当自服务商收到通知时起,附加服务商审查时长,删除关键词、断开链接所需时长。判断服务商采取的措施是否必要,应当依据措施能否制止损害的继续发生,而不是仅减少损害的发生。

2)红旗规则下搜索引擎服务提供者的过错认定

在竞价排名中,红旗规则的适用采取客观和主观相结合的判断标准,即客观上服务商未实际知道竞价者的侵权事实,但竞价者的侵权事实像红旗那般明显。主观上并不探究服务商的主观心理,而是以理性人在同一情形下能够意识到明显存在侵权事实,推定服务商明知存在侵权事实。[①] 司法实践基本已形成共识,服务商应主动排除将具有较高知名度的商标作为关键词的情形,但法官未解释何为"较高知名度",使得这一裁判规则形同虚设。驰名商标和在当地具有较高知名度且与公众日常生活紧密相关的商标的知名度和商誉比普通商标更高,一旦被侵权对商标权人造成的损失更大,并且这类商标涉及的相关公众人数多。当竞价者提交的关键词是这两类商标时,服务商审查竞价者的资质及商标权权属证明后,侵权事实是显而易见的,如果服务商未审查或未采取措施制止侵权行为,应推定其明知侵权事实。

3)搜索引擎服务提供者实施帮助行为

服务商与竞价者签订推广服务合同,为竞价者提供竞价排名服务,通过搜索结果展示竞价者的推广信息。当竞价者构成商标侵权时,服务商的行为使得竞价者的网页获得了更多的点击率,进一步扩大了损害结果,因此服务商属于在客观上实施了帮助行为。

4)搜索引擎服务提供者的帮助行为与损害后果具有因果关系

当服务商对发生损害结果的主观心理是故意时,损害结果在其预见范围内,因而损害后果可以归属于服务商,服务商的帮助行为无疑与损害后果之间存在因果关系。

目前商标法领域尚未具体规定通知删除规则和红旗规则,但这两个规则的内容是判断服务商是否存在主观故意的依据,有必要完善相关的立法,并依据帮助侵权的四个构成要件认定服务商是否构成商标帮助侵权。

(二) 无意思联络数人侵权下搜索引擎服务提供者的商标侵权责任认定

在服务商不知道竞价者实施侵权行为时,二者无意思联络,服务商的帮助行为和竞价者的侵权行为偶然结合,构成无意思联络数人侵权[②],适用《侵

---

① 史学清、汪涌:《避风港还是风暴角——解读〈信息网络传播权保护条例〉第 23 条》,载《知识产权》2009 年第 2 期,第 27 页。

② 李建军:《论无意思联络数人侵权的构成要件》,吉林大学 2014 年硕士学位论文,第 11 页。

权责任法》第 12 条,其构成要件包括:第一,两人以上分别实施侵权行为;第二,两人行为结合造成同一损害。[1]

1. 竞价者与搜索引擎服务提供者分别实施侵权行为

上文已经分析竞价者的侵权行为,此处主要探讨服务商的过失帮助行为,具体是指服务商不履行或不完全履行注意义务且提供了竞价排名服务。因而服务商应尽哪些注意义务,其是否履行了注意义务是问题的关键。

首先需明确的是,服务商不可通过免责声明或者推广服务合同免除其注意义务。竞价排名作为收费服务收益巨大,让服务商承担一定的注意义务,体现了权利义务相一致,因此只要其未审查相关内容,则认定其主观上存在过错。

1)搜索引擎服务提供者注意义务的司法现状

司法实践中,法官主要从以下几点认定服务商尽到注意义务:①服务商自动过滤违反法律法规的关键词;②服务商主动排除具有较高知名度的商标;③在合同中明确警示不得侵犯他人合法权益;④公布投诉渠道;⑤商标权人起诉前服务商未收到商标权人的通知,接到起诉状后及时下线涉嫌侵权的推广。多数法官认为,服务商仅需主动审查明显违反国家法律法规以及具有较高知名度的商标等关键词,对其他关键词不负有主动审查义务,笔者认为这并不合理。其一,"较高的知名度"这一概念较为抽象,由服务商加以判断,结果将具有极大的不确定性,而且服务商对于一些特定领域具有较高知名度的商标可能无从知晓。[2] 其二,通过互联网能快速查询某一商标是否注册,并不会给服务商带来过高的成本。因此,不论商标是否具有知名度,服务商对竞价者提交的关键词均应审查是否构成商标侵权。

2)搜索引擎服务提供者注意义务的内容

(1)服务商应当公布维权途径。维权途径的公布使得商标权人发现侵权行为后能及时通知服务商,进而衔接通知删除规则。并且服务商必须于网页显著位置或者推广服务合同中公布维权途径。

(2)服务商应审查竞价者的行为是否构成商标侵权。首先,关于服务商审查的内容。一是审查竞价者的资质。服务商应当要求竞价者提供营业执照、ICP 备案、行业资质等证明文件,核实主体的真实性。二是审查关键词的性质。竞价者注明其关键词是否为商标,服务商判断该关键词是否属于商标,若属于商标则进行第三项审查。三是审查竞价者是否有权使用该商标。

---

[1] 2009 年《中华人民共和国侵权责任法》第 12 条:"二人以上分别实施侵权行为造成同一损害,能够确定责任大小的,各自承担相应的责任;难以确定责任大小的,平均承担赔偿责任。"

[2] 祝建军:《竞价排名商标案裁判方法的反思——从两起百度案谈起》,载《知识产权》2013 年第 3 期,第 46 页。

服务商应当要求竞价者提交商标权证明或授权文件等，或者通过互联网查询商标权人。若竞价者无权使用该商标，则服务商需从商标侵权的构成要件审查第四项，竞价者的行为是否构成商标侵权。其一，竞价者将他人商标作为关键词是否构成商标性使用。服务商应当审查该商标有无商标外的其他含义，若该商标本属于"描述性标志"，经过长期使用获得显著性，才被注册为商标[①]，当竞价者仅将其作为描述性词汇使用，则不能认定为侵犯商标权。其二，竞价者是否在相同商品或服务上使用相同的商标。服务商仅需审查关键词与商标相同、关键词所对应商品或服务与商标核定使用的商品或服务类别相同的情形，以减少主观因素的影响，更具有可操作性。其三，竞价者的行为是否足以导致相关公众对商品或服务的来源产生混淆。服务商应重点审查竞价者是否突出使用商标，如直接将商标作为网页标题或描述的内容。

（3）关于服务商审查的范围。第一，服务商审查的范围仅包括关键词、网页标题和描述，不包括网页的具体内容。因为网页内会含有大量内容，服务商需要花费大量的人力、物力才能审查网页内容，这不符合互联网发展的趋势。第二，服务商需审查竞价者第一次提交的关键词、网页标题和描述以及修改后的前述内容。避免竞价者为规避审查，第一次提交的内容不构成侵权而修改后的内容构成侵权的风险。

（4）不同情形下服务商须承担的注意义务标准不同。第一，行业不同。对于涉及食品、药品、医疗服务等关系到公众生命健康的商品或服务，这些行业一旦发生商标侵权，不仅会导致财产损失还可能导致人身损害，所以对这些行业要着重审查。第二，关键词所链接网页在搜索结果中的排名不同。网络用户往往更倾向于点击排名靠前的网页，因而对这些网页，服务商应当提高审查标准，并实行不定期再次审查。第三，侵权次数不同。针对反复侵权的竞价者，服务商对其提交的关键词应当着重审查。第四，服务商是否有其他先行行为。如服务商对竞价者加 V 认证[②]，或者向竞价者推荐关键词，服务商的审查标准应适当提高。

2. 竞价者与搜索引擎服务提供者二者行为结合造成同一损害

竞价者的商标侵权行为，以及服务商未尽注意义务客观上起到帮助作用的行为，两个行为侵害的对象均是商标权人，受损害的权利均是商标权，两个行为结合的侵害结果是使得商标权人丧失了部分交易机会，遭受了财产损失，这一损害不管在事实上还是法律上均不可分，符合二者行为结合造成同一损害的要件。

综上，服务商不履行或不完全履行上述注意义务，其主观上存在过失，客

---

① 王迁：《知识产权法教程》，中国人民大学出版社 2014 年版，第 397 页。

② 陈存款：《帮助侵权涵摄下的搜索引擎竞价排名》，载《学术探究》2016 年第 10 期，第 103 页。

观上实施了提供竞价排名服务的帮助行为,其与竞价者构成无意思联络数人侵权。

四、结语

只有当竞价者将他人商标作为关键词,并将与他人商标相同或近似的标识在网页标题或描述中突出使用,竞价者才构成商标侵权,服务商才可能构成商标侵权。共同侵权中,需明确通知删除规则下服务商接到有效通知后,应当采取的措施包括删除涉嫌侵权的关键词、断开网页链接以及针对重复侵权的竞价者终止竞价排名服务等,明确红旗规则应当适用于已注册驰名商标和在某区域与公众日常生活紧密相关具有较高知名度的商标,进而认定服务商是否明知侵权事实。无意思联络数人侵权中,服务商的注意义务包括在网页显著位置或推广服务合同中公布维权途径,审查竞价者的资质、关键词性质、竞价者有无使用商标的权利、竞价者是否构成商标侵权等。竞价排名相关制度亟须出台。

网络搜索引擎中关键词隐性使用研究

廖小其*

（上海交通大学，上海 200030）

摘　要：搜索引擎服务商提供竞价排名服务，竞争者使用他人商标作为搜索关键词，这是网络空间新出现的可能引起商标侵权的现象。本文就商标作为关键的隐性使用行为进行研究，此种行为在构成商标性使用基础上，是否适用初始混淆理论规制，还需要根据个案判断。法院可以为市场的自由竞争留下一定的空间，初始混淆理论对于侵害商标权行为具有一定规范意义，用于解决网络环境中的商标侵权有其存在的价值。但还是应该根据特定使用环境和技术背景所造成的客观后果等综合分析后加以确定是否使用初始混淆理论进行规则。

关键词：搜索引擎；关键词搜索；商标隐性使用；初始混淆

一、问题引入

从一则案例说起。在呷哺公司诉帮友公司和百度公司一案中涉及搜索引擎服务商提供竞价排名服务的问题，这也是随着网络发展，新出现的可能的商标侵权的现象。

2016 年 12 月 1 日用百度搜索"呷哺呷哺加盟"，搜索结果第四项链接名称为"火锅加盟无需经验，开店即可盈利"，链接地址为"www.youpincanyin. com"，链接地址后有"V1"和"广告"标识。点击链接名称进入帮友网后，显示"呷哺呷哺加盟"项目主页，内容为"呷哺呷哺时尚火锅，时尚全国，火热加盟进行中"。

在呷哺公司看来，帮友公司存在两种侵权行为。第一种是利用关键词进行百度推广；第二种是帮友公司自身网站使用"呷哺呷哺"文字。本文重点探究帮友公司的第一种行为。

我国商标侵权行为的构成要件主要有三个，即商标性使用、相似性和混

---

*　作者简介：廖小其，上海交通大学凯原法学院法学硕士研究生。

淆可能性。司法实践中对商标侵权行为的认定以商标性使用为基本前提,同时考察商标及商品类别的相似程度,并以混淆可能性为最终落脚点。

第二种行为,帮友公司自身网站使用"呷哺呷哺"文字是否构成商标侵权,笔者赞同法院的判决。帮友公司在自身网站使用"呷哺呷哺"的字样容易使对呷哺公司的火锅餐饮服务感兴趣的相关公众产生混淆。

第一种行为,利用关键词进行百度推广是否构成侵权,笔者认为法院的结论没有问题,但论理上有待斟酌。法院认为帮友公司在其百度推广服务管理账户中,添加了"呷哺呷哺加盟"作为关键词,该行为系后台使用关键词行为,未将涉案商标使用在帮友公司提供的涉案加盟项目及涉案链接名称、涉案链接描述中,没有发挥商标区分不同服务来源的功能,不属于商标使用行为。笔者认为此种行为实际上也利用搜索引擎匹配的特征起到了标识商标来源的作用,也应视为商标性使用,下文会详细阐述。但就本案而言其未将涉案商标使用在帮友公司提供的涉案加盟项目及涉案链接名称、涉案链接描述中,在第4位出现,且有"V1"和"广告"标识,不妨碍消费者快捷找到呷哺呷哺的商品或服务,认定不侵权是可以的。

利用关键词进行百度推广是否构成商标侵权,在学术上存在一定争议。随着网络发展,新出现的对于商标在搜索引擎中的使用行为如何评价,笔者意欲对此做一定的拓展研究。

具言之,竞价排名服务是随着市场竞争者们希望抓住消费者眼球而产生的,搜索引擎服务商以客户付费的高低为标准,为关键词的搜索结果链接进行排序,价高则出现在网页靠前的位置,更能引起消费者的注意。本案中帮友公司与百度公司的合作即是如此,通过购买关键词搜索服务,从而使得帮友公司提供的加盟服务出现在结果页面的第4项。这种服务可以分为两种情况,第一种是将他人商标设置为搜索关键词,且在由此触发的搜索结果链接同时显示他人商标。第二种是仅他人商标作为搜索关键词,但并不出现在搜索结果链接上。第一种被称为显性适用,在司法实践中多被判决构成商标侵权;第二种为隐性使用,目前司法实践不认定为商标侵权,学术上也存在一定争议。本案即属于隐性使用,本文拟就隐性使用他人商标作为关键词的行为是否构成商标侵权展开讨论。

二、隐性使用是否为商标性使用

在商标侵权判断上,主要有三个要件:商标性使用;相似;混淆。在隐性使用是否构成商标侵权上,最有争议的是商标性使用和混淆可能性的要件。在相似性上,隐性使用一般容易满足此要件,因为竞争者就是将他人相似或者相同商标作为关键词才能将自己的链接放置在搜索结果的前端。需要注意的是,竞价排名服务中的关键词设置目前是文字、数字或字母,但注册商标除了文字和字母外,还可以是图形三维标志、颜色组合和声音等,也可以是上述要素的组合。另外在商品或服务类型是否相似上,关键词设置也比较好判断,即按照一般商标侵权判断被诉链接的商品与服务类型和作为关键词的商标核定服务项目对比即可。如果不是相同或类似,那也就不构成商标侵权。然而在隐性使用的大多数情况下,竞争者设置关键词的目的,就在于希望消费者发现其与搜索的商标持有者提供着相同或类似服务,以推广自己的商品或服务。因此,关键词设置本身就是容易满足相似性。

在进一步阐述前,需要明晰包含隐性使用的竞价排名是何法律性质。

竞价排名的法律性质曾有一定的争论。有观点认为竞价排名是一种信息技术服务,帮助网络用户搜寻所需要的信息。相反观点主张竞价排名呈现出的搜索结果具有广告的属性,客户付费干预搜索结果是出于宣传其产品或服务的商业目的。[①] 因此,商标隐性使用并非仅为便利用户搜寻目标信息,而是一种商业广告行为。在新颁布的《电子商务法》第 40 条[②]也明确地将该种行为定义为广告。

然后,根据《商标法》第 48 条对商标使用的理解,一般认为需要满足在商业活动中使用、具有使用商标的目的以及最重要的商标发挥了区别商品来源的作用,才能构成商标性使用。隐性使用根据上述分析属于商业广告。搜索引擎结果链接的页面现在也明确标识出哪些属于推广链接,即竞价排名的链接,在链接结果的右下加也标有“广告”二字。由此可以推断出,隐性使用属于在商业活动中使用,而竞争者将相同或类似商标设置关键词的目的,就在于希望消费者发现其与搜索的商标持有者提供着相同或类似服务,以推广自己的商品或服务,于此虽然链接结果未显示商标,但其使用商标的目的蕴含其中,且也达到了此目的。《中华人民共和国商标法实施条例》第 3 条也可看出隐性使用作为广告行为属于商标使用行为。

至于此种使用商标的行为是否发挥了区别商品来源的作用,是隐性使用是否构成商标性使用的一大难点。

本案所持观点即隐性使用无法区别商品来源。原因就在于从客观上看来,该商标并没有出现在搜索结果及链接网页等能够为用户所见的位置,那么相关公众则无法感知商标的存在,也无法形成用户对商标指示的商品来源的认识,因此无从谈及构成商标性使用。[③] 还有观点从搜索引擎提供的服务

---

① 寿步:《搜索引擎竞价排名商业模式的规制》,载《暨南学报（哲学社会科学版）》2014 年第 2 期。
② 第四十条:电子商务平台经营者应当根据商品或者服务的价格、销量、信用等以多种方式向消费者显示商品或者服务的搜索结果;对于竞价排名的商品或者服务,应当显著标明“广告”。
③ 同前引①。

出发,认为将他人商标设置为关键词,目的仅在于传递思想、表达观点或将自身信息通过搜索引擎传递给消费者,并非用于指示商品或服务来源。[①] 因此一般情况下,搜索引擎的关键词隐性使用不会起到区别商品来源的作用,也即不会与搜索商标指向的商品或服务产生联系。[②]

持反对观点的学者则认为,对于商标隐性使用,即使商标没有显示在结果链接上,但仍旧有可能造成用户将商标关键词和结果链接相关联结果。从竞争者设置商标关键词的目的来看,是为了引导访问者进入相关网站,浏览自己商品与服务的信息,这就会让关键词商标与特定商品产生关联。[③] 从结果页面整体来看,形成了关键词商标与推广的链接同时出现且对应的情况,且该商标的出现和存在对于搜索浏览者均是具体可感知的,因此起到识别商品来源的作用。而这种商标与推广链接同时出现的情况是购买竞价排名服务的竞争者所追求的,更是其策划完成的,只是中间假借网络用户的手而已。[④]

笔者认为可以从搜索引擎所提供的竞价服务的运作去理解是否起到识别商品来源的作用。网络用户在使用搜索引擎查找相关信息时,必须在搜索引擎中输入商标,其内心预期便是搜寻结果是与其所查商标指向的商品、服务相关,对于页面结果所呈现的链接容易与所搜商标关键词相关联。另外在搜索结果页面的呈现上,包含商标关键词的链接和未包含关键词的链接是同时展现给搜索用户的,且这两种链接一般都会呈现相类似的商品和服务信息。包含商标关键词的链接实际上通过两种方式指示商品或服务来源,第一种显而易见是其本身包含商标关键词,因此指示商品或服务来源;第二种更为隐性,即由于搜索引擎的匹配识别特性,搜索关键词行为本身就已起到一定指示商品或服务来源。那么未包含关键词的链接,虽然不具备前述第一种指示来源的作用,但仍通过第二种方式,指示着商品或服务来源。竞争者欲借此种隐性使用行为,即将商标设为关键词,利用搜索引擎标识作用将商标关键词与自己的商品或服务建立一种联系,目的在于向互联网用户宣传类似或相同于商标权人商品或服务的替代品。由此可见,隐性使用中的商标起到了标识商标来源的作用。

综上,商标隐性使用的竞价排名行为作为一种广告,即在商业活动中使用商标又具有使用商标的目的,实际上也利用搜索引擎匹配的特征起到了标

---

① 凌宗亮:《仅将他人商标用作搜索关键词行为的性质分析》,载《中华商标》2015年第9期。

② 林婉琼:《关键词广告商标侵权问题初探》,载《科技与法律》2010年第6期。

③ 张今、郭斯伦:《电子商务中的商标使用及侵权责任研究》,知识产权出版社2014年版,第93页。

④ 张韬略、张倩瑶:《后台型竞价排名的商标侵权及不正当竞争认定》,载《同济大学学报(社会科学版)》2017年第6期。

识商标来源的作用,应视为商标性使用。

三、隐性使用构成混淆的判断

1)司法实践

除了上述"呷哺公司诉帮友公司和百度公司一案",国内对商标作为关键词隐性使用的还有"泰诗尔"商标案①和"金夫人"商标案②,两者否定侵权的原因中均有相关消费者不会构成混淆。

在"泰诗尔"商标案中清大润彩公司享有"泰诗尔（TAISHIER）"文字商标,是一家装饰涂料研发、生产、销售的专业公司,其自身壁膜装饰有较高知名度。欧帕公司以"泰诗尔"为百度竞价排名关键词,通过百度网站搜索关键词"泰诗尔",所得网页搜索结果排名第二的链接网站标题名称为"欧帕涂料新型涂料肌理壁膜全国招商中",后面有网络地址,在链接的下方有被链接网站的内容介绍和招商电话。法院认为,被告欧帕公司虽选择"泰诗尔"作为其经营的网站在百度推广中的关键词,但是在网站以及百度推广的链接介绍中均未使用"泰诗尔"或与"泰诗尔"相近似的文字字样,即使是想购买原告清大润彩公司所生产的"泰诗尔"品牌产品的公众,在浏览"www.opainti.com"网站时,也能明确知道网站上所销售的产品并非"泰诗尔"品牌的产品,因此,相关公众并不会将被告欧帕公司所销售的产品与原告清大润彩公司生产的"泰诗尔"品牌产品相混淆。

在"金夫人"商标案中,金夫人公司持有"金夫人 GOLDENLADY 及图"注册商标,经营范围包括摄影、婚纱礼服的出租、零售、商业特许经营等。米兰公司以"金夫人"为其百度竞价排名关键词,搜索结果页面第三个链接显示即为米兰公司的企业网站。一审法院认为,"金夫人"信息搜索结果极大提高了米兰公司网站信息的被点击率和被关注度,以及其提供的婚纱摄影服务被购买的可能性,容易导致消费者错误认为金夫人公司与米兰公司之间,具有商标许可使用或者属于关联企业等特定联系,导致消费者作出两者品牌服务相同的错误判断、混淆。

二审法院则持相反观点:第一,关于识别功能。推广链接是否会造成相关公众的混淆误认取决于该链接的具体宣传方式。本案中,以"金夫人"为关键词搜索后的结果页面,前六行显示的是金夫人公司的官网及其各地分站链接,下方是"上海婚纱摄影"的链接,且该标题右侧标明了"推广链接"字样,米兰公司的网址链接位于推广链接的第二位,未出现在页面中的自然搜索结果当中;该推广链接的标题、描述部分使用了"米兰"文字,并未出现与"金夫人"

①　(2013)东一法知民初字第 254 号。
②　(2016)苏 01 民终 8584 号。

相关的文字,网址链接为"www.milanvip.com";点击该链接进入米兰公司的网站,亦未显示有与"金夫人"商标或金夫人公司有关联的内容。因此,米兰公司设置该推广链接的行为不会导致相关公众对服务来源的混淆误认或者认为其提供的服务与金夫人公司有特定的联系,未损害涉案商标的识别功能。第二,网络用户以关键词进行搜索的目的,既可能是查找关键词直接指向的商品或服务,也可能是查找与关键词相似的商品或服务,以进行充分的比较、选择。网络用户具有一定的识别、区别相似商品或服务的能力。[①]

　　而在相关的域外司法实践中,欧盟法院对商标采取的则是强保护的态度,即使是隐性使用也算构成混淆。在 Interflora 案中,被告人 Marks&Spencer 使用其竞争对手的名字 Interflora 作为关键词来宣传自己的鲜花递送服务,被告的广告或网站并未包含对原告商标的任何提及。欧盟法院确定,使用 Interflora 作为商标关键词可能会引起混淆,暗示被告提供的鲜花递送服务是 Interflora 商业网络的一部分。欧盟法院的结论是"目前的广告不足以确定 M&S 是否是与商标所有人有关的第三方,或者相反,它是否与该所有人在经济上有联系"。因此在这种情况下,可以认为商标的指示商品来源的功能会受到不利影响。[②]欧盟法院的做法实际是降低了构成混淆的证明标准。在评估广告所指的商品或服务是否来自商标所有人,或与其经济相关的承诺,或者相反,来自第三方的承诺时,采取比较低门槛,即不能认定广告链接所指产品来自商标所有人还是其他第三方,那么就认为有混淆侵犯了商标的来源指示功能。

　　美国第九巡回法院在 Network Automation 一案中提出了判断是否混淆的 4 个相关要点,并强调是否构成混淆要基于个案分析。第九巡回法院指出,在商标作为关键词使用时,分析混淆可能性的最相关因素是:"①商标的强度;②实际混淆的证据;③商品类型和消费者可能有的注意程度;④在显示结果页面的屏幕上广告的标注和样式及结果页面的版式。"第九巡回法院强调第四个因素的重要性,消费者是否知道或应该从一开始就知道产品或网络的链接与商标持有人的关系,是通过链接的所处结果页面上下文环境知情的。[③]

　　2)学术争议

　　一般说来,混淆是指消费者在购买时发生的混淆,这也是传统意义上的混淆。商标隐性使用的特点就在于,在结果链接上未显示相同或相似商标,大多数情况下消费者点进链接就会发现此链接指示网站不是自己所搜寻商

---

① (2016)苏 01 民终 8584 号。

② CJEU,Interflora Inc. v. Marks&Spencer plc (2011) Case C-323/09.

③ Connie Davis Nichols. Initial Interest Confusion Internet Troika Abandoned:A Critical Look at Initial Interest Confusion As Applied Online,17 VAND. J. ENT. & TECH. L. 883 (2015).

标指向的商品或服务。尤其是现今竞价排名的方式受到一定规制后，结果页面将推广链接和自然结果搜索的链接做了明显区分，即使一开始以为推广链接与其搜索商标关键词有关系，但点进链接具体查看意欲购买商品或服务时，一般而言，消费者不会混淆。面对此种在购买前发生混淆购买时未发生混淆情况是否也应受到规制是存在较大争议的。

这种情形学术上称之为初始混淆，是由于侵权者使用了与他人相同或近似的商标，消费者一开始发生了混淆，但是当消费者进一步了解情形之后或者在做出购买决定前，就明白了相关商品或者服务的真实来源，又被称为售前混淆。学术上主要持有两派观点，一派认为应该适用初始混淆来规制竞价排名隐性使用的行为；另一派则认为不应该适用。

赞同适用初始混淆的理由主要基于，消费者搜索成本、注重保护商标权人的商誉以及维护市场竞争秩序出发。

初始混淆行为增加了消费者的搜索成本，商标的功能就是指示相应的商品或服务，保证其品质。消费者在进行相关商标搜索时，即是出于此考虑。而隐性使用竞价排名的搜索结果页面给消费者在辨识商品或服务来源的时候不可避免地使其耗费了更多的时间与精力，因此搜索成本有所提高。另一方面，竞争者设置关键词的行为，就是有利用商标权人的商誉来宣传自己商品或服务的行为，消费者搜索时发生初始混淆，然后对竞争者商品或产品的识别，在此过程中不仅权利人商标的识别功能会被削弱，商标权人的商誉也会受到一定程度的影响，且商标权人的交易机会可能会因竞争者设定关键词的行为而减少。这是一种不正当地占用了商标权人的商誉，应纳入混淆行为予以规制。[1] 从目前网络时代的大背景分析，流量成为商家必争之地，通过商标隐性使用获得更多曝光率以吸引顾客，满足自身获利的可能，容易造成市场的混乱，在消费者查找真正想要接触的商标及商品时形成障碍。[2] 另有学者提出，从长远看相对于初始混淆行为给消费者带来货比三家的选择权，在消费者对被告商品并不了解或认识不充分的情况下，消费者基于被告网站的宣传而选择了市场认知度低、质量低劣的商品，不仅波及了原告的商誉，而且必然损害消费者的利益。因此隐性使用行为需要用售前混淆理论规制。还有观点是基于线上和线下商标侵权之间可能存在的一个微妙的区别：损害商标持有者利益的起因。在线下环境中，不涉及消费者主动搜索特定商标用语。而在线上环境中，则涉及消费者主动搜索商标术语，由此可以看出竞争

---

① 邓宏光：《商标混淆理论之新发展：初始兴趣混淆》，载《知识产权》2007 年第 3 期。
② 苗征、唐梓博：《竞价排名下的商标侵权探析》，载《中华商标》2019 年第 2 期。

者从商标所有者处获取的是商标所有者凭借搜索已经获得的消费者利益。①

反对的理由主要基于，只要没有误导性，就要给消费者更多选择的空间以及保持市场的自由竞争者。消费者通过搜索引擎可以获得额外信息，包括推广信息所展现出来的更多选择。因此消费者能够比较不同品牌的特点、价格，进行自由选择。然而适用初始混淆理论则带来商标权人一定程度上的权利扩张，且是以牺牲消费者和竞争者利益为代价。初始混淆理论最大的弊端在于忽视了消费者购买的注意力和谨慎度，这意味着我们以相关公众作为"混淆"的测量主体失去了价值。② 另一方面商标隐性使用竞价排名本身体现的是一种市场竞争手段，符合现代销售和合法竞争的精神，且有利于保护自由竞争秩序。售前混淆理论使得商标专用权扩大且形成一定垄断，不利于自由竞争市场的发展，破坏了自由竞争者与商标专有权人交易机会的平衡。此外，给予商标所有人对注册商标绝对的控制，可能危害互联网的基本功能，即信息的自由流动。完全禁止在互联网上使用商标，由于要反对其竞争对手不公平地利用更知名商标的独特性，再加上评估消费者混淆的规则存在不明确处，容易导致在某些情况下导致自然语言的使用受限，因为商标的文字有可能对于消费者而言只是描述性的而非具有商标指向性③。

四、初始混淆理论的反思

无论是赞成和反对适用初始混淆理论的观点，都承认隐性使用商标的行为一定程度上利用了商标权人的商誉，只是双方侧重保护的利益点的相异而引起相反的结论，但其落脚点都是消费者利益和市场竞争秩序。

有学者指出消费者是否会继续寻找、购买商标权人的商品要看其后续搜寻成本的高低。搜寻成本没有显著增加的情况下，消费者拥有充分的自主选择权。④ 现今竞价排名的方式受到一定规制后，结果页面将推广链接和自然结果搜索的链接做了明显区分，即使一开始以为推广链接与其搜索商标关键词有关系，但点进链接具体查看意欲购买商品或服务时，一般而言消费者不会混淆。在这种情况下，网络用户所花费的搜寻成本其实是较低的，其自主选择权利没有受到隐性使用的影响，相反拥有更多的选择权。

隐性使用利用了商标权人的商誉是否对市场竞争有不良影响还需要进

---

① Aleasha J. Boling. Confusion or Mere Diversion-Rosetta Stone v. Google's Impact on Expanding Initial Interest Confusion to Trademark Use in Search Engine Sponsored Ads，47 IND. L. REV. 279（2014）.

② 刘敏：《论"初始兴趣混淆"原则在中国司法中的适用》，载《法律适用》2014 年第 4 期，第 64 页。

③ Maciej Zedja. Trademark Licensing in Keyword Advertising，7 J. INTELL. PROP. INFO. TECH. & ELEC. COM. L. 18（2016）.

④ 姚鹤徽：《论商标法售前混淆规则的适用边界》，载《西南政法大学学报》2018 年第 2 期。

一步分析。通过商标的隐性使用行为，商标权人可能确实会因此损失一部分交易机会。但自由竞争是市场经济的特性，竞争中出现利益之争也是常事。

竞价排名的行为其实是付费搜索广告服务提供商与广告主之间形成一种信息交换，这是一种以"竞争对手的目标消费者群体的信息"为客体的交易，是一种帮助广告主定位到竞争对手的目标消费者群体的服务。① 因此，这种关键词隐性使用本身，是一种市场竞争手段。

虽然交易机会可能会因行为人的关键词隐性使用而减少。但具有一定概率性的交易机会的损害并不当然获得法律保护。如上述分析，现如今的竞价排名的行为已受到一定规制，一般不会增加消费者过多的搜寻成本且显著标明链接为"广告"后，虽然有一定借用商标的行为，但就整体而言，商标所指向的商品或服务是一同呈现在消费者面前的，其割裂商标和商品或服务的作用是很小的。难以认定此为不正当的竞争行为。

从消费者方面而言，疑惑、不确定和好奇心可能会激励消费者使用商标来寻找信息，非寻找此商标所有人指向的产品或服务。因此，使用品牌作为寻找信息的工具不应该得出这样的结论：竞争产品的广告链接会导致消费者混淆。②

因此法院其实是可以为市场竞争自由留下一定的空间。初始混淆理论对于竞争激烈的市场经济条件下侵害商标权行为具有一定的解释力和规范意义，用于解决网络环境中的商标侵权有其存在的价值。但还是应该根据特定使用环境和技术背景所造成的客观后果等综合分析后加以确定。③ 一些实证研究也支持这样的观点。市场研究表明，消费者行为取决于广告的位置，以及他们对广告的看法是由广告内容决定的，他们对搜索的自然结果和竞价排名的广告结果两者间持不同信任度，因此关键字不会导致最初的兴趣混淆。相反，其他因素，如广告文字和广告链接指向的网站内容，在确定是否存在此类混淆时更为相关。④ 因此，笔者认为不需要一概用初始混淆理论去规制隐性使用行为，而是在具体个案中由法院根据每个案件的实际情况，对于关键词选定是否达到损害商标权利人商标信誉的程度，是否造成消费者搜寻成本过高影响其自由选择的空间，比如说推广链接的排名位置、链接区分度从而扰乱了竞争秩序进行实际判断。

① 陶乾：《隐性使用竞争者商标作为付费搜索广告关键词的正当性分析》，载《知识产权》2017年第1期。
② Deborah R. Gerhardt. Lexmark and the Death of Initial Interest Confusion，7 LANDSLIDE 22 (2014).
③ 张今、郭斯伦：《电子商务中的商标使用及侵权责任研究》，知识产权出版社2014年1月第1版，第138页。
④ Winnie Hung. Limiting Initial Interest Confusion Claims in Keyword Advertising，27 BERKELEY TECH. L.J. 647 (2012).

论网络安全推荐性国家标准的适用[*]

沈天月^{**}

（重庆邮电大学网络空间安全与信息法学院，重庆 400065）

摘　要：在网络安全领域，网络安全技术标准是重要的行为指引和规范准则，不容忽视。这些标准内容翔实，可操作性强，解决了法律法规相对宽泛原则的缺陷。但现行有效的标准，基本为推荐性标准，企业自愿采用，不具有强制约束力。而在执法实务中，出现了将推荐性国家标准作为执法依据的情形，有突破行政处罚法定原则之虑。本文对此进行了深入分析，将网络运营者违反推荐性国家标准的情形进行了分类，针对不同类型提出了相应的执法建议。在一般情况下，推荐性国家标准不具备强制约束力，但在满足新版《标准化法》所规定的情形时，可以作为行政处罚的依据。同时，相关部门也应当采取非强制手段，鼓励网络运营者积极采用推荐性国家标准，加强标准适用程度。

关键词：网络安全；国家标准推荐性标准；网络运营者；执法依据

一、引言

互联网已成为我们生活的一个基本部分，但所有的技术变革都是双刃剑，在网络技术迅猛发展的同时，也蕴含着巨大的安全和法律危机。正如尼古拉斯·尼葛洛庞帝所言："每一种技术或科学的馈赠都有其黑暗面。"[1]近年来，互联网上的安全威胁急剧增加，全球范围内大量网民受到网络侵害的影响，个人权益受到损害。虽然 2019 年网络安全漏洞和事件数量较 2018 年同比有所下降，但是网络安全形势仍然不容乐观。[2]

要维护网络安全，不仅仅要在核心技术上先声制人，还需要构建完善的

---

*　本文系重庆市研究生科研创新项目"电信运营商网络安全法律合规研究"（CYS19259）的阶段性成果。

* *　作者简介：沈天月，重庆邮电大学网络空间安全与信息法学院硕士研究生。

① ［美］尼葛洛庞帝：《数字化生存》，胡泳、范海燕译，海南出版社 1997 年 2 月版，第 227 页。

② 参见第 44 次《中国互联网络发展状况统计报告》，http://www.cnnic.net.cn/hlwfzyj/hlwxzbg/hlwtjbg/201908/t20190830_70800.htm，2019 年 8 月 30 日最后访问。

网络安全法律体系、执法机构严格执法、网络运营者和普通网民遵纪守法，才能够全方位保障网络安全。我国网络安全领域已形成由法律、行政法规、部门规章和相关规范性文件等多层次规范组成的、相互配合的法律体系。同时，网络安全技术标准，也是重要的行为指引和规范准则。

在网络安全技术标准体系中，推荐性国家标准占到了绝对多数。这些推荐性国家标准是否对网络运营者具有强制约束力、能否成为执法依据等问题，亟待厘清。2017年新版《标准化法》强调了企业自愿采用原则，但也规定如果企业在已经声明采用推荐性标准而未达到要求的情况下，需要承担民事责任。[①] 在网络安全领域，执法机构在约谈网络运营者时，已有依据推荐性国家标准的案例。[②] 将推荐性国家标准作为执法依据，是否违反行政处罚法定原则呢？[③] 本文试图挖掘网络安全推荐性国家标准和法律法规之间的联系，探讨其适用问题，期以为网络运营者守法合规、执法机构依法惩治违法违规行为，提供参考。

二、我国网络安全法律法规和标准适用现状

目前网络安全领域适用的文件大体可以分为三类：①法律法规、规范性文件和司法解释；②强制性技术标准；③推荐性技术标准。

（一）法律法规、规范性文件和司法解释

这是最典型的一类，也是使用最广泛的一类。目前，《网络安全法》系我国网络空间安全管理的基本法律，亦是目前网络安全执法的最主要法律依据。[④] 以《网络安全法》为纲，配套了一系列法律法规、规范性文件和司法解释。自2017年6月以来，各地网信办在执法过程中，除了《网络安全法》以外，还经常将《信息安全等级保护管理办法》等作为执法依据。

---

① 《中华人民共和国标准化法》第二十七条："国家实行团体标准、企业标准自我声明公开和监督制度。企业应当公开其执行的强制性标准、推荐性标准、团体标准或者企业标准的编号和名称；企业执行自行制定的企业标准的，还应当公开产品、服务的功能指标和产品的性能指标。国家鼓励团体标准、企业标准通过标准信息公共服务平台向社会公开。企业应当按照标准组织生产经营活动，其生产的产品、提供的服务应当符合企业公开标准的技术要求。"第三十六条："生产、销售、进口产品或者提供服务不符合强制性标准，或者企业生产的产品、提供的服务不符合其公开标准的技术要求的，依法承担民事责任。"

② 例如在2018年1月6日，支付宝账单事件出现后，国家互联网信息办公室网络安全协调局约谈了支付宝（中国）网络技术有限公司、芝麻信用管理有限公司的有关负责人，约谈的主要依据正是刚刚生效的推荐性国家标准GB/T 35273—2017《个人信息安全规范》。

③ 《中华人民共和国行政处罚法》第三条："公民、法人或者其他组织违反行政管理秩序的行为，应当给予行政处罚的，依照本法由法律、法规或者规章规定，并由行政机关依照本法规定的程序实施。没有法定依据或者不遵守法定程序的，行政处罚无效。"

④ 马民虎主编：《网络安全法适用指南》，中国民主法制出版社2018年1月版，第4页。

（二）强制性技术标准

根据《标准化法》相关规定，强制性技术标准必须执行[①]。目前在网络安全领域，强制性国家标准数量仅有 1 项，强制性行业标准也不多。由于强制性技术标准形式上是标准，实质上却具有法的强制执行效力，本文不再深入探究。[②]

（三）推荐性技术标准

与强制性技术标准相反，推荐性技术标准由企业自愿采用，没有强制要求。[③] 在网络安全领域，推荐性技术标准数量占据绝对优势。截至 2019 年 5 月 16 日，我国共发布了 268 项网络安全技术标准，其中有 252 项推荐性国家标准，15 项指导性国家标准。[④]

网络安全推荐性国家标准数量众多，大体可以分为三类。第一类是对网络空间安全提出基本要求和程序性规范，形成系统的网络安全保护基本框架。第二类是对近十年来迅猛发展但仍属空白的云计算、移动互联网、物联网、工业控制系统和大数据等最新技术领域做出规制。[⑤] 第三类则是对各个行业领域进行规制，并及时回应当前的社会热点问题。

三、网络安全推荐性国家标准能否成为执法依据

《网络安全法》规定较为原则，需要有相关规定或者技术标准予以明确。[⑥] 网络安全推荐性国家标准内容翔实，可操作性强，解决了法律法规相对宽泛原则的缺陷，在网络安全领域处于十分重要的地位。然而，这些推荐性国家标准，仅仅要求网络运营者自愿采用执行，没有强制约束力。这就让网络安全推荐性国家标准处于一种尴尬的地位，也给网络执法带来了困扰：能否以已经生效的推荐性国家标准为依据，做出行政处罚呢？如果企业对依据推荐性标准做出的行政处罚提出异议，又应当如何处置呢？

（一）推荐性国家标准的约束力

网络运营者是否必须遵守网络安全推荐性国家标准，以及执法机构是否

---

① 《中华人民共和国标准化法》第二条："强制性标准必须执行。"第二十五条："不符合强制性标准的产品、服务，不得生产、销售、进口或者提供。"

② 邓红梅、黄静：《关于强制性标准法律问题的思考》，载《齐齐哈尔师范高等专科学校学报》2011 年第 3 期。

③ 《中华人民共和国标准化法》第二条："国家鼓励采用推荐性标准。"

④ 已发布网络安全国家标准清单，https://www.tc260.org.cn/front/bzcx/yfgbqd.html，2019 年 8 月 30 日最后访问。

⑤ 马民虎主编：《网络安全法律遵从》，电子工业出版社 2018 年 2 月版，第 82－83 页。

⑥ 360 法律研究院：《中国网络安全法治绿皮书（2018）》，法律出版社 2018 年 7 月版，第 29 页。

可依据推荐性国家标准做出行政处罚，首要问题，是要确定推荐性国家标准的约束力，目前主要有两种意见。

第一种意见认为：既然《标准化法》已经规定了企业自愿采用推荐性标准，就应当严格依照法律规定执行。推荐性国家标准，自然包含在推荐性标准当中，属于企业自愿采用的范畴，不属于本条所规定的"必须执行"范畴。而在《网络安全法》第二十二、二十三条中，也只是规定了网络运营者提供网络产品和服务，必须满足国家标准的强制性要求，并未要求符合国家标准的推荐性要求。[①] 对于尚未制定强制性国家标准的网络产品和服务，应按照《产品质量法》的规定，符合保障人体健康和人身、财产安全的要求。[②] 因此，网络运营者如果只是违反网络安全推荐性国家标准，并未违反《网络安全法》等相关法律，不能够以此为依据对网络运营者做出行政处罚。

与之相反，另一种意见认为：推荐性标准一经接受并采取，或双方同意纳入合同中，就必须共同遵守，具有法律上的约束力。这在理论界已经达成共识，因为依法成立的合同，对当事人具有约束力。当事人在合同中约定按照推荐性国家标准执行，此时的推荐性标准上升为执行标准，如果企业未能达到该标准要求，执法机构据此作为法定违法事实实施处罚并无不当。[③] 2017年新修订的《标准化法》也对此类问题作出了规定，实行"企业自我声明公开和监督制度"，也就是企业必须公开其执行的包括推荐性标准在内的所有标准，如果违反所声明的标准，即便是推荐性标准，也需要承担法律责任。

窃以为，既然在其他领域，已经对推荐性国家标准的适用达成了共识，且新《标准化法》也做出了规定，网络安全领域自然也应当积极响应。不过，网络运营者所提供的网络产品和服务，与传统意义上的工农业等其他产品毕竟有所不同，且事关广大网络运营者和网络用户的切身利益，因此在适用过程中务必慎重。

（二）违反网络安全推荐性国家标准的具体情形

前文所述的第二种意见，以及新《标准化法》中的相关法条，如果要套用到网络安全推荐性国家标准中，也略有值得商榷之处。因为网络运营者是否声明执行某网络安全推荐性标准，不能仅仅只是简单地看产品标识，还需要

---

① 《网络安全法》第二十二条："网络产品、服务应当符合相关国家标准的强制性要求。"第二十三条："网络关键设备和网络安全专用产品应当按照相关国家标准的强制性要求，由具备资格的机构安全认证合格或者安全检测符合要求后，方可销售或者提供。"

② 杨合庆主编：《中华人民共和国网络安全法释义》，中国民主法制出版社2017年4月版，第75页。

③ 例如2010年11月14日，沭阳新概念木业有限公司销售给山东金丽进出口有限公司中密度纤维板，双方签订合同约定遵守 GB/T 11718—2009 优等品生产检验。上述中密度纤维板经法定检测机构检验结论是：三项质量指标不符合推荐性国标 GB/T 11718—2009《中密度纤维板》。工商局按照不合格产品冒充合格产品进行定性，根据《产品质量法》进行处罚，此案最终入库30万元。

结合隐私保护政策、服务协议、用户合同等文件综合判断,并且还需注意法律法规的强制性规定与推荐性国家标准条文的衔接。网络运营者违反推荐性国家标准,大体可以分为以下几类情况:

（1）网络运营者在产品介绍、隐私保护政策、服务协议、用户合同等条款中明确声明执行某推荐性国家标准,但是在实际过程中并未执行或者未达到该标准要求。

（2）网络运营者既未声明执行某推荐性国家标准,也没有在产品介绍、隐私保护政策、服务协议、用户合同等条款引用标准内容,在实际过程中也未执行或者未达到该标准要求,但并未违反《网络安全法》及相关法律法规。

（3）网络运营者未声明执行某推荐性国家标准,但是在产品介绍、隐私保护政策、服务协议、用户合同等条款引用了标准内容,在实际过程中并未执行或者未达到属于该标准引用部分的要求,但并未违反《网络安全法》及相关法律法规。

（4）网络运营者未声明执行某推荐性国家标准,但是在产品介绍、隐私保护政策、服务协议、用户合同等条款引用了标准内容,在实际过程中并未执行或者未达到属于该标准引用部分以外的要求,但并未违反《网络安全法》及相关法律法规。

（5）网络运营者未声明执行某推荐性国家标准,也没有在隐私保护政策、服务协议、用户合同等条款引用标准内容,实际过程中也未执行或者未达到该标准要求,但是违反了《网络安全法》或相关法律法规,且网络运营者所违反的法律条文,在推荐性国家标准中有进一步深化、具体的规定或解释,网络运营者同样未执行或未达到这些具体规定的要求。

这五类大致涵盖了网络运营者采取网络安全推荐性国家标准可能的几种情形,各不相同,需要分类处理。

（三）不同情形执法依据各不相同

前文列举的第二种意见,则可以直接套用到这里的第一类和第二类情况。针对第一类"声明但未执行"的情况,则无论网络运营者是否违反了网络安全相关法律法规,只要网络运营者没有执行或者未达到所声明的推荐性国家标准要求,执法机关就可以给予行政处罚。此时网络运营者所声明的推荐性国家标准,对企业具有强制约束力,可以成为行政处罚的依据。这既拥有新《标准化法》、原《标准化法》条文解释的支持,也可以在《合同法》中找到依据。

针对第二类"未声明、未引用、也未执行、未违法"的情况,则完全属于网络运营者自愿不采纳执行推荐性国家标准的情况,此时如果网络运营者并未违反相关法律法规,自然不能对其进行行政处罚,否则于法无据,突破了行政处罚法定原则，将损害法律的公正性。

后面三类情况则较为繁琐，但是也可以和前两类情况进行对照。第三类"未声明、部分引用、未执行引用部分"，可以参照第一类"声明但未执行"的情况，对网络运营者进行行政处罚，因为此时可以归结为网络运营者部分采纳了推荐性国家标准。对于部分采纳的内容，网络运营者就受到强制约束了，如果拒不执行或者不达标，执法机关有权对网络运营者进行行政处罚。对于网络运营者将推荐性国家标准内容进行一些字词、顺序上的简单变化后的化用，也应当一并视为引用了国家标准，因为并没有发生实质上的变化。

第四类"未声明、部分引用、未执行未引用部分"的情况，则是最为复杂的一类情形。根据引用推荐性国家标准内容的多少，又可以分为一般引用和大量引用的情形。如果仅仅只是一般引用了推荐性国家标准中的一些内容，则此时情况和第二类"未声明、未引用、也未执行、未违法"是相似的，未引用的部分不具备强制约束力，网络运营者如果未执行未引用部分也属于自愿原则，此时不应予以行政处罚。如果是大量引用的情况，则需要具体分析。例如 GB/T 35273—2017《信息安全技术个人信息安全规范》的附录 D"隐私政策模板"，就被大量网络运营者直接套用。那么此时如果网络运营者违反了该标准其余部分，是否可以对其进行行政处罚呢？按照企业自愿采用的原则，这种情况下一般也不应予以行政处罚。但如果未引用部分的内容和已经引用的部分存在必要的关联，例如引用部分中专业术语的定义，那么该必要关联部分可以作为行政处罚的依据。又或者是网络运营者故意产生误导，让他人误以为网络运营者已经采纳了某推荐性国家标准，则此时如果违反了该标准未引用部分内容，仍应予以行政处罚。

第五类，也是最后一类情况，即网络运营者违法情况下，是否可以参照推荐性国家标准对其进行行政处罚。此时企业因为已经违法，则显然也违反了相关标准中的具体规定。但是，法条规定较为宏观，缺乏可操作性，执法机构也必须参照相关技术标准来认定是否违法。而在网络安全领域"推荐性国家标准满天下"的现实环境面前，执法机构也只能参照推荐性国家标准中的相关内容，来判断网络运营者是否违反了相关法律法规。如果此时不允许依据推荐性国家标准予以行政处罚，则明显为难执法人员，有违保障网络安全这一立法精神。从社会效应上来说，如果在执法过程中，将所有推荐性国家标准都排除在外，将会背离大多数公众的认知。公众一般并不清楚强制性标准和推荐性标准的区别，可能会认为"国家标准"之名相当权威，如果完全不依照推荐性国家标准执法，公众就可能会对执法结果产生困惑或不满，或者对国家标准失去信任，从而产生不良的社会效应。这种情况下，执法机构可以将推荐性国家标准中，不超过相关法律法规所限定的部分内容，作为行政处罚的依据。

以上几类情况及相应的处理建议,可以由表1简明列出。

表1　针对网络运营者违反网络安全推荐性国家标准的处理建议

是否声明/标识	是否引用	是否违法	是否执行	处理建议
是	/	否	否	可予以行政处罚
否	否	否	否	不应予以行政处罚
否	是	否	未执行引用部分	可予以行政处罚
否	是,一般引用	否	未执行未引用部分	不应予以行政处罚
否	是,大量引用	否	未执行未引用部分	一般不应予以行政处罚,如果未引用部分和引用部分存在必要关联,或者故意产生误导,则可予以行政处罚
否	否	是	否	可依据违反法条所涉及的标准内容,予以行政处罚

四、加强网络安全推荐性国家标准的适用

技术标准可以更好地规范网络空间行为,因此应当加强网络安全推荐性国家标准的适用。[①] 在这一过程中,要注意过犹不及,不宜过多用行政手段强制推行,可以通过市场调节的方式,促进网络安全推荐性国家标准的稳步实施。

(一)不宜将推荐性国家标准强制化

推荐性标准制定的初衷,是为整个行业提供一份参考,期以市场、经济等手段进行调控。如果强制性标准过多,人为设置太多门槛,必然给企业经营增加负担。在当前我国标准化改革战略中,也一再强调减少强制性技术标

---

① 2016 年 12 月 27 日发布的《国家网络空间安全战略》明确要求:"加强网络安全标准化和认证认可工作,更多地利用标准规范网络空间行为。"

准,深化"放管服"改革。① 当然,在网络安全领域,由于强制性标准过少,也并不利于维护保障网络安全。因此,国务院相关部门应当按照《网络安全法》要求,根据实际需要和标准化法的规定,制定一批相关产品和服务的强制性国家标准。②

不过,制定强制性标准,也并不意味着要将现行的推荐性标准强制化。而且,也并不宜将推荐性国家标准强制化。一般而言,推荐性标准较法律法规和强制性标准要求更加严格③,如果直接将网络安全推荐性国家标准转化为强制性标准,或者在执法过程中直接将推荐性国家标准作为普遍性的执法依据,变相将推荐性国家标准强制化,则有扩大法律法规适用范围、增加网络运营者运营负担之虑。

基于上述因由,不宜将网络安全推荐性国家标准强制化。对于一般的基础通用网络安全领域,仍以制定推荐性国家标准为主。④ 推荐性国家标准制定数量不宜过多,以免让网络运营者不知所措。在推荐性国家标准已得到广泛运用,经过市场考验和反馈之后,再根据标准执行情况,将推荐性国家标准中适当的部分提取出来,形成强制性国家标准。对于国家关键信息基础设施保护、涉密网络等领域,则通过专门立法设计有效的过程监管制度,直接制定强制性国家标准,最大限度预防风险的发生。⑤ 国家标准中的专门性术语,也应当具有行业或者国际共识、公认的定义,这样才能使该标准具备无懈可击的技术基础,从而有利于标准的实施和推行。⑥

(二)鼓励网络运营者积极采用推荐性国家标准

随着《网络安全法》及其相关配套法律的实施,对网络运营者设置了更多的义务,也对企业提出了更高的要求。对企业而言,严格执行国家标准,或者

---

① 2015年3月26日国务院发布的《关于印发深化标准化工作改革方案的通知》中明确要求:"整合精简强制性标准。在标准体系上,逐步将现行强制性国家标准、行业标准和地方标准整合为强制性国家标准。在标准范围上,将强制性国家标准严格限定在保障人身健康和生命财产安全、国家安全、生态环境安全和满足社会经济管理基本要求的范围之内。"
② 杨合庆主编:《中华人民共和国网络安全法释义》,中国民主法制出版社2017年4月版,第75页。
③ 《中华人民共和国标准化法》第二十一条:"推荐性国家标准、行业标准、地方标准、团体标准、企业标准的技术要求不得低于强制性国家标准的相关技术要求。国家鼓励社会团体、企业制定高于推荐性标准相关技术要求的团体标准、企业标准。"
④ 2016年8月12日中央网信办、国家质检总局、国家标准委联合发布了《关于加强国家网络安全标准化工作的若干意见》,对网络安全标准体系的完善作出了规划:(1)在国家关键信息基础设施保护、涉密网络等领域制定强制性国家标准;(2)优化完善推荐性标准,在基础通用领域制定推荐性国家标准;(3)视情况在行业特殊需求的领域制定推荐性行业标准;(4)原则上不制定网络安全地方标准。
⑤ 周汉华:《论互联网法》,载《中国法学》2015年第3期。
⑥ 寿步:《我国网络空间安全立法的技术基础和逻辑起点》,载《汕头大学学报:人文社会科学版》2016年第4期。

制定并实施一套比国家标准更加严格的企业标准,必然更有利于其争夺抢占市场。一旦网络运营者采纳了相关国家标准,执法部门即可依据标准开展检查,对未达到标准要求者予以行政处罚。

如果有网络运营者不采用推荐性国家标准的内容,相关执法部门可以对网络运营者进行约谈,并发布风险提示,供用户参考。约谈的对象范围不宜过大,否则将使推荐性标准变相强制化。对于涉及用户数量较大的网络运营者,可以根据法律法规和推荐性国家标准适当要求严格一些,网络运营者因为主体规模扩大而获得更多效益,自然就应该加强防范相应的风险。① 这样既不违背自愿性原则,也可以由市场本身对网络运营者进行优胜劣汰。随着用户网络安全意识的逐步提升,企业如果不执行相关国家标准的网络运营者,自然会丢失很多客户,从而不得不考虑严格执行相关国家标准。

五、结语

安全是市场准入的必要条件,标准则是严格市场准入的尺度。国家标准和行业标准规定的网络安全技术要求,是维护网络空间安全的重要关口。而稳健妥当地执法,必然要严格依照法律法规依据,符合社会当下的现实状况及未来的发展需求。针对网络运营者违反推荐性国家标准的不同情形,应当采取不同的执法措施。在一般情况下,推荐性国家标准不具备强制约束力,但在满足新版《标准化法》所规定的情形时,可以作为行政处罚的依据。同时,相关部门也应当采取非强制手段,鼓励网络运营者积极采用推荐性国家标准,加强标准适用程度。

---

① 夏燕:《网络社区自治规则探究——以"新浪微博"规则考察为基础》,载《重庆邮电大学学报(社会科学版)》2017 年第 7 期。

网络 PUGC 短视频著作权许可制度研究

李　凤*

（重庆邮电大学网络空间安全与信息法学院，重庆 400065）

摘　要：学界对网络短视频的研究已成"重保护轻利用"之势，且存在研究对象单一、研究体系化程度不够之缺。故从短视频著作权的权利利用出发，选取情况最复杂的网络 PUGC 短视频为研究对象，运用法经济学交易成本理论结合产业发展实际需求来分析网络 PUGC 短视频著作权许可制度的正当性，同时对美国与我国现行许可制度的差异比较，从宏观治理与具体制度设计两个层面探索完善网络 PUGC 短视频著作权许可制度的有效路径。

关键词：PUGC 短视频；著作权；许可制度

一、研究的源起

业界对短视频的概念尚无定论，但多数观点认为网络短视频是依托智能移动终端进行创作、上传并播放的一种新型视频形式，主要通过社交性媒体平台进行实时分享与传播。依据其内容来源分类，一是 UGC 短视频，User Generated Content，即用户生成内容；二是 PUGC 短视频，Professional User Generated Content，即平台专业用户生产内容；三是 PGC 短视频，Professionallygenerated Content，即专业生产内容。[①] 短视频产业发展迅速，有报告显示：截至 2018 年 12 月，我国网络短视频用户规模已达 6.48 亿，用户使用率为 78.2%。[②] 但不断发展的短视频产业中存在一系列问题，其中最突出的三个问题就是：内容失范，版权侵权，信息泄露。这些乱象的出现，需要相关制度规则进行调整。

学术界关于网络短视频的研究主要集中在三个方面：一是网络短视频现

＊　作者简介：李凤，重庆邮电大学网络空间安全与信息法学院硕士研究生。

①　秦迪：《"杂志化"短视频的传播策略与营销方式——以一条视频为例》，载《新媒体研究》2018 年第 4 期，第 56-57 页。

②　中国互联网络信息中心：第 43 次《中国互联网络发展状况统计报告》，http://www.cnnic.net.cn/ hlwfzyj/hlwxzbg/hlwtjbg/201908/t20190830_70800.htm，最后访问日期 2019 年 8 月 30 日。

状及发展趋势。艾瑞咨询、QuestMobile 等研究机构定期发布报告,详细分析了网络 PUGC 短视频行业现状、问题和发展趋势。沈嘉熠(2018)[①]、黄楚新(2017)[②]等从传播学角度,就短视频媒体融合与短视频发展等问题进行了理论探讨。二是网络 PUGC 短视频的著作权法律保护。李琛(2019)[③]、朱巍(2017)[④]等学者从法学视角,对网络 PUGC 短视频版权侵权与法律规制问题进行探讨。三是网络短视频内容规制与平台治理。姬德强、杜学志(2017)[⑤]对比分析了国外互联网视频规制的基本框架并提出建议。吕鹏、王明漩(2018)[⑥]对短视频平台治理从创新治理、关系治理和依法治理三个层面提出可行性对策。

学者们的研究成果对网络短视频产业的健康发展大有裨益,但仍有以下两点可完善:①研究对象可继续丰富。已有成果关注网络短视频平台责任问题、著作权保护或执法监管问题,从政府监管、市场自管、社会自律三个维度,研究乱象的法治应对还很少。②研究体系化可提高。已有成果大都处于点对点式的分散研究阶段,缺乏从文化产业、数字技术、法律制度三方关系有效协同的高度分析。鉴于现有研究已成"重保护轻利用"之势,在学者们忽视的短视频的产业发展方面已从著作权权利转变成传播使用的利益,理论研究与立法规制缺失与飞速发展的短视频市场规模严重不符。

本文从著作权许可的角度关注特殊内容商品网络短视频在《著作权法》中的权利利用。因 UGC 短视频独创性不高,可通过合理使用来讨论,制作 PGC 短视频专业性很强,其独创性较高,可通过现行著作权法来研究。故选取介于 UGC 短视频与 PGC 短视频两者之间的情况最为复杂的 PUGC 短视频为研究对象。

二、网络 PUGC 短视频著作权许可制度的正当性

熊琦教授认为,市场经济环境下,多数作品是为了满足市场需求而创作的,创作者一般都不是作品的实际利用者,只有通过交易才能实现作品的经

---

① 沈嘉熠:《短视频媒介发展的机遇与挑战》,载《中国电视》2018 第 8 期,第 73 - 76 页。
② 黄楚新:《融合背景下的短视频发展状况及趋势》,载《人民论坛·学术前沿》2018 年第 19 期,第 40 -47 页。
③ 李琛:《短视频产业著作权问题的制度回应》,载《出版发行研究》2019 年第 4 期,第 5 - 8 页。
④ 朱巍:《互联网直播短视频版权的四个问题》,载《中国广播》2017 年第 9 期,第 40 - 42 页。
⑤ 姬德强、杜学志:《短视频平台:交往的新常态与规制的新可能》,载《电视研究》2017 年第 12 期,第 33 - 36 页。
⑥ 吕鹏、王明漩:《短视频平台的互联网治理:问题及对策》,载《新闻记者》2018 年第 3 期,第 74 - 78 页。

济效用。① 网络 PUGC 短视频正是这样的作品形式。作者利用网络 PUGC 短视频平台，通过著作权许可、转让和资本化等多种运营形式，将其生成作品的使用价值和交换价值最大限度地发挥出来，实现了从纸上的权利到商业利益"惊人的一跳"。

（一）基于法经济学的理论分析

著作权一向都被称为"传播之权"，著作权人依赖作品的广泛传播和使用来获得经济效益。根据科斯定理，如果在市场环境中交易成本为零，只要允许自由交易，无论产权初始界定为何，最终都能够使交易获得利益最大化。②

1. 交易成本的制约

依照交易成本理论，研究网络 PUGC 短视频作品著作权许可机制的功能，即通过交易来增加网络 PUGC 短视频著作权客体价值能更有效实现的概率。有效控制作品的使用成本作为著作权法所要达到的目标之一，能使权利分配在著作权许可制度中变得更有效率。然现有著作权许可制度过度依赖于市场调节，当市场失控时，网络 PUGC 短视频著作权人与他人之间的利益"天平"就会倾斜，不仅权利人的利益可能受损，使用者还可能要承担高昂的使用成本。所以科学的许可制度，能够有效降低作品传播中的交易成本，实现作品效用的最大化。反之，若作品的许可成本过高，作品的价值会在流转过程中被消耗。随着 5G 时代所带来各种红利，使得传播方式又将更新，传播方式的便捷与廉价，毫无疑问会给网络 PUGC 短视频创作人带来巨大影响。如果网络 PUGC 短视频的权利人既坚持现有的权利体系，又追求网络 PUGC 短视频著作权客体的许可效率，可交易成本又不能抵消技术革新所降低的传播成本，技术革新于传播效率上的优势无法实现，那么今天的网络 PUGC 短视频传播阻碍却源于制度的瓶颈。

2. 许可效率的追求

因技术革新而不断提高的传播效率，历史上各国著作权法都做出了制度回应，例如法定许可制度便是源于音乐著作权领域。网络 PUGC 短视频产业的快速发展与现行《著作权法》许可机制严重滞后之间的矛盾让网络 PUGC 短视频的许可使用成为一大难题，网络 PUGC 短视频不仅要适应网络技术的再次变革对现有许可制度带来的冲击，还要解决许可效率与传播效率之间的矛盾，然而世界各国至今对此都没有明确的解决路径。最先遭遇网络 PUGC 短视频许可效率之困的国家，因利益分配方式固定，各方利益的博弈使得 PUGC 短视频许可机制的变革停滞不前。我国短视频产业起步虽晚，但发展

① 熊琦：《数字音乐之道：网络时代音乐著作权许可模式研究》，北京大学出版社 2015 年版，第 5 页。
② 卢现祥、朱巧玲：《新制度经济学》，北京大学出版社 2012 年 7 月版，第 137 页。

势头迅猛,可我国现行《著作权法》基本是直接移植国外著作权法和国际公约,与其他国家的遭遇同步在网络著作权侵权与许可版税分配不当等问题。

(二)基于市场需求的实证分析

网络 PUGC 短视频融合了音乐、文字、影像,短平快的大流量传播内容可以更加直观地满足用户表达与沟通需求、展示与分享诉求,受到国内外互联网巨头、资本和粉丝的青睐。在国外,北美短视频市场一马当先,引领全球短视频应用软件开发、平台应用和市场的风潮。[①] 在国内,各种短视频 App 相继上线,逐渐改变人们的生活方式[②]。从科技进步、市场实际需求与权利人诉求来看,传播技术、产业形态、权利类型皆是刺激网络 PUGC 短视频著作权做出制度回应的重要元素。

1. 传播媒介的革新

数字技术的飞速发展,短视频受新传播媒介的影响更为直接。从获取方式上,短视频用户享受视觉与听觉相结合的直观感受;从客体类型上,短视频"短、平、快"的特征使其运用新技术传播使用的成本更为低廉。因印刷技术的进步,从 1709 年的英国,颁布了世界上第一部版权法——《安娜法令》,自此作者权利开始受到保护;至互联网络技术趋向成熟,为新环境下能充分保护作者权利,1998 年美国《数字千年版权法》(DMCA)的颁布与我国 2001 年《著作权法》中增设的信息网络传播权,让作者的合法权益从实体环境延伸至网络空间。传播技术的更新换代,对著作权制度的变革产生重要影响。以互联网为载体的网络 PUGC 短视频与科技发展速率成正比,故制度应当对网络PUGC 短视频的著作权保护做出回应。

2. 产业形态的多元

从权利客体看,网络 PUGC 短视频中包含音乐、图形、文字和影像特效以及创作者想表达的内容等。从权利主体看,有网络 PUGC 短视频的创作者、网络 PUGC 短视频服务提供者、商业用户、最终用户。在现今社会发展的不断前进中,既有提供 PUGC 短视频制作的背景音乐平台,也有提供 PUGC 短视频影像特效功能的剪辑平台,所以因网络 PUGC 短视频主体与客体的复杂性,未来的产业形态必将更加多元,著作权权利客体与权利主体必定更加丰富,网络 PUGC 短视频市场中各主体不但彼此合作还互相竞争。尤其涉及立法问题,各主体企图为自己争取更广泛的利益同时,还阻止另外的产业主体分新市场"一杯羹",最终网络 PUGC 短视频著作权许可制度的立法进程陷入困境。

---

① 高菲:《短视频发展的现状和瓶颈》,载《当代传播》2018 年第 4 期第 33－36 页。
② 林文婧、毕秋敏:《国内短视频发展现状及问题思考》,载《视听》2018 第 11 期,第 30－31 页。

3. 权利类型的复杂

网络 PUGC 短视频主要由"音乐＋内容"这两部分构成,其著作权的权利类型不仅包括数字音乐作品的著作权,还有能表达创作者核心思想的"内容"著作权。众所周知,数字音乐作品自身的权利类型就极其复杂,不但有音乐作品著作权,还有录音制品著作权,《著作权法》为两者还设计了不同的许可方式。[①] 这让以音乐元素为主要构成的网络 PUGC 短视频的权利类型更为繁复。随着数字技术的不断突破,未来的短视频权利类型会不断地增加,产业形态将日趋丰富,网络 PUGC 短视频著作权有可能成为著作权法中涉及利益分配最复杂的领域。

三、比较法视域下的中美著作权许可制度

如前所述,网络 PUGC 短视频在实践中快速发展,但著作权许可制度却严重滞后,在制度的供给与 PUGC 短视频产业的现实需求之间产生了矛盾,供给与需求的不匹配,使交易成本居高不下,《著作权法》需对此做出应答,网络 PUGC 短视频许可制度的改革势在必行。"他山之石可以攻玉",改革之前不妨看看其他国家是如何实现许可效率和传播速率的同步提高,以便最终选择符合我国现阶段立法的实际解决方式。

（一）法定许可制度

法定许可制度(强制许可制度)在美国版权法中的确立,溯其源头是美国联邦最高法院审理的第一个关于强制许可的案件,White－Smith Music Publishing Co.v.Apollo Co.案。起初是立法者为了应对因新的音乐传播技术带来的著作财产权体系的扩张,兼顾防止在录音产业内部可能出现的市场垄断,故而制度本身在立法动因上表现出了强烈的工具主义倾向。[②] 可后续产业在实际运作中发现,法定许可的定价效率的问题不断。此后,虽多次修法,然事与愿违,预期效果并不理想。可见美国法定许可制度对定价效率这一问题上,一直存在无法克服的难关。

我国的法定许可制度,在我国《著作权法》第 23、33、39、42、43 条中有规定,可其法定许可范围尚未扩展至网络环境。法定许可制度的实现是需要弱化著作权人的排他权利,由法律明文规定的定价显然与网络 PUGC 短视频内容商品的特质不兼容,其商业价值多与传播的范围、市场因素息息相关。我国现行法定许可制度若对网络 PUGC 短视频作品统一定价,亦不合著作权人

---

① 熊琦:《音乐著作权制度的体系化历史与本土化进程》,载《电子知识产权》2015 年第 4 期,第 23－32 页。

② 蒋一可:《数字音乐著作权许可模式研究——兼议法定许可的必要性及其制度构建》,载《东方法学》2019 年第 1 期,第 146－160 页。

与使用者之间相对灵活的交易需要。

相比较之下,美国的法定许可制度对定价效率这一难题并未攻克,且这种"一刀切"的工具主义做法,于我国的网络 PUGC 短视频市场而言也不可取。又因互联网是不具备单一国家属性的,例如 YouTube 、vine 等皆为跨国产品,从与国际接轨的角度出发,我国现行《著作权法》的许可制度亦不适用于网络 PUGC 短视频产业。

(二)集中许可制度

作为判例法国家,因其高度的行业自律,美国没有对著作权集中管理进行规范立法,但美国著作权管理机构由来已久,著作权集体管理一般是根据公司法的相关要求而设立,除遵守本国公司法的相关规定,还设立了会员大会、理事会和监事会。这三个机构各司其职又互相监督。美国关于著作权的授权方式以自由为原则,双方在自愿平等的前提下,自由协商权利的授予方式和范围。并且其在行业自律、使用费用分配方面拥有比较完备的制度,且设有网络数据库供作品使用人查询相关作品的著作权信息。随着技术的不断进步,将科技手段运用于著作权集体管理正是美国著作权集体管理机构的发展势头。[①] 如美国短视频分享平台 YouTube 早就使用的"Audible Magic 数字指纹识别系统"。

我国《著作权集体管理条例》颁布于多数集体管理组织成立之前的 2004 年,一直以来由政府主导其运作,公权力机关创立的行政许可的模式,严格限定了集体管理组织的数量和业务范围,基本排除了市场私人主体创制集体管理组织的可能。这也表明我国著作权集体管理组织在事实上和法律上具有双重垄断地位,缺乏有效的外部竞争,容易导致集体管理组织在许可条件和定价机制的设计上缺乏足够的市场化激励。[②]

相比较之下,美国的行业自律在集中许可制度的发挥上有着极大的促进作用,可以解决多数的侵权问题,但与美国高度的行业自律不同,我国一直以来都以政府监管为主,没有形成良好的行业自律环境和氛围,于我国而言,集中许可制度不能有效地激励创作者继续创作更多更高质的作品。

(三)公共许可制度

公共许可(开放许可)制度是基于数字网络技术产业而私人创制的版权利用手段。公共许可制度是让版权人自愿放弃部分权利,允许大众在一定范

---

① 李永明、钱炬雷:《我国网络环境下著作权许可模式研究》,载《浙江大学学报(人文社会科学版)》2008 年第 6 期,第 93 - 102 页。

② 熊琦:《数字音乐之道:网络时代音乐著作权许可模式研究》,北京大学出版社 2015 年版,第 169—173 页。

围内自由使用作品,鼓励更多著作权人在不同程度上许可他人自由地利用作品[①],目的是用来去除著作财产权带来的制度成本,可与法定权利类型相比,公共许可制度这种意定的权利配置方式具有不稳定性,公众难产生社会认同感。从美国的"谷歌数字图书馆计划(Google Digital Library Project)"一案可以看出。公共许可意图实现"去产权化",不是对著作权权利的完全放弃,而是有条件地开放一部分作品,其中对著作财产权的部分保留,后续利用过程中在许多方面会增加作品协调成本。美国关于公共许可的立法也非常缺失,其互联网产业中出现的诸多问题无法得到解决。

公共许可制度在我国的应用,主要在数字音乐领域的网络服务提供者已开始通过公共许可的方式向公众提供正版作品。但公共许可制度的前提需要著作权人放弃部分权利,而依托互联网为载体而生的 PUGC 短视频的生命周期短,变现手段单一,无法在其之上开发付费的商业模式。[②]

综上所述,美国的法定许可制度自身便同我国一样存在定价效率难解之惑,定价过高会抑制传播,定价过低会打击创作者的积极性;美国的集中许可制度虽好,可面对网络 PUGC 短视频产业的开放共享,我国企业缺乏行业自律的现实,对我国而言集中许可制度也难实现;美国的公共许可制度的立法缺失与实践经验不足之困,也让其在无法满足我国网络 PUGC 短视频产业的制度需求。可现阶段我国网络 PUGC 短视频实际需求与著作权制度不匹配,所以需要完善网络 PUGC 短视频著作权许可制度。

四、完善网络 PUGC 短视频著作权许可制度的对策建议

对比发现,我国网络 PUGC 短视频著作权许可制度的设计不能照搬国外的制度,而是需要积极应对、动态调整。因此,构建与中国国情相适应的网络 PUGC 短视频著作权许可制度,宏观上,需要正确处理文化产业、数字技术、法律制度间的相长关系,微观上,扩大法定许可的适用范围,完善集中许可和公共许可制度设计,进而为我国网络 PUGC 短视频著作权制度创新提供可行的立法经验。

(一)网络 PUGC 短视频治理模式之重构

法律作为顶层设计无论何时都不可或缺,在数字网络时代,企业作为技术的开发者和主要应用者,必然要受到法律的约束,而技术可以进一步保障法律的有效实施。法律不仅是约束也是一种激励,面对捉摸不定的市场环

---

① 赵锐:《开放许可:制度优势与法律构造》,载《知识产权》2017 年第 6 期,第 56－61 页。
② 熊琦:《数字音乐之道:网络时代音乐著作权许可模式研究》,北京大学出版社 2015 年版,第 169－173 页。

境,只有从制度、技术与企业三管齐下,才能保持市场大环境的稳定,保障行业发展的健康。

1. 法律层面

法律不仅要及时、合理吸收来自市场反馈,同时要利用技术手段保障其实施。一是科学立法。树立"软法＋硬法"相结合的立法理念,完善网络安全法等相关法律法规。发挥行业准则、职业道德、信息传播伦理的作用,评估中国网络视听节目服务协会发布的《网络短视频内容审核标准细则》《网络短视频内容审核标准细则》运行绩效,探讨提高网络 PUGC 短视频规范层级的可行性。二是严格执法。开展短视频版权专项整治,重点打击短视频领域各类侵权行为,以"重罚"威慑不良低俗以及违法违规内容上传者。健全跨部门联合执法机制。推动信息技术与执法办案融合,采用移动执法 App、电子案卷等技术手段,对执法流程进行实时动态监控、在线安全监测和电子监察。三是公正司法。探讨构建数字环境下网络 PUGC 短视频著作权纠纷多元化解决机制,探讨网络 PUGC 短视频版权惩罚性赔偿制度。

2. 市场层面

法律不仅要规范短网络 PUGC 短视频平台企业的主体责任,企业在开发技术的同时也要运用技术手段加强自管。一则运用大数据智能化,加强短视频内容管理,完善视频审核流程,及时调整审核重点;探索建立监测预警机制,对短期内传播量异常增加的视频进行二次人工审核。二则改善算法,根据不同情况选择短视频平台节目推送办法。三则实行网络 PUGC 短视频"实名制＋黑名单"制度,建立平台用户身份认证和发布机制。四则履行版权保护责任,规范版权授权和传播规则,遏制用户对广播电视视听作品的随意拼接。

3. 技术层面

为法律实施提供有力支撑,也为市场的健康发展供给原动力。第一,让技术实现"通知—删除"规则的方便运用。例如美国的短视频分享平台YouTube 利用"Audible Magic 数字指纹识别系统"自动发现和删除侵权视频[①];阿里鲸观平台利用"iDST 人工智能技术"智能打标签与抽取视频"指纹",实现全网范围内的追踪。[②] 第二,配合法律明确平台自身的义务,启动未成年人保护措施,多角度保证未成年人的身心健康。建立"违法违规上传账户名单库",强调应当合理设计智能推送程序,实行信息共享机制,更好地维护短视频著作权的市场秩序。

---

① 何天翔:《音视频分享网站的版权在先许可研究——以美国 YouTube 的新版权商业模式为例》,载《知识产权》2012 年第 10 期,第 90 - 97 页。

② 朱迪庆:《短视频版权问题及平台应对措施》,载《科技传播》2018 年第 16 期,第 117 - 118 页。

（二）完善网络 PUGC 短视频著作权许可制度的具体路径

利益平衡原理作为《著作权法》的最终目标，从"创作者—传播者—使用者"三者的利益平衡可以看出，著作权的产生以创作为前提，经济效益的产生又依赖于传播和使用。因此我们需要选择一种既能有效降低交易成本又能让社会公正的利益获得保障，并且符合产业需要与制度基础的网络 PUGC 短视频许可制度。为此，笔者提出三点建议。

1. 扩大法定许可的适用范围

首先，明确网络 PUGC 短视频法定许可制度的立法价值定位。设立法定许可制度目的就是为了保护权利人的经济财产权利，法定许可程序越复杂，其产生的交易成本越突出。若减少程序性条款会使网络 PUGC 短视频法定许可的适用成本大大低于其他许可模式，必然让传播者或者使用者极力倡导使用法定许可制度。因此，以优先建立产业主体自由协商机制为前提，将网络 PUGC 短视频法定许可制度，定位为产业发展初期改善其矛盾与弥补市场失控的临时性制度工具。

其次，增加网络 PUGC 短视频法定许可条款中对权利人的保障性规定。长久以来，著作权立法者很大程度上所认为的市场乱象，往往是放任平台和用户以传播之借口，行使免费使用之实，让著作权人陷入无力维权的困境。因而重新认识法定许可的立法价值之后，接着就应该在制度设计上调整原本简单的许可程序，将通知义务严格增加进所有类型的网络 PUGC 短视频的法定许可中，同时必须增加使用作品前后的版税计算义务和对价支付规定。

最后，将适用范围控制在市场失灵的范围内。按照法定许可原初的立法价值，其目的是为帮助并非阻碍著作权的市场形成，所以在已经具备著作权市场协商机制的领域，法定许可应该退出。据《媒体融合蓝皮书：中国媒体融合发展报告（2017—2018）》的披露，质量的高清、精品将成为未来短视频行业基准门槛，且短视频创业者和平台将逐步分化。由此可见产业主体之间的充分竞争已基本形成。而现行《著作权法》是通过法定许可中的简单许可程序和缺位的监管机制来维持获取作品的低廉成本，对于这点不应支持。

2. 重构集中许可制度

从著作权集体管理组织的设立规则看，应当以"准则"代替"行政许可"，明确只要是符合要件者即可通过申请设立集体管理组织。权利人追求的是许可的高效率和高定价，使用者追求的是传播的大范围与低成本，目前我国著作权集体管理组织的低效率与不作为，很大程度源于集体管理组织的官方性质。因此，应当允许私人创立的集体管理组织存在，并由权利人全权掌控，让权利人得以机敏地对市场变化做出回应。

从著作权集体管理组织的市场地位看，为防止网络 PUGC 短视频著作权集体管理组织干涉网络 PUGC 短视频著作权人的私人自治,应强制规定网络 PUGC 短视频著作权人与网络 PUGC 短视频著作权集体管理组织之间的许可为非专有许可。实践证明,著作权人与著作权集体管理组织的许可关系为非专属性时,切实可行的限制著作权集体管理组织的市场垄断地位,并且激励著作权人积极寻求效益更大的方式,将作品价值最大化。

从著作权集体管理组织的许可模式看,我国著作权集体管理组织提供的许可模式过于单一。面对互联网络是作品传播主战场的今天,每日海量的网络 PUGC 短视频上传至网络,而数量许可的成本过于巨大,谁都无力承担。所以我国应借鉴他国已有的成功经验,丰富许可合同的类型。

3. 公共许可制度的适当引入

在网络 PUGC 短视频著作权的许可上,公共许可是需要放弃著作权人的部分权利而获得作品的大范围传播,所以为了保障权利人的根本利益,要适当引入公共许可制度。

(1)要解决立法层面缺失的关键性问题。建议通过修改法条,将网络 PUGC 短视频公共许可制度的条款纳入"权利管理信息"的范畴,扩充司法解释的范围,标明权利人等,严禁他人在未经许可的情况下更改或移除。同时要求经网络 PUGC 短视频公共许可的作品在改编或演绎的新作品时,必须保留部分网络 PUGC 短视频原作品的权利管理信息。

(2)保障网络 PUGC 短视频原作品权利人的基本利益,扩充公共许可合同对第三人的追责效力。当公共许可后续使用者违背网络 PUGC 短视频原作品的条款时,可允许网络 PUGC 短视频原作品权利人请求其承担侵权责任。

五、结语

内容作品消费渐渐成为主流的今天,如何在互联网产业的商业模式下保护版权人基本利益,还能让市场生机勃勃,是当下法学理论研究与实务探索亟须解决的问题。随着短视频作为独立市场逐渐庞大,原有的利益平衡格局破碎重构,《著作权法》必须做出应对,一味压制短视频传播并非解决问题之道,开放有序的市场、适度得当的监管、合情合理的制度才能促进市场持续健康发展。

涉众型网络犯罪的抽样取证问题研究

敬劲霄*

（重庆邮电大学网络空间安全与信息法学院，重庆 400065）

摘　要：涉众型网络犯罪在最高人民法院、最高人民检察院、公安部联合制定下发的《关于办理网络犯罪案件适用刑事诉讼程序若干问题的意见》中，第一次被官方定义，并将其列为网络犯罪的四大类别之一。该类案件因涉及地域广、波及的被害人众多且地域分散，对传统的证据收集模式提出了新的要求，也为抽样取证在刑事诉讼中的运用提供了现实依据。本文试从现有的法律规定、司法实践和理论研究对涉众型网络犯罪案件中抽样取证的适用进行探究。

关键词：涉众型网络犯罪；网络犯罪；抽样取证；证据审查；电子证据

一、涉众型网络犯罪抽样取证的现状及问题

抽样取证在我国司法实践中更常应用于行政执法及行政诉讼中，在行政法领域已形成明确的立法规范。而在刑事诉讼法领域，常见的是应用于知识产权、毒品等类别犯罪中对物证的抽样取证。抽样取证简单来说，是对案件相关物品或人员进行抽样分析并作为证据的行为，由此可见抽样取证是统计学中的抽样调查在司法中的运用。然而，从我国的司法实践来看，无论是行政执法、行政诉讼还是刑事诉讼中的特别种类的案件，在进行抽样取证时，针对的对象都是物品，而为了应对涉众型网络犯罪的取证难点，有必要将抽样取证的对象扩大至与案件相关的物品及人员。因此，本文所指抽样取证是专门机关的人员针对与案件相关的物品或者抽取样本进行分析，并将样本作为证据收集的行为。

统计学中抽样的常用方法有简单随机抽样、分层抽样、系统抽样等，根据总量的特点、样本的特点选择更适合的方法进行抽样，不仅可以提高效率，还可以减少抽样的误差。由统计学中抽样方法类推，在司法活动中的抽样取证

＊　作者简介：敬劲霄，重庆邮电大学网络空间安全与信息法学院硕士研究生。

方法也应该包含简单随机抽样、分层抽样、系统抽样。

涉众型网络犯罪在《关于办理网络犯罪案件适用刑事诉讼程序若干问题的意见》中,是指在网络上发布信息或者设立主要用于实施犯罪活动的网站、通信群组,针对或者组织、教唆、帮助不特定多数人实施的犯罪案件,其最突出的特点就是犯罪涉及人数不特定,犯罪活动针对的被害人人数众多且无法逐一查证。涉众型网络犯罪中典型的案例包括非法获取个人信息案件、电信网络诈骗案件、网络盗窃案件,因为上述三类犯罪行为通过信息网络实施时,行为人往往是针对不特定多数人,所以研究这三类案件对涉众型网络犯罪的取证现状具有典型的借鉴意义。

通过聚法裁判网和无讼网分别对非法获取个人信息案件、盗窃、诈骗案件进行检索,针对检索结果使用"网络犯罪""被害人陈述"等关键词再进一步检索,本文最终对 100 个非法获取个人信息案件、80 个网络盗窃案件和 145 个电信网络诈骗案件进行统计分析。首先,在总量为 100 的非法获取个人信息案例中,有千位以上被害人的案件一共有 36 件,甚至有被害人高达 140 万的非法获取个人信息案件,且主要集中在 2015 年至今的时间段。可以看出,利用网络实施非法获取个人信息的行为,是随着网络技术发展的趋势而激增的,行为人利用网络的匿名性、广泛传播和快速扩散的特点,通过网络非法获取个人信息,因此造成涉及被害人众多、涉案地域广等后果,为专门机关针对被害人的调查取证无疑造成了巨大的困难。其次,从非法获取个人信息案例的裁判文书中所反映的获取被害人陈述的情况来看,在被害人超过一千人次的 36 个案件中,有 25 个案件的裁判文书没有提到被害人陈述的收集情况和证明情况;在剩余 11 份案例中,收集到的被害人陈述人数不一,包括 140 万人次被害人的案件中只提到了两位被害人的陈述,而在有 16 037 被害人人次的案例中,却有 36 位被害人陈述的具体情况说明。在网络盗窃的 80 个案例中,被害人人数在 10 人以上、100 人以下的有 30 个,对于其中收集的被害人陈述跟被害人总人次也没有必然联系,有高达 92 人次被害人的案例收集了全部被害人陈述,也有 12 个被害人却未提到被害人陈述的情形存在。另在 145 个电信网络诈骗的案例中,被害人在 10 人次以上 100 人次以下的有 45 个案例,被害人超过 100 人次的有 8 个案例,而在包含有 2 306 人次被害人的案件中,裁判文书仅仅显示了 22 份被害人陈述用于证明被告的诈骗事实。由此可见,对于该类涉众型网络犯罪案件,被害人陈述的收集难度是巨大的,更重要的是对收集被害人陈述情况没有明确的标准,或者说没有体现出有明确的标准。从裁判文书中并不能发现已收集到的被害人陈述对整个案件所有的被害人的受害情况具有何种代表性、具有何种程度的证明作用,也无法得知关于未收集到的被害人陈述的原因是没有必要还是收集情况差强人意。最后,对于三类案件中被害人数极大的案例,针对其已收集到的极少部分被害人陈述,其证明作用主要是对案件的基本事实进行更为直观的证明,并说明犯罪嫌疑人的犯罪行为是如何实施的。揭示了行为人盗取被害人的个人信息对被害人造成的后续后果:存在行为人盗取信息后实施信息买卖的交易,对被害人还未造成实际的危害后果的情形;也存在行为人盗取信息后为了自己的经营活动向被害人发送骚扰信息造成不同程度的后果;也有行为人盗取信息后对被害人进行诈骗并造成严重后果;更有盗取信息后实施损害被害人名誉的活动对被害人造成了严重的损害等情况。可以看出,被害人陈述对于案件基本事实、行为危害程度都有不容忽视的证明作用,因此,对于涉众型网络犯罪的被害人取证问题急需解决。

二、涉众型网络犯罪中适用抽样取证的规范解读

为了解决上述困境,2014 年公安部发布的《关于办理网络犯罪案件适用刑事诉讼程序若干问题的意见》中规定:"确因客观条件限制无法逐一收集相关言词证据的,可以根据记录被害人数、被侵害的计算机信息系统数量、涉案资金数额等犯罪事实的电子数据、书证等证据材料,在慎重审查被告人及其辩护人所提辩解、辩护意见的基础上,综合全案证据材料,对相关犯罪事实作出认定。"前述规定只是说明在不能逐一收集到相关言词证据时,根据其他证据足以证明案件事实的,可以对相关事实进行认定。尽管网络犯罪有将被害人次作为评价因素的规定,但当案件中的证据已经能够相互印证形成证据链达到其他入罪标准并说明案件事实时,没有被害人陈述不会影响到案件事实的认定。该法律规定实质上并没有解决对涉众型网络犯罪案件需要被害人陈述却无法全面收集的困境,而是避开了收集被害人陈述的难题。

随后在 2016 年,最高人民法院、最高人民检察院、公安部联合下发的《关于办理电信网络诈骗等刑事案件适用法律若干问题的意见》(以下简称《意见》)中规定:"办理电信网络诈骗案件,确因被害人人数众多等客观条件的限制,无法逐一收集被害人陈述的,可以结合已收集的被害人陈述,以及经查证属实的银行账户交易记录、第三方支付结算账户交易记录、通话记录、电子数据等证据,综合认定被害人人数及诈骗资金数额等犯罪事实。"此《意见》中已经对收集被害人陈述的难题提出了具体的办法:当无法逐一收集被害人陈述时,可以结合已收集的被害人陈述,以及经查证属实的银行账户交易记录、第三方支付结算账户交易记录、通话记录、电子数据等证据,综合认定被害人人数及诈骗资金数额等犯罪事实。总的来说,《意见》规定了利用部分被害人陈述证实全部案件事实的情形,但跟抽样取证有着明显的区别,不能看作已经确立了抽样取证的法律地位,只能作为在涉众型网络犯罪中引入抽样取证的

法律基础。

2018 年，浙江省出台的《电信网络诈骗犯罪案件证据收集审查判断工作指引》（以下简称《工作指引》）中更明确的规定为："被害人数量在百人以内的，应当对所有被害人进行调查核实，并制作笔录。确因客观原因无法联系上被害人，或被害人拒绝作证的，应当记录在案；被害人数量超过百人，且书证、电子证据等证据充足，已能查明各犯罪嫌疑人的诈骗行为、诈骗数额等犯罪事实，对被害人进行抽样取证不影响对各犯罪嫌疑人具体行为及诈骗数额的认定的，可以进行抽样取证。但因物证、书证、电子数据等客观性证据不充足，只能依靠被害人陈述来认定诈骗金额的案件除外。"在《工作指引》中正式使用了抽样取证字样，确定了对被害人可以采用抽样取证的收集被害人陈述。具体来说：①提出了抽样取证的适用条件，其他证据已经足以证明案件基础事实，当被害人数量超过百人，且对被害人进行抽样取证不影响到基础事实认定的情形下，可以采用抽样取证的方式。说明了以部分事实去证明整体事实的抽样取证方法不能用于证明案件基本事实。②规定了抽样取证中对样本的选择，应该选择被骗资金量大、空间距离相对较近、被害特殊群体、已经报案或涉案方法有代表性的被害人作为证据样本。前列条件是针对样本应当具有代表性这一特征，在涉众型网络犯罪中的众多被害人中如何体现的解释，且前列条件不需要同时满足，满足一项或者几项能够具有一定的代表性即可。③强调了侦查机关应当对抽样情况进行详细论证和说明，同时检察机关和审判机关应当对抽样情况进行谨慎审查。表明了在刑事诉讼中适用抽样取证的慎重态度，既要坚持科学的抽样取证方法，同时也要满足刑事诉讼的程序要求。

刑事诉讼中逐步确立了抽样取证的法律地位，但对于抽样取证的法律规定还不足以指导实践。首先，涉众型网络犯罪具有涉及人数不特定的特点，对被害人的陈述难以全面收集，而现行法律中只针对电信网络诈骗这一类案件适用抽样取证进行了明确的规定，这使得实践中对于其他种类的涉众型网络犯罪，如非法获取公民个人信息案件适用抽样取证时会面对无法可依的情况。其次，抽样取证的具体方法，以统计学中抽样调查的方法为基础，结合刑事诉讼的特点，实践中抽样取证的方法主要有简单随机抽样、分层抽样、系统抽样、重点抽样，目前只在浙江省出台的《工作指引》中规定对样本的选择应当选择被骗资金量大、空间距离相对较近、被害特殊群体、已经报案或涉案方法有代表性的被害人，体现了重点抽样的取证方法，其他抽样取证方法尚未现于法律，更谈不上对抽样取证的具体方法进行明确的规定。最后，抽样取证的样本不仅要能够代表总体，还需要样本的情况能够足以证明总体的情况，换句话说样本的特点不仅要反映总体的特征，还需要样本的数量足够反映总体的情况。在常见的抽样取证方法中，除了重点抽样取证注重与样本能够反映总体的特征，其他三种方法皆还需样本的数量足以证明总体的情况，而法律只对样本如何反映总体的特征做出了规定，却未对如何确定样本数量进行限制。

三、抽样取证的理论回应

刑事诉讼中的抽样取证，是指办案人员基于统计学的科学方法，从海量的物品或被害人中提取具有代表性的物或人作为样本对象进行取证，并据此证明全体对象的属性、数量、结构、比例等的一种刑事推定式证明方法。[①] 由于抽样取证是来源于统计学的一种科学方法，所以其具体实施方法包括不同的案件如何判断是否可以适用抽样取证、样本的选择标准以及如何得出结论等也应该属于类似于司法鉴定的科学、合理的活动，并不是本文需要讨论的重点，本文需要关注的是抽样取证在刑事诉讼中适用的理论上的合理性。目前关于刑事诉讼中适用抽样取证的理论争议主要集中在抽样取证是否降低了刑事案件的证明标准。

传统刑事诉讼的证明方式是通过现有的证据推导出证据事实，再根据证据事实相互联系形成案件事实，最终得到的案件事实不等同于事实真相，而是法律事实，是利用依法收集的证据，通过法定的证据规则形成的法律上获得认可的事实。因此，传统刑事诉讼的证明方式符合刑事诉讼的证明标准，即案件事实清楚，证据确实充分。不同于前述证明方式，抽样取证中样本事实从抽样对象联系到整体事实的过程，并不是由样本事实中包含的信息直接予以证明，而是通过推定得到整体事实。相比之下，抽样取证得出的事实势必会存在偏差，其证据不够充分。因此，出现抽样取证降低了刑事案件证明标准的质疑。

目前回应该质疑的通说认为，抽样取证由样本事实推定出整体事实这一过程固然没有达到证据确实充分的证明标准，但该证明标准在刑事诉讼中是针对刑事案件的全案事实来说，适用抽样取证的案件中，裁判者在对全案事实进行认定时，还需要根据其他物证、书证、视听资料、电子证据等综合认定。在这一过程中，裁判者始终坚守着案件事实清楚，证据确实充分的证明标准，因此，抽样取证并未降低刑事诉讼中的证明标准。

我国的证据制度中对于证据的证明力大小是由法官根据案件情况和证据情况进行判定的，案件的最终裁判也是由法官根据具体情况形成内心确认做出的。因此我国的印证证明模式不属于法定证据体系而属于自由心证体

---

① 马忠红：《论网络犯罪案件中的抽样取证——以电信诈骗犯罪为切入点》，载《中国人民公安大学学报（社会科学版）》2018，34（06）：69-78页。

系,显然,这里提到的自由心证体系是区别于法定证据制度的。印证证明模式与在英美法系和大陆法系通行的自由心证制度仍然是有区别的,前者注重外部证据是否能通过内含信息的重合和矛盾证明事实的存在与否,后者注重根据案件情况和证据情况是否能在裁判者的内心符合其逻辑和经验法则而认定事实存在与否。从还原事实真相来说,印证证明模式有独特的优势,因为根据来源于事实发生过程的证据来还原案件事实,即利用事件发生时产生的信息碎片来组合重现事件,自然是更接近事实本身的。但要追求法律真实,只注重证据印证而轻视自由心证会适得其反,使法律真实与客观真实并非逐渐贴合而是渐行渐远。我国对于印证模式的偏重造成实践中司法机关对客观证据收集的极度重视,将焦点集中于取证环节,不仅提高了实践中对证据收集的要求,更滋生了许多不合理的实践操作:如为了获取证据采取刑讯逼供等违法的取证手段、对案件先入为主以主观预设的案情为方向收集证据而忽略对犯罪嫌疑人有利的证据、以有罪的论调来通过证据构建案情、以供到证的取证思路等,尽管我国通过司法改革也在不断修正上述与刑事诉讼基本原则不相符的实践操作与意识,但总体上偏重印证模式的基调还未得到改善。另一方面,我国在刑事诉讼过程中对心证功能的轻视,首先会导致在对案件的审查判断中,在面对证据体系客观上形成相互印证的证据链时,忽略证据之间以及证据重构的事实与现实之间可能存在的逻辑或者常识的矛盾;其次,当案件中证据达到相互印证的状态时,难以仅从心证的角度对证据甚至案件事实提出质疑,不利于查清案情事实。

因此,我国的证据模式应当坚持龙宗智教授提出的印证主导,加强心证功能的改革方向。对案件事实进行认定时,首先应该坚持印证方法,但当取证存在难以突破的困境导致证据不充足时,就应当正确发挥心证的功能,以弥补印证方法的不足。对于涉众型网络犯罪来说,对全案事实首先自然应当坚持通过收集证据,根据不同证据内部信息的相互印证,来进行综合认定。但是,由于涉众型网络犯罪的实施手段和方式的特点,对涉众型网络犯罪被害人陈述的收集存在目前常用的取证方法无法解决的困境,即无法全面地收集涉案所有被害人的陈述作为证据使用。此时便已不再适合坚持印证证明模式,因为印证证明需要利用证据内在信息的同一性来说明案件事实,就需要全面充分地收集相关证据,根据所有证据包含的信息是否一致来说明案件事实才具有说服力。在该种情况下还继续坚持只有充分全面地收集证据才能对案件事实起到证明作用的标准,除了给司法实践带来更大的取证压力以及使案件止步不前外,没有任何益处。相反,当涉众型网络犯罪面临无法全面收集证据时,适当正确地发挥心证功能,可以使证明问题得到一定程度的解决。对涉众型网络犯罪的被害人进行抽样取证便是在坚持全案证据印证的前提下，发挥心证功能的一个突破性选项。且在现有法律规定中，对电信网络诈骗的抽样取证是在诈骗行为、诈骗数额等案件基础事实已查明的情况下才能进行，对被害人进行抽样取证不能影响到基础事实的认定，只能依靠被害人陈述来认定诈骗数额的不得适用抽样取证。当被害人陈述对于涉众型网络犯罪案件的证明作用有限时，如电信网络诈骗案件中通过被害人陈述来证明诈骗手段，只需要选取有代表性的被害人进行取证，其陈述能够说明犯罪手段即可，并不需要每一个被害人陈述都被收集到。在涉众型网络犯罪的抽样取证活动中，侦查机关根据法律规定和抽样取证的原则，科学地选择样本，收集样本情况，根据样本情况对总体的情况进行推定，审判机关对抽样取证情况的论证和说明进行审查判断，着重审查抽样取证活动的合法性和科学性，以排除合理怀疑形成内心确信，实现自由心证的功能。综上，对涉众型网络犯罪的全案事实进行认定时，坚持印证证明模式的主导作用，需要运用不同来源的各种证据相互印证来综合认定案件事实，但对于涉众型网络犯罪中需要通过被害人陈述说明的相关问题，因为无法获得足够充分的证据所以采用抽样取证的方法，使用科学的抽样取证方法通过样本事实推导出总体的情况，发挥心证的作用，对相关问题进行认定。在刑事诉讼证明中，仅有证据的相互印证是不够的，证据相互印证是证据内含信息的统一，而如何利用证据所包含的信息对事实进行认定本就无法避免人的主观能动性，因此法官根据经验法则对抽样的结论进行审查进行自由心证的过程也是符合刑事诉讼基本原则的。

四、涉众型网络犯罪中抽样取证的制度设计

根据涉众型网络犯罪中适用抽样取证的法律规定存在的不足以及实践中需要改进的地方，提出以下建议：

（1）推进高位阶法律的完善，扩大抽样取证的适用范围。目前关于抽样取证的规定仅仅只有在电信网络诈骗案件中适用已有立法指导，根据前文对电信网络诈骗、通过网络实施的非法获取个人信息案件和网络盗窃案件的案例分析，可以得知，这三类犯罪作为涉众型网络犯罪的典型案例，都面临着涉案被害人众多无法全面收集被害人陈述的困境，尤其是非法获取个人信息案件，动辄上千人次，又由于该案件的性质特殊，被害人可能对案件始终不知情，司法机关根据案件线索无法正常联系到被害人。因此，我国立法应当吸取浙江省关于电信网络诈骗案件中适用抽样取证规定的经验，根据抽样取证的规定在实践中运用的效果，通过高位阶的立法扩大抽样取证的适用范围，有效解决目前涉众型网络犯罪中的取证困境，打击涉众型网络犯罪的发展势头。

（2）细化抽样取证的规定，科学实施抽样取证。刑事诉讼中的抽样取证是一种刑事推定的推定式证明方法，其有存在的必要性和合理性，因此在实践中更要类比统计学中抽样调查活动的实施步骤科学地适用抽样取证，保证刑事诉讼的公正合理。在抽样调查中，需要通过有限的样本来估计总体，所以样本需要能够如实地反映总体，所以，要提高结果的科学性，就需要提高样本的代表性。而在抽样设计中影响样本代表性的主要因素如下：抽样框、抽样方法和样本容量。对于涉众型网络犯罪中的抽样取证活动来说，抽样框即抽样目标总体是固定的，因此需要对如何选择抽样方法和如何确定样本容量进行科学的规定。

目前实践中抽样取证的方法主要有简单随机抽样、分层抽样、系统抽样、重点抽样，但立法中只在浙江省出台的《工作指引》中规定对样本的选择应当选择被骗资金量大、空间距离相对较近、被害特殊群体、已经报案或涉案方法有代表性的被害人，体现了重点抽样的取证方法，这显然不利于司法人员对抽样取证活动的实施、对抽样取证结果的质证，更不利于刑事诉讼活动的公正合理。因此可以借鉴抽样调查方法的分类，对分层抽样、系统抽样做出规定，首先由于简单随机抽样是针对总体随机抽取样本的方法，其适用的前提应当是总体中不存在明显的易于划分群体的特征，对所有个体一视同仁地随机选取。其次对于分层抽样来说，分层的原则应是使层内差异尽可能小，层间差异尽可能大，这样就可以提高估计精度，样本的代表性就比较好，所以分层抽样方法的适用条件是当案件的众多被害人之间，存在较为明显的特征差异，且根据被害人存在的特征能较为明显地区别划分。并且在分层划分时，要选取明显的特征进行划分，对被害人根据划分标准谨慎归类以保证层间差异尽可能大，层内差异尽可能小，进一步保证抽样结果的科学性。最后，系统抽样是纯随机抽样的一种演变形式，是将样本按照一定顺序进行排列，按照个体总容量与所要选取样本的比例确定合适的间隔进行取样。因此系统抽样的适用条件应当是案件中的众多被害人之间没有明显的特征差异，才能适用系统抽样。系统抽样的关键在于应根据总体特征选择适当的单元排列顺序和抽样间距，才能提高样本的代表性。

合理确定样本容量，同样参考统计学中抽样调查的做法，需要考虑总体的规模、总体的异质性①程度以及抽样的精确性。在样本数量的计算上，通常可采用简公式 $n = t/4e^2$，n 为样本数量，t 为置信度所对应的临界值，e 为抽样误差率。而在分层抽样中，还需要计算出各层内的抽样数量，$n_k = w * N_k$，而其中 $w = n/N$，n 为样本容量，N 为样本总量②。

---

① 异质性是指一个群体里面，所有个体的特征差异程度，异质性越高，个体的特征分布越分散。
② 王有刚、彭现美：《提高抽样调查样本代表性的措施》，载《中国统计》2011 年第 10 期，第 51 - 52 页。

（3）在裁判文书中加强对抽样取证部分结论的论证。侦查机关需要对案件的抽样取证情况进行详细论证和说明，以保证抽样取证过程的合法性和合理性。审判人员对抽样取证情况的审查判断以及抽样取证结论的认定情况更关乎案件的最终裁判，需要审判人员谨慎地对待，也更需要审判人员通过裁判文书再现自由心证的过程，以展现司法裁判的公正与权威。

网络诽谤犯罪的治理机制研究

——以 100 个犯罪案例为分析样本

喻　柳*

（重庆邮电大学网络空间安全与信息法学院，重庆 400065）

摘　要：互联网络技术的高速发展为人类带来便利的同时，也为诸多传统违法犯罪提供了土壤。近年来随着网络技术的发展，网络诽谤犯罪案件数量呈现逐年增长的趋势。通过搜集、分析 2009 年至 2018 年 10 年间的 100 个相关案例发现，网络诽谤犯罪在犯罪行为、被害人、发布载体、传播途径等方面呈现出其独有的特征。对网络诽谤的治理应在注重发挥司法能动性的同时，兼顾政府规制和预防机制等方面的建设，通过完善政府规制手段和规制救济，健全法律规范、加强预防机制，从而规范网络诽谤犯罪。

关键词：网络诽谤犯罪；犯罪实证分析；犯罪治理机制

从近几年的司法实践来看，网络诽谤犯罪案件的数量在逐年增加，并且增长速度也在不断提高，这使得各专家学者、从事法律工作的相关人员不得不开始重视这一现象。如何对网络诽谤犯罪进行有效治理，成为当下热点，也成为亟须解决的问题。对于网络诽谤行为，许多国家都出台了相应的法律法规，我国亦是如此。但是仅仅只有理论指导不足以有效治理网络诽谤犯罪，还需根据其犯罪特征采取针对性措施。基于此，本文以 2009 年至 2018 年 10 年间的 100 个相关案例为样本，分析网络诽谤犯罪的特点、存在的问题，并以此为基础提出相应的对策。

一、网络诽谤犯罪的概述

对网络诽谤犯罪的治理机制进行研究，首先需要对网络诽谤犯罪进行明确的界定。只有明确了具体含义，才能全面地认识网络诽谤犯罪行为，从而进行网络诽谤犯罪治理机制的研究。

诽谤的概念最初来自古罗马时期，带有诋毁他人的贬义的含义。①而在我

---

* 作者简介：喻柳，女，重庆邮电大学网络空间安全与信息法学院 2019 级研究生。

① 郑文明：《诽谤的法律——兼论媒体诽谤》，法律出版社 2011 年 3 月版，第 16 页。

国,诽谤这一词最开始时有两方面的含义,只是在汉文字发展的过程中,其正面的部分逐渐被人们忽视,而成了现今留存下来的单一的贬义含义,如捏造、诋毁、污蔑这一类带有负面色彩的评价。我国目前在法律领域多有使用诽谤这一概念,但是尚未形成准确定义。最高人民法院、最高人民检察院于2013年9月发布的《对于办理利用信息网络实施诽谤的适用法律若干问题解释》(以下简称《解释》)规定:"谣言被转发超500次可判刑,明知诽谤仍提供帮助以共同犯罪论处。"由此可知,网络诽谤犯罪指的是在网络环境中出现的犯罪行为,它并不是一个独立的罪名,而是诽谤行为在网络中的延伸。犯罪者通过网络途径对被害人实施诽谤行为,网络在网络诽谤犯罪中充当主要的犯罪工具。基于此可以认为,网络诽谤犯罪是指在客观方面表现为故意捏造并通过网络散布虚构的事实,足以贬损他人人格,破坏他人名誉,情节严重的行为[①]。

二、网络诽谤犯罪的实证分析

随着网络空间拓展性、开放性的增强,社会行为的多样性随之增多,网络空间成为全新的犯罪场域[②]。网络诽谤犯罪并不是我国刑法中的一个独立罪名,而是从属于诽谤罪。从目前我国网络诽谤犯罪的形式来看,其具有许多新型犯罪的特征。因此,对网络诽谤犯罪行为进行实证分析是本文的任务之一。笔者在无讼案例、中国裁判文书网等网站收集了近10年来的有关网络诽谤犯罪的案例进行研究分析。

(一)犯罪人分析

1. 性别因素

其一,犯罪人在性别方面存在较大偏差(见图1)。从我国网络诽谤犯罪人(基数为129人,包含共同犯罪人数)的性别因素来看,网络诽谤犯罪中以男性犯罪为主,有112人,占比86.8%;女性犯罪人数很少,有17人,占比13.2%。两相比较,男性罪犯的人数远多于女性,这或许与男性的生理特征和心理特征有关。在现实生活中,二者对待纠纷的处理方式就有所不同,男性通常显得易怒且冲动,而女性则大多表现为隐忍、退让。加上在网络空间这样的虚拟世界中,网民的言论更加自由,由此产生的言论摩擦更多,男性罪犯也就表现得更为激进和大胆。

---

① 陶遵臣、柳林辉:《网络诽谤犯罪的特点及适用》,载《人民法治》2016年第6期。
② 包双双:《涉众型网络诈骗的罪责刑实证分析——以100份刑事判决书为研究对象》,载《人民检察》2018年第10期。

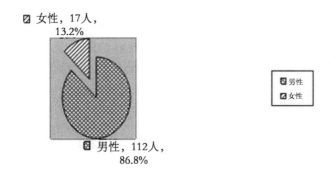

图 1　犯罪人性别情况

其二,不同性别犯罪人在文化程度方面存在差异(见图 2)。在 112 名男性犯罪人中,6 位男性为大学学历,占比 5.4%;3 位男性为大专学历,占比 2.7%;20 位男性为高中学历,占比 17.6%;25 位男性为初中学历,占比 22.3%;58 位男性为小学学历,占比 52%。在 17 名女性犯罪人中,3 位女性为大学学历,占比 17.6%;1 位女性为大专学历,占比 5.9%;7 位女性为高中学历,占比 41.2%;4 位女性为初中学历,占比 23.5%;2 位女性为小学学历,占比 11.8%。由此可见,男性犯罪人的学历多为小学、初中学历,而女性大多为高中学历,男性犯罪人的文化程度相比女性要低许多。

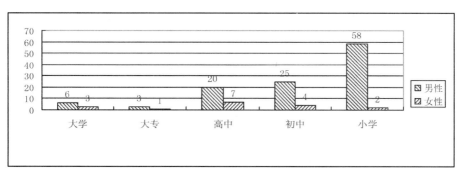

图 2　不同性别犯罪人的文化程度情况

其三,不同性别犯罪人在被捕前职业上呈现差异(见图 3)。在 112 名男性犯罪人中,20 位男性为白领,占比 17.9%;92 位男性为蓝领,占比 82.1% 。在 17 名女性犯罪人中,7 位女性为白领,占比 41.2%;9 位女性为蓝领,占比 59.8%。这不难看出,网络诽谤犯罪中职业为蓝领的男性比例远高于女性,职业为白领的女性比例高于男性。出现此种情况,除了从事蓝领职业的群体大多为男性这一原因外,还与前文提及的男性生理、心理特征相关。

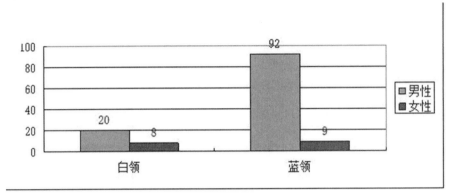

图 3　不同性别犯罪人被捕前职业情况

2. 年龄因素

不同年龄阶段犯罪的人数不同（见图 4）。分析样本中，网络诽谤犯罪的犯罪人以中青年人为主，年龄最大的为 69 岁，年龄最小的为 20 岁。由图 4 可知，年龄偏小和偏大的犯罪人数量较少，中青年犯罪人数量最多。就此，笔者认为年龄偏小的犯罪人数量较少的原因在于他们大多初入社会，与他人发生实质性利益冲突、纠纷的机会较少，这样一来就缺乏产生诽谤的源头。而年龄较大的犯罪人可以说已经是历经"世间百态"，面对一些纠纷问题时就显得淡然、沉稳许多，不会仅因一时冲动而实施诽谤行为。区别于二者的中青年人而言，他们是社会的主力，背负着沉重的负担，面临着巨大的压力，这使得他们更渴求自己的一些负面情绪能够得到宣泄，网络空间就成为一个很好的场所。同时他们在现实生活中也更易与他人因为工作、利益等原因产生冲突、纷争，从而成为实施网络诽谤行为的事由。

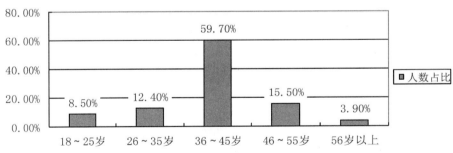

图 4　不同年龄阶段的犯罪人数情况

3. 其他因素

其一，网络诽谤犯罪的实施主体属于诽谤言论原创者的案件有 68 件，占比 68%；跟帖者的案件有 7 件，占比 7%；网络水军的案件有 15 件，占比

15%；网络服务提供商的案件有 4 件，占比 4%；其他类型的有 6 件，占比 6%（见图 5）。几相比较，发帖者占绝大多数比例。联系实际可知，诽谤信息通常是由发帖者发出、传播，其他看到该信息的人大多会对此有所怀疑，从而仅仅只是浏览，而少有人会继续传播该信息或者轻易对此发表触及诽谤的言论。

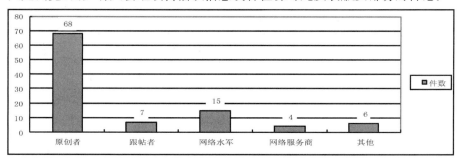

图 5　犯罪人身份情况

其二，犯罪主体的文化程度呈现出一定的特征（见图 6）。就所统计的数据来看，犯罪人的文化程度普遍水平较高，以高中学历以上者居多。笔者认为形成此种现象的原因在于，文化程度较低的群体大多选择的是更为"简单粗暴"的行为来解决其与他人之间的纠纷，诸如暴力、现实社会中的传统诽谤等方式。

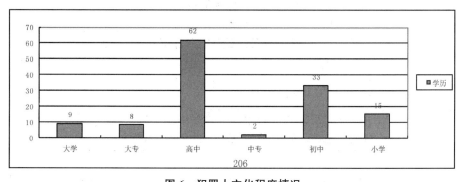

图 6　犯罪人文化程度情况

（二）犯罪行为分析

1. 犯罪地点分布状况

不同地区的网络诽谤犯罪数量有所不同（见图 7）。从网络诽谤犯罪的地区分布情况看，我国网络诽谤犯罪案件分布不均匀，东部地区的案件有 40 件，占全部统计案件的 40%；中部地区的案件有 26 件，占全部统计案件的 25%；西部地区的案件有 24 件，占全部统计案件的 24%；东北部地区的案件有 10

件,占全部统计案件的10%。据此可知,网络诽谤犯罪案件在东中西部分布并不均匀,主要以东部地区为主,东北部地区最少。

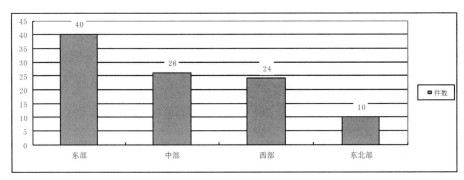

图7　犯罪地点分布情况

2. 发布载体状况

网络诽谤犯罪案件的发布载体主要包括网站论坛、电子贴吧、微博、微信、互联网站及其他方式(见图8)。其中,以网站论坛为发布载体的案件有38件,占比38%;以电子贴吧为发布载体的案件有30件,占比30%;以微博为发布载体的有14件,占比14%;以微信为发布载体的有12件,占比12%;以互联网站为发布载体的案件有40件,占比40%。通过以上数据可知,互联网站、论坛、贴吧是实施网络诽谤行为的主要平台。

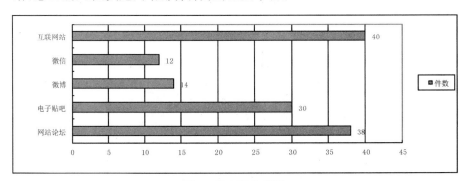

图8　发布载体情况

3. 行为内容指向

分析样本中,针对个人实施的网络诽谤行为占比60%,针对公司的占比10%,针对政府机关的占比20%,针对某一特定行业的占比6%,其他类型的占比4%(见图9)。由此可知,网络诽谤的内容指向逐渐从个体领域转向公共领域,网络诽谤的内容指向不再仅仅限于特定个人。

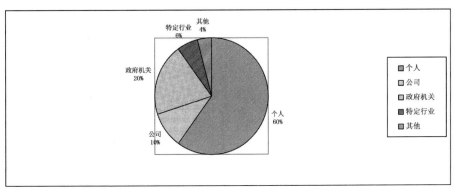

图 9　行为内容指向情况

（三）被害人分析

被害人在职业分布上主要集中在一些特殊行业（见图 10）。通过研究、分析案件，在自然人为被害人的案件中，大约 64% 集中在国家工作人员、公司老板、教师和警察等 4 大类行业上，国家工作人员占比 32%，公司老板占比 14%，教师占比 10%，警察占比 8%，其他占比 36%。由此可见，这几大类行业成为网络诽谤行为极其"青睐"的对象。

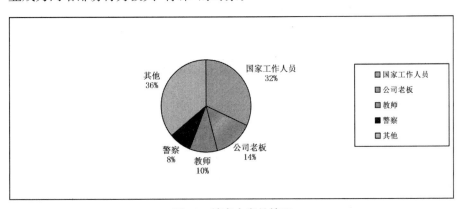

图 10　被害人身份情况

（四）刑事处罚分析

从搜集的数据来看（见图 11），在 129 名犯罪人当中，免于刑事处罚 31 人，占比 24%；判处管制 9 人，占比 7%；判处拘役 20 人，占比 15.5%；判处有期徒刑 69 人，占比 53.5%。由此可见，网络诽谤行为的刑罚较为轻缓。

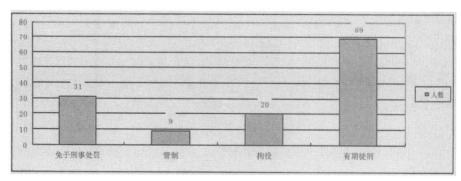

图 11　刑事处罚情况

三、网络诽谤犯罪治理的现实困境

（一）法律适用困境

基于上述分析可以发现，网络诽谤犯罪作为一种随着科技的发展而出现的新的犯罪行为，对其的法律规制以及研究还处于建设的状态，尚未形成一套健全的法律体系。针对网络犯罪，我国在不断地建立并完善相关的法律法规，然而其中仍然存在着许多漏洞，这在一定程度上给司法实务工作造成了阻碍，从而在整体上使得我国关于网络诽谤的法律体系呈现出滞后性。

此外，两高颁布了若干司法解释，但在司法运用中效果并不明显，司法工作人员在应对网络犯罪时往往采用的是传统犯罪的有关规定，造就了有法不依或有法难依的情形，使得我国法律法规的权威性和震慑力受到了严重的挑战，犯罪分子也难以继续保持对法律的敬畏之心。

（二）犯罪打击困境

互联网具有隐蔽性、易篡改性、易销毁性等特点，因此对网络空间的违法犯罪行为进行规制需要有较高的技术水平，网络执法人员需要具备高端的网络技术知识，以此来应对技术水平含量较高的网络违法行为。但是目前我国网络执法队伍的技术，还无法从容应对一些运用高科技手段实施的犯罪。同时，网络犯罪具有成本低、范围广、收益大、隐蔽性强、案件侦破难度大等特点，再加之网络监管不力，故不法分子在衡量多重因素的情况下，较传统犯罪来说往往会倾向于实施网络犯罪。

（三）犯罪预防困境

现实中教育资源分布不均，不同地区、不同行业的人们掌握法律知识的程度也就存在一定差异。我国目前普法教育方面普遍存在的一个问题是法治宣传缺乏针对性、深入性，对不同的群体，采用相同的宣传手段和教育内容,忽略了受教育群的差异性。此外,互联网时代的到来网络快餐文化也随之兴起,网络服务提供商通过不断地迎合网民们的兴趣、爱好,以获取利益。日常生活中使用网络时很明显能够感觉到各网站、平台自动推荐的内容都可能是自己最近搜索关注过、较为感兴趣的一些东西。长此以往,人们的思维更加局限,思想更为狭隘,对很多事物都缺乏自己的思考、见解,容易人云亦云。加之社会风气的日益浮躁,缺乏阳光、积极向上的文化和价值来引导人们,从而对预防网络犯罪造成了一定的阻碍。

四、网络诽谤犯罪治理机制

如何有效治理网络诽谤犯罪,本文从法律规范、政府规制以及预防机制等层面提出应对策略。

(一)健全法律规范

在健全法律规范层面,笔者将以《解释》为例进行治理机制探讨。

《解释》颁布后,在学界引起了激烈的讨论,主要集中于以下问题:网络空间中的秩序混乱是否可以等同于现实生活中的公共秩序混乱?[①] 其中,部分学者持支持的观点,认为法律应当适应现代社会的发展,随着网络诽谤案件日益增多,社会危害越来越大,有必要对法律作出适当的修改、解释[②]。部分持反对意见的学者认为,司法解释中的公共秩序是公共场所秩序和网络空间秩序的上位概念,它以上位概念代替了下位概念。[③]

基于上述问题,笔者认为,在法律层面,首先应提高立法能力,完善相关法律法规、司法解释,出台配套的单行法。通过立法进一步完善现有的法律体系,使得该体系更能适应现代社会的发展。然而,刑法的谦抑性导致了其很难能够跟上社会发展的步伐,这就要求立法部门在进行立法工作时不仅要想到如何去适应现代社会的发展,同时也要更具前瞻性地看到未来极有可能会出现哪些问题,从而提前进行规制、防范。其次,还要保障相关法律规定的可操作性,如《解释》中虽然规定了"点击、浏览 5 000 次,转发 500 次"的入罪标准,但是在司法实践中却是难以实施的。

另外,法律需具有明确性,尽量减少法律条款的模糊性与缩小裁量范围,才能更好地保证法律的权威与统一。针对《解释》中存在的模糊条款,如对于公共秩序这一概念的具体含义究竟为何并没有明确的规定,就容易导致行为

---

① 车德兵:《〈网络诽谤司法解释〉设立技术与规定内容之检讨》,载《中国优秀硕士学位论文全文数据库》2017 年。
② 于志刚、郭旨龙:《"双层社会"与"公共秩序严重混乱"认定标准》,载《法律科学》2014 年第 3 期。
③ 车德兵:《〈网络诽谤司法解释〉设立技术与规定内容之检讨》,载《中国优秀硕士学位论文全文数据库》2017 年。

人实施行为时缺乏可期待性，法官审判案件难以形成统一标准。笔者认为此后可以通过列举等方式进一步明确法律条款的具体内容，减少不确定性，以更好地达到立法效果。

（二）完善政府规制

受侵害者的合法权益在遭受非法侵害时虽然可以通过诉讼维护自身权益，但是诉讼着实是一项耗时耗力的工程，因此在现实生活中，一些受害人可能会因此放弃通过诉讼程序获取救济。鉴于诉讼模式所存有的弊端，就急需其他方式作为补充，高效的行政规制手段获得了更多的青睐。目前绝大多数国家都从网络世界刚出现时的不予监督和管理逐渐转变为积极介入、主动监管，不可否认的是，行政力量在处理网络诽谤行为具有不可比拟的优势。[1] 然而，行政手段虽然在规制网络诽谤方面发挥了一定的成效，但是也存在一些不足，如政府权力的滥用，官员将正当行使权利的公民作为文字狱的对象，对其实施打击报复，使政府规制网络诽谤变了味。因此现下如何完善政府规制成为亟待探讨的问题之一。完善政府规制，主要可以通过以下两个方面进行。

一方面，完善规制手段。虽然互联网发展至今已有很长一段时间，但是其仍处于不成熟阶段，如何保障互联网络的安全性和正常运行，需要进一步探索。提高网络执法主体的专业技术知识，完善执法手段，是解决当前互联网发展状况的重要措施之一。同时，可以实行政府＋企业的监管模式。通过采取政府＋企业的监管模式，由政府为各网络平台设置标准，制定严格的要求和惩罚措施，明确平台责任，要求平台承担日常监管责任，并完善责任追究，便可间接管控整个网络体系，提高规制效率，达到最好的规制状态。

另一方面，完善救济手段。需要对网络用户的权益进行保护，使其在遭受行政执法人员的不法侵害时有权获得救济。完善关于规制网络诽谤的行政行为的救济手段，是以权利救济理论为依据的，政府在获得权力的同时，也应当受到相应的限制，通过设置各种救济手段，使得网络使用者的合法权益在受到侵犯时能够凭借这些救济手段获得救济。例如可以通过完善行政复议制度、诉讼制度以及赔偿制度等方式保障行政相对人的救济权。

（三）加强预防机制

网络诽谤犯罪的治理必须要走预防为主，打击为辅的综合治理道路。

（1）提高公民守法意识，建立健全守法激励机制。对公民进行普法宣传，首先应将普法对象进一步细化，如可采取根据年龄将对象分为青年人、中年人、老年人，根据职业分为蓝领、白领，根据身份分为无业、学生、农民、职员等分类方式，针对不同的普法对象组织科学的普法宣传行为，增强网民的守法

---

[1]　汪梦：《论网络诽谤的政府规制》，载《中国博士学位论文全文数据库》2010年。

意识。建立和健全守法的激励机制,同时对违法行为设定惩罚机制以保障基本正义。

(2)推动网络环境由不互信向互信的回归。在互联网络发展的早期,网络用户是一些特定的对象,网络中的用户之间大多在现实生活中有着联系,是一种熟人社会,存在着互信的网络环境。但是随着互联网的不断发展以及使用网络人数的激增,网络环境逐渐由原来的熟人社会演变为陌生人社会,人们通过网络可以同素不相识的陌生人进行交流,这为网络犯罪行为的实施创造了环境。因此,规制网络诽谤可以采取网络实名认证的方式,改变网络世界的虚拟性,推动网络空间向互信环境回归,这也是当前我国实践中正在采取的一种措施。随着网络的快速发展,人们所生存的空间从以往仅有的现实空间逐渐演变成现实空间与虚拟空间并存的双层空间,不再仅仅局限于现实空间。针对在现实空间向双层空间的转变中所出现的系列问题,我们不能总是听之任之、任其恣意发展,而需要采取必要的措施应对。实际中,只有一些大型的网络平台、涉及财产安全的平台才会要求必须要进行实名认证,对于普通网民来说,绝大多数不要求实名制,这给网络诽谤犯罪滋生了土壤。这就要求在实行规制之前要彻底绿化网络环境,实行实名制。但是实名认证也可能会带来一系列的隐患,因此我国目前在实行实名制方面还需要考虑到这方面的问题。实名认证后个人信息、隐私的泄露就是其中一个不容忽视的弊端,网络平台对个人信息的保护在日后实行网络实名制中显得尤为重要,政府或是网络服务提供商需要在日常工作中着重加强保密措施。

网络信息时代法律援助权利保障研究*

——基于公共法律服务的视角

张　锐**

（重庆邮电大学网络空间安全与信息法学院，重庆 400065）

摘　要：法律援助作为公共法律服务的重要内容，网络信息技术的兴起不仅提升了民众的权利意识，亦为公共法律服务模式的改革提供了可能。网络信息技术运用于法律援助有利于贫困弱势群体权利的保障，但现行制度无法适应新时代技术治理的需求，而"数字鸿沟"的存在亦为法律援助权利均等化发展带来了新问题。从治理体系和治理能力现代化的高度定位公共法律服务，必须将基于网络信息技术的法律援助模式改革与法律援助制度改革结合起来，方能获得技术创新的收益。

关键词：信息技术；法律援助；权利保障；技术治理；公共法律服务

一、法律援助权利概述

（一）实然：法律援助的变迁

1. 作为慈善的法律援助

法律援助制度历史悠久，由于国家立法模式、经济发展水平与历史文化背景有差异，导致法律现代化程度不同，因而法律援助在各国呈现出不同的表述。法律援助最早在罗马法中有体现，中世纪进入道德范畴，即私人宗教组织、公共援助机构或私人律师免费为穷人提供法律救助服务，但一般被认为是慈善行为。这类救助服务在当时没有明文规定，仅仅是基于"一个文明社会的原则"①，是行善者基于职业道德，出于慈善目的以及追求公平正义价

---

*　本文系教育部人文社会科学研究规划基金项目"基层社会治理中的法律援助制度研究"（19YJA820018），重庆市教育委员会人文社会科学研究规划项目"治理现代化进程中的法律援助制度研究"（18SKGH039）的阶段性成果。

**　作者简介：张锐，重庆邮电大学网络空间安全与信息法学院硕士研究生。

①　王硕：《法律援助中的政府责任、律师义务及民众权利》，载《哈尔滨商业大学学报（社会科学版）》2017年第2期，第115页。

值而自发进行的一项行动。如果法律援助一直被视为慈善行为,必然会面临一些问题:一方面,法律援助本质上是道德行为而非法律行为,行善者通常只会量力而行,这将导致援助对象范围呈现局限性,能获得免费法律服务的人只是少部分;另一方面,道德行为不是法律行为,法律上权利义务的对等性得不到体现,就很难保证法律援助服务的质量,更谈不上如何救济。因此,从慈善行为向法律援助权利的转变是法律援助发展的必然路径。

2. 法律援助的制度化与权利化

中国法律援助事业自 1996 年 12 月司法部法律援助中心成立后,开始由私人或社会组织自发性的慈善行为上升为一种制度化的法律服务[1],通过国家设立专门的组织机构为特定群体提供法律帮助,是法律援助制度化的主要标志,也是评价一个国家是否拥有现代意义上的法律援助制度的核心标准。[2]作为国家社会保障制度中的重要组成部分,法律援助制度经过二十几年的砥砺前行,已经初步形成了一套全面覆盖基层的法律援助服务体系。

人权保障理念在法治国家建设中尤其重要,公民的权利意识正逐渐觉醒,权利主体的范围与权利的内容随之扩大。权利意识觉醒的下一步就是实现权利。公民权利主要通过两种方式实现:一是在生活中,通过自己一定的法律行为来实现实体法所赋予的权利;二是在诉讼中,通过国家司法机关的平等保护来实现程序法所赋予的权利。[3] 以上两种权利的实现基于权利主体具备法律知识或获取法律指导,往往需要支付一定的费用,"而法律资源的有限性和法律服务的有偿性成为弱者群体实现权利的现实障碍"[4],为打破这一障碍,法律援助应运而生。法律援助旨在提供专业的法律服务保障弱者群体的合法权益,维护社会的公平公正,是人权保障的重要措施,"国家应当保障经济困难的公民平等获得法律援助服务的权利"[5],公民获得法律援助就成为一项基本人权,凸显了公民权利本位在法律上的优先地位。

(二)应然:法律援助权利的正当性

1. 确认法律援助权利是法治社会的基本要求

根据法治社会的基本原则,任何人在权利受到侵害时,应当不受民族、性别、财富等个人因素差异的影响,获得法律的平等保护。"法律援助的实施,

---

① 吴宏耀、封旺:《中国法律援助制度发展报告(2017 年度)》,载《人民法治》2018 年第 Z1 期,第 152 页。

② 樊崇义:《中国法律援助制度的建构与展望》,载《中国法律评论》2017 年第 6 期,第 189 页。

③ 田绍军、左平凡:《我国法律援助制度的建立、意义和发展》,载《理论界》2005 年第 3 期,第 70 页。

④ 张哲、杨永志:《社会弱者群体获得法律援助权利探研》,载《第五届河北法治论坛论文集》2014 年第 11 期。

⑤ 樊崇义:《法律援助应建构政府主导社会参与新模式》,载《人民法治》2019 年第 9 期,第 70 页。

为特定的社会群体带来了某种补偿,使得在资源占有和使用方面相对弱势的群体与其他群体至少在法律面前站到了同一个水平线上"[1],能保障公民特别是弱者群体享有平等受保护、公正审判的权利。现代法治社会的基本精神是公民被充分赋予权利并得到有效保障。随着社会法治化的发展与公民权利的觉醒,法律援助由慈善行为转变为国家对公民的权利保障,即确认法律援助权利是法治发展的必然趋势与基本要求。"当部分公民由于自身文化素质、经济状况或法律知识的差异,不能通过正常法律手段维护自身的合法利益,国家就有责任行使国家权力,履行国家义务,实现国家对法治的承诺,确保公民真正享有法律所规定的权利。"[2]因此确认法律援助权利成为国家保护经济困难或处于不利状态的公民获得法律帮助的重要手段,是保障人权的重要措施。

"法律必须被信仰,否则它将形同虚设。"法治社会不仅要求公民遵守法律,还要求公民将法律内化为自己的行为准则,进而自觉主动地遵守法律。换言之,法律要并存约束与保护公民的功能。[3] 如果被追诉人只因无力支付辩护律师费而在法庭辩论中处于弱势方,这会让贫穷的公民认为法律只保护富人的权利,越来越多的弱者群体将不会信仰法律,这将阻碍法治社会的建设。确认法律援助权利,能保障公民有获得免费法律援助服务的权能,让越来越多的弱者群体感受到法律的公平公正,从而信仰法律,逐步达成法治社会的基本要求。

2. 保障法律援助权利是社会治理的重要基础

党的十九大报告提出要建立共建共治共享的社会治理格局,提高社会治理社会化、法治化、智能化、专业化水平。一方面,依法治理是社会治理的内在要求,法治是社会治理的基本方式,法律援助作为一项公共法律服务,能为弱势群体提供法律服务,维护合法权益,从而保障法律的顺利施行,实现社会治理的法治保障。另一方面,共建共治共享的核心要义与内在本质是以人民为中心,意味着对社会的和谐程度有很高要求,表明社会治理离不开社会的和谐发展。

木桶效应适用于一个社会和谐程度的评价,即和谐社会应该是弱者群体得到充分关注和保护的社会。我国强势群体和弱者群体的矛盾是现阶段深刻重视的问题,弱者群体不仅在文化、经济和社会生活等各个方面处于劣势,而且还缺少利益表达渠道和权利救济途径。当他们的利益受到侵害却不能

---

[1] 李婉琳:《法律援助在边疆民族地区社会治理中的意义》,载《贵州民族研究》2015 年第 1 期,第 18 页。

[2] 王春良、董印河、杨永志等:《完善法律援助制度研究》,法律出版社 2018 年 8 月版,第 58 页。

[3] 吴光升:《被追诉人的法律援助获得权》,载《国家检察官学院学报》2018 年第 4 期,第 14 页。

合法维权时,往往选择暴力甚至违法的方式处理,从而引发尖锐和激烈的社会矛盾,降低社会和谐的程度,影响社会治理的进程。"赋予社会弱者以法律援助权,以'权利'的名义给予他们强有力的保护,能够增强他们运用法律手段处置社会纷争的信心,让问题在法律框架内得到妥善解决"。[①] 法律援助不仅为解决社会矛盾提供了法治轨道,还提供法律服务化解了社会矛盾。法治作为社会治理的重要组成部分,其实现需要法律援助制度的良好运行,因此保障法律援助权利是社会治理的重要基础。

二、网络信息时代下法律援助权利保障的机遇与挑战

21世纪被称为网络信息时代,2015年十二届全国人大三次会议上,李克强总理在《政府工作报告》中首次提出了"互联网＋"的概念,大数据、人工智能、算法等信息技术的兴起正影响并重塑着整个社会生活。2019年7月,中共中央办公厅、国务院办公厅印发了《关于加快推进公共法律服务体系建设的意见》,其中强调要"加强公共法律服务实体平台、热线平台、网络平台等基础设施建设"。法律援助作为公共法律服务的重要组成部分,与现代信息技术的融合目前显得并不紧密,让法律援助插上信息化的翅膀成为必然方向。[②]"明者因时而变"。在崭新的信息时代下,如何运用科技化手段,充分挖掘法律援助的巨大潜力,达成法律援助与信息技术的有机结合,是法律援助实现其自身跨越式发展的新途径,是新形势下充分发挥法律援助在构建公共法律服务体系中作用的必然要求。[③] 最终目标是利用信息技术的时代优势更好地保障公民获得法律援助的权利。

(一)网络信息时代下法律援助权利保障的机遇

1.网络时代权利意识的强化提升了公共法律服务需求

2019年8月,中国互联网络信息中心发布第44次《中国互联网络发展状况统计报告》,报告显示,截至2019年6月,我国网民规模达8.54亿,较2018年底增长2 598万;互联网普及率达61.2%,较2018年底提升1.6个百分点。"理论和经验都证明,公共领域的成长与公民身份意识的成长是密切相关的"[④],互联网正在成为公共领域中最活跃成长的部分,为公民权利意识的强化提供了契机。互联网具备的虚拟性、开放互动性和平等性,形成了一个平

① 张哲、杨永志:《社会弱者群体获得法律援助权利探研》,载《第五届河北法治论坛论文集》2014年第11期。
② 吴海涛:《需求导向下的法律援助科技化发展思考》,载《中国司法》2017年第12期,第64页。
③ 李金泽:《中国特色社会主义法律援助信息化》,载《品牌研究》2018年第6期,第289页。
④ 孙立明:《公民权利意识的兴起——一项主要基于互联网的观察》,载《中央社会主义学院学报》2010年第3期,第99页。

等自由的平台，每个公民都可以参与其中，发挥自己的公民身份与权利。公民通过网络学习法律知识，主动运用法律维护自己的权利，同时在参与评议网络事件中思考自己应当享有的权利，由此不断强化自己的权利意识。

自 2018 年开始，司法部在全国倡导构建"中国法网"体系，期望通过公共法律服务信息化建设，推动公共法律服务的发展。随着网络信息时代公民权利意识的空前提高，公共法律服务作为保障和改善民生的重要举措，公民对公共法律服务的需求在不断提升。例如从上海市闵行区实践出发，线上法律服务数量已经是线下平台的数倍。① 因此要不断加快推进公共法律服务体系建设，促进其均衡发展，更好满足人民群众多层次、多领域、高品质的公共法律服务需求。群众的知晓率、首选率和满意率是评价公共法律服务体系建设成效的根本指标，只有公共法律服务信息化建设的水平不断提高，成为一种"随时随地随身"的服务，才能让人民群众感受到实实在在的获得感与受保障感，合法权益才能受到保障。

2. 信息技术的运用有利于促进法律援助模式创新

法律援助模式也称法律援助的运作方式，是指国家组织实施法律援助工作的基本形式，即国家以何种方式、通过何种途径向贫困者提供法律援助②，同时国家还应形成一套有效的监管方式。在崭新的时代背景下，应结合信息技术，创新法律援助提供模式，从而更好地开展法律援助工作以保障群众获得合法权益。

（1）信息技术为群众提供了新的法律援助服务平台。互联网的发展为法律援助搭建了更多服务平台，如微博、网站、公众号等；人民群众足不出户便能享受法律援助的各项服务，如在线学习法律援助政策法规、办理流程、便民措施，咨询法律问题，申请法律援助等。通过法律援助网络服务平台，提升了法律援助的知晓率和影响力，还能满足偏远地区的法律服务需求，提高了法律援助的覆盖面，降低了法律援助服务成本。

（2）信息技术为化解社会问题提供了新手段。通过信息技术分析法律援助各项数据，可以预测社会热点难点问题的发展趋势，而这些问题大部分关系到弱者群众切身利益，法律援助的工作就是及时解决这些问题。③ 法律援助机构可以运用信息技术进行数据分析，有针对性地开展工作，积极着手解决实际问题和矛盾纠纷，从而保障弱者群体获得法律援助的权利。

（3）信息技术为监管法律援助创建了新方式。信息技术可以运用于法律

---

① 上海市闵行区司法局课题组、金海民、蒋晓闻：《关于建立"互联网＋公共法律服务"体系的实践研究》，载《中国司法》2016 年第 12 期，第 37 页。

② 刘趁华：《关于中国法律援助运作方式及其发展的几点探讨》，载《中国司法》2007 年第 9 期。

③ 王晓光：《新媒体时代法律援助工作的机遇与发展》，载《中国司法》2012 年第 9 期，第 65 页。

援助业务咨询、案件审查、指派办理、监督回访等方面,以达到群众广泛参与、服务低廉高效、操作快速便捷等效果。以法律援助服务对象的回访数据作为监管基础,再结合各项援助服务的统计数据,能加强和改进法律援助的监管工作,树立法律援助服务执业为民的良好形象,让更多群众放心地维护自己获得法律援助的权利。

3. 网络信息时代下法律援助有助于推进国家治理

在网络信息时代,人们利用互联网大数据技术能够更加精准地把握社会发展规律[①],这意味着治理环境发生了变化,从而使国家治理的路径发生改变,形成了一种新的治理形式——技术治理。技术融入国家治理后会诞生虚拟治理空间,与现实社会实时交流,互换信息。[②] 因此,国家运用技术能提高治理效能,譬如,"统计学的发展使得国家可以对其构成要素的领土和人口进行描述分析,从而提高治理能力"。[③] 若将信息技术运用于法律援助,亦能推进法律援助在国家治理中发挥作用。

法律援助是公共法律服务体系建设的一支有机力量,也是国家治理体系的重要组成部分,根据国家对依法治国、社会公平正义、人权保障的重视,法律援助作为一种基本的保障制度应该在网络信息时代有所创新和发展。司法机关作为我国开展法律援助工作的主要部门,可以充分运用信息技术传播快速、多向、互动等优势,通过大数据的处理实现快速精准地研判、分析,及时将大量分散的群众利益诉求提升为明确集中的政策建议,为决策提供科学的依据。[④] 这将成为提升国家治理能力的新路径,这些数据为建立"用数据说话、用数据决策、用数据管理、用数据创新"[⑤]的全新机制提供物质基础,为群众提供更为高效便捷的服务。例如根据分析"12348"法律援助服务热线统计数据,判断社会矛盾发展趋势,由此进行预防与控制。据了解,"12348"法律援助呼叫中心系统具有 IP 坐席、班长坐席等功能。使用 IP 坐席可以实现电话网络与数据网络的整合;通过班长坐席的管理和质检功能,可以有效地提高系统运营及管理效率。类似这种对法律援助数据进行管理、储存的功能可以提高服务质量,使实现人民群众的基本保障制度成为可能,从而推进国家在公共法律服务方面的治理任务。

---

① 葛秀芳:《网络时代呼唤智慧治理》,载《人民论坛》2019 年第 8 期,第 56 页。
② 马卫红、耿旭:《技术治理对现代国家治理基础的解构》,载《探索与争鸣》2019 年第 6 期,第 68 页。
③ 吕德文:《治理技术如何适配国家机器——技术治理的运用场景及其限度》,载《探索与争鸣》2019 年第 6 期,第 59 页。
④ 王晓光:《新媒体时代法律援助工作的机遇与发展》,载《中国司法》2012 年第 9 期,第 65 页。
⑤ 吴湛微:《大数据如何改善社会治理:国外"大数据社会福祉运动"的案例分析和借鉴》,载《中国行政管理》2016 年第 1 期。

（二）网络信息时代下法律援助权利保障的挑战

1. 现行制度难以适应新时代技术治理的要求

技术治理运用于法律援助，将治理场景划分为两个空间——网络空间和制度空间，两者融合成为难题。网络空间是开放性的，导致治理信息的不确定性，而制度空间是标准化的，治理信息十分明确。前者依靠信息和系统自主运行，后者则依赖于面对面的治理。① 当技术治理运用于法律援助要以一个网络法律服务综合体展示在用户面前时，网络空间的各个信息系统和制度空间的部门平台之间的整合成为首要解决的问题。② 当下要解决这一问题，还缺乏整体规划和统一标准，即"在信息网络建设方面未能建立一套数据交换、基本数据结构、标准代码等网络建设技术规范"。③

要真正提高信息技术在法律援助等公共法律服务中的积极作用，还需要评价考核机制与激励机制的制度跟进。从评价考核机制来说，公民的权利意识随着互联网的普及得到了提升，开始高频通过法律援助网络服务平台表达诉求，如何评价和考核该网络平台服务的质量还没有一个科学有效的体系，现有的考核机制更注重线下服务。④ 从激励机制来看，各地在建立公共法律服务体系时尚未建立健全服务标准和质量评价机制、监督机制，缺失绩效考评机制，难以激发法律服务人员的工作热情。

2. "数字鸿沟"可能导致权利保障新的不均等

"数据鸿沟"主要指信息鸿沟，即信息富有者和信息贫困者之间的鸿沟。⑤ 目前，在我国城乡之间、不同企业之间以及其他不同群体之间存在一定的"数字鸿沟"，一方面是城镇化进程在一定程度上影响了农村互联网的普及和应用；另一方面则是由地区数字经济发展不平衡造成。

综观世界各国，都在大力推进法律援助的信息化，但是"目前大部分国家的法律服务人员认为信息技术服务方式非常有限，对于习惯由律师提供看得见、听得到、摸得着服务的公民而言，这种服务更加不受欢迎。"⑥因为民众的

---

① 吕德文：《治理技术如何适配国家机器——技术治理的运用场景及其限度》，载《探索与争鸣》2019年第6期，第59页。
② 上海市闵行区司法局课题组、金海民、蒋晓闻：《关于建立"互联网＋公共法律服务"体系的实践研究》，载《中国司法》2016年第12期，第37页。
③ 翟洁君：《关于建立法律援助信息管理系统的思考》，载《中国司法》2007年第9期，第78页。
④ 上海市闵行区司法局课题组、金海民、蒋晓闻：《关于建立"互联网＋公共法律服务"体系的实践研究》，载《中国司法》2016年第12期，第37页。
⑤ 袁琳：《论"互联网＋基层政务服务"中的技术陷阱》，载《中国广播电视学刊》2019年第6期，第53页。
⑥ 郭捷：《国际法律援助组织第十届会议综述》，载《广西政法管理干部学院学报》2013年第6期，第30页。

网络运用能力远不及法律援助信息化功能设计者期望的运用要求,弱者群体更为明显。据调研,网络访问量往往正比于居民收入,目前只有小部分用户能完全独立使用"法律链接"满足自己的公共法律服务需求,另外一部分用户使用该链接需要基于一定的帮助。

除此之外,层级、地区间数字鸿沟的拉大,导致不同政府部门间对法律援助大数据的联动较弱。由于东、西部地区的发展差异,导致各级司法行政机关、法律援助机构相互之间信息技术应用水平和网络普及程度不平衡。[1] 法律援助涉及公安、法院、检察院、社会保障等多个部门,"'12348'法律援助服务热线只能实现司法行政系统的内部数据联动,却满足不了与其他相关部门进行数据联动。"[2]

3. 信息技术下传统法律援助思维亟待改变

我国将信息技术运用于法律援助体系的建设中,"12348"法律援助服务咨询热线发挥着主要功能,但据调查,设备普遍老化和接听专业人员数量少成为阻碍群众内心接受线上提供法律援助模式的因素,群众认为该服务方式不能达到"面对面"服务的效果。"以信息技术为基础的法律援助能够在多大程度上发挥作用,在多大程度上替代传统面对面法律援助活动,目前还缺乏大规模调研数据的支持"。[3] 人民群众习惯了法律服务需要物理空间的"面对面"形式,这种传统思维仍根深蒂固。随着人们通过网络寻求法律服务习惯的逐步养成,线上公共法律服务需求日益增强,但是由于思维定势的原因,人力、物力、财力的投入还存在巨大缺口,因此思维模式惯性亟待转变成为当下需解决的问题。[4]

三、网络信息时代完善法律援助权利保障的改革建议

(一)改革的基本原则

1. 以治理体系和治理能力现代化的高度定位法律援助制度

2016 年 4 月,习近平在网络安全和信息化工作座谈会上指出:"要以信息化推进国家治理体系和治理能力现代化,统筹发展电子政务,构建一体化在

---

[1]　翟洁君:《关于建立法律援助信息管理系统的思考》,载《中国司法》2007 年第 9 期,第 78 页。

[2]　黄东东:《公共法律服务与信息技术:域外经验与中国问题——以法律援助为例》,载《电子政务》2017 年第 1 期,第 95 页。

[3]　黄东东:《公共法律服务与信息技术:域外经验与中国问题——以法律援助为例》,载《电子政务》2017 年第 1 期,第 95 页。

[4]　参见上海市闵行区司法局课题组、金海民、蒋晓闻:《关于建立"互联网+公共法律服务"体系的实践研究》,载《中国司法》2016 年第 12 期,第 37 页。

线服务平台。"①这是包括法律援助在内的各个领域全面深化改革的总目标。②
新时代下国家治理现代化要求"必须始终把人民利益摆在至高无上的地位，
让改革发展成果更多更公平惠及全体人民，朝着实现全体人民共同富裕不断
迈进"。③ 法律援助作为一种基础保障制度承载着广大人民群众的权益，要以
法律援助制度的完善为抓手推进国家治理体系和治理能力现代化。

　　一方面，为了推进国家治理体系和治理能力现代化，一些重要的国际人
权法律文件确立了法律援助的国家责任，如《公民权利和政治权利国际公约》
《儿童权利公约》《联合国关于保护所有遭受任何形式拘留或监禁的人的原
则》等。④ 国家通过完善制度、调节资源的再分配，为实现经济困难群众平等
享受法律服务做出贡献；基于实质平等理论，法律援助的责任必然应由国家
承担。⑤ 另一方面，明确法律援助是全面推进依法治国的基本要件。为推进
国家治理体系和治理能力现代化，我们有必要明确法律援助在国家司法体系
中的基础性地位，将法律援助制度纳入司法改革的大局。

2. 将基于信息技术的法律援助模式改革与制度改革相结合

　　基于信息技术的法律援助模式改革实质就是将技术治理运用于法律援
助，但从现代国家治理的有效性来看，在法律援助模式改革中不能过度依赖
技术治理，重点应该放在法律援助制度改革方面。首先，技术平台虽然是开
放性的，但由于人们的受文化教育程度不同，会导致新的不平等，反而不能促
进信息共享。其次，当技术治理涉及的人数较多时，网络的无序性产生的负
面效应可能大于正面效应。最后，技术治理的优势就是快速传播信息，但如
果社会的学习能力不能与之同步，这个优势的作用便不能发挥。因此，技术
治理应有一定限度。

　　于立深在《公共问题的契约解与技术解》中认为"只有先达成'契约解'，
'技术解'才会真正发挥效用"⑥，此处的"契约解"即制度改革，"技术解"即技
术治理。在建构了保障法律援助有序运行和良性发展的体制机制后，才能在
良好的制度框架下有效运用信息技术。制度是"互相同意的互相强制"，其内
核则是人们对公共问题的"共识"，作为公共法律服务的法律援助，技术治理
和制度改革都值得重视。只有在制度强制的基础上，才会有技术治理的生效

① 习近平：《在网络安全和信息化工作座谈会上的讲话》，载《人民日报》2016 年 4 月 26 日第二版。
② 樊崇义：《中国法律援助制度的建构与展望》，载《中国法律评论》2017 年第 6 期，第 189 页。
③ 习近平：《决胜全面建成小康社会，夺取新时代中国特色社会主义伟大胜利——在中国共产党第十
　　九次全国代表大会上的报告》，载《人民日报》2017 年。
④ 彭锡华：《法律援助的国家责任——从国际人权法的视角考察》，载《法学评论》2006 年第 3 期，第
　　64 页。
⑤ 程滔：《法律援助的责任主体》，载《国家检察官学院学报》2018 年第 4 期，第 3 页。
⑥ 于立深：《公共问题的技术解与契约解》，载《读书》2013 年第 4 期，第 32 页。

条件。

（二）改革的具体建议

1. 保障法律援助权利的制度改革建议

2015 年 6 月中共中央办公厅、国务院办公厅印发了《关于完善法律援助制度的意见》（以下简称《意见》），要求"不断扩大法律援助范围，提高援助质量，保证人民群众在遇到法律问题或者权利受到侵害时获得及时有效的法律帮助。"《意见》强调把维护群众合法权益作为出发点和落脚点，回应民生诉求，扩大援助范围，提高援助质量，更好保障公民获得法律援助的权利。

1）依托信息技术扩大法律援助范围

扩大法律援助范围是完善法律援助制度的首要任务。首先，法律援助的服务种类随着网络时代的发展增加了线上法律咨询服务，但是这种形式未被正式纳入法律援助范围。线上法律咨询需要由法律专业的人士提供，保障第一道咨询的专业性能缩小中西部之间和城乡之间因社会政治、经济发展等因素而产生的差距，保障偏远地区民众获得法律援助的权利。其次，要综合考虑社会发展水平、法律援助资源状况等因素，适度放宽法律援助经济困难标准，努力使法律援助覆盖人群拓展至低收入人群体。[①] 最后，要实现法律援助网络咨询服务全覆盖，建立健全法律援助网络服务平台，加强法律援助信息化宣传工作，如"12348"法律服务热线建设，运用网络平台和新兴传播工具，广泛开展宣传，积极提供法律信息和帮助，指导群众依法维权。

2）利用数据监管提升法律援助案件质量

法律援助案件质量是法律援助工作的核心，直接关系到法律援助事业的持续发展。良好的监管模式能保证法律援助的案件质量，我国当前对法律援助案件质量实行事后监管模式，即只对案件结果的质量进行监管，但案前与案中的质量情况无人知晓，仅凭对案件结果的质量监管不能反映真实的质量情况。在网络信息时代，利用互联网技术可以建立全方位、全覆盖的法律援助在线服务，让援助案件的每一个阶段都有数据记录，以更智能、更快捷的方式与各相关部门的法律援助信息对接、数据共享，构建一套完整的法律援助数据网。监管部门可以通过分析案件每个阶段的数据，以报告的形式呈现案件整个过程的质量情况。只有在全程有效的规范化监管模式下才能有针对性地提高法律援助的案件质量，真正为群众提供优质的法律援助服务。

3）利用信息技术改革法律援助提供模式

网络信息时代为我国法律援助"中规中矩"的提供模式带来了新的机遇。面对当前存在的网络平台和"12348"电话服务热线的效果不如传统"面对面"

---

① 樊崇义：《中国法律援助制度的建构与展望》，载《中国法律评论》2017 年第 6 期，第 189 页。

法律服务的问题,可以通过技术开发点对点的远程视频咨询服务,实现多人在线值守,只要有摄像头和网络设备,即可享受线上面对面的公共法律服务。视频终端可设在各级各类法律服务窗口,如法律援助中心、县镇村三级公共法律服务平台和律师事务所等法律服务机构。充分利用各大实体服务平台服务资源,能有效缓解法律服务资源的紧缺现状,还能打破人民群众习惯于面对面接受法律服务的固化思维。

2. 保障法律援助权利的配套改革措施

1)服务层面:提高法律援助服务人士的专业能力

将信息技术运用于法律援助需要法律专业人士的业务能力支撑。随着经济与文化的发展,参与法律援助的服务人士日益增多。法律援助线上咨询服务作为第一道援助工作,需要由专业人士提供优质的咨询服务,才能成为转介服务的枢纽。因此,作为"12348"法律援助服务热线的重要功能是对来电人咨询的法律事项进行评估,引导来电人接受最为适当的法律服务,[①]还要对接访内容进行归纳总结并分析,以提升自己的服务水平。除此之外,法学院老师和法律专业知识较强的高校学生等人士可以为人民群众提供法律援助服务。

2)技术层面:加强法律援助大数据的横向联动

在网络信息时代,通过发挥信息技术的高度协同优势,跨越单个部门的管辖范围,用更智能、更快捷的方式整合公众公共法律服务资源,是法律援助信息化的一个重要方向。[②] 要建立全方位、全覆盖的法律援助在线服务网络,通过与各相关部门、机构法律援助信息的对接、数据共享和交换,构建一套完整的法律援助数据网。力求避免"信息孤岛"和"数字鸿沟"的出现,着力实现数据共享化,从而构建以整体联动、协同治理为工作模式的发展总框架。[③] 在信息技术的运用下可以提高法律援助服务的供给效率与服务质量,切实保障群众获得法律援助的权利。

3)国家层面:彻底解决法律援助经费不足问题

资金短缺是阻碍我国法律援助现代化发展的首要因素。在公共法律服务互联网供给的模式中,信息技术基础设施的投入、购买市场化的高质量法律服务等方面,都需要大量资金的注入和支持。[④] 一方面,"应当把法律援助

---

① 黄东东:《公共法律服务与信息技术:域外经验与中国问题——以法律援助为例》,载《电子政务》2017年第1期,第95页。

② 浙江省嘉兴市司法局课题组、陆娟梅、王林飞:《共享视角下优化公共法律服务互联网供给模式的思考——以浙江省嘉兴市为例》,载《中国司法》2016年第12期,第32页。

③ 王贺洋:《"互联网+公共法律服务"体系建设与完善》,载《人民论坛》2018年第20期,第92页。

④ 浙江省嘉兴市司法局课题组、陆娟梅、王林飞:《共享视角下优化公共法律服务互联网供给模式的思考——以浙江省嘉兴市为例》,载《中国司法》2016年第12期,第32页。

纳入财政预算中,实行经费逐级扶持政策,单独设立法律援助专项经费"。[①]
另一方面,要构建法律援助资金来源多元化机制,如信息技术基础设施建设,
可以搭智慧城市建设的东风;法律服务提供可以采用外包的方式,通过招投
标等途径,外包给法律服务机构。

四、结论

网络信息时代民众权利意识空前提高,公共法律服务需求正在不断扩
大,人们通过网络寻求法律服务习惯的逐步养成,线上公共法律服务需求日
益增强。确立法律援助权利,对于保护弱势群体的合法权益、推动法律援助
理念的转变、完善法律援助制度具有重要的理论价值和现实意义。在大数
据、人工智能、算法等信息技术蓬勃发展的信息化时代,法律援助权利为了获
得有效实现与保障,亟须插上信息化的翅膀。当然,只凭信息技术的运用无
法根本代替传统方式,还需要国家充足的资金支持,需要全社会的普遍认同
和殷切关注,更需要法律援助服务人员的全面配合。若能在网络信息时代有
效保障法律援助权利,不仅能帮助司法行政机关利用大数据参与国家治理,
还能推进法律援助制度改革。

[①] 朱良好:《法律援助责任主体论略》,载《福建师范大学学报(哲学社会科学版)》2014 年第 1 期,第
10 页。

GDPR 中个人数据安全保障义务分析与借鉴

——以个人数据控制者为义务主体

夏僖澜*

（重庆邮电大学网络空间安全与信息法学院，重庆 400065）

摘 要：在欧盟发布的 GDPR 中严格规定了个人数据控制者的安全保障义务，GDPR 要求个人数据控制者在处理个人数据之前必须对个人数据进行匿名化处理和加密，并且确保处理系统和服务现行的保密性、完整性、可用性和可恢复性，以及在发生事故时，系统具有恢复可用性和及时获取个人信息的能力，还要求个人数据控制者定期对技术和组织措施的有效性进行测试、评估、评价处理，力求确保处理过程的安全性。分析我国个人数据控制者安全保障义务的现状，找出其中的不足，借鉴 GDPR 的优秀立法经验，有利于完善我国关于个人数据控制者安全保障义务的法律条款和加强对个人数据安全的保护。

关键词：GDPR；个人数据安全；个人数据控制者；安全保障义务

2018 年 5 月 25 日，欧盟发布了《一般数据保护条例》（General Data Protection Regulation，以下简称 GDPR），是欧盟 1995 年颁布的《数据保护指令》基础上的再创造，规定更为严格和完备，被称为史上最严的个人数据保护条例。GDPR 以保护数据主体的个人数据安全为出发点，针对涉及处理公民个人数据的主体提出了新的要求，尤其通过规定个人数据控制者的主要类型和基本义务，以及违反义务之后的法律责任，以求从个人数据的源头保护个人数据安全。

在 GDPR 总则部分的第 4 条第 1 款为"个人数据"下了一个定义："个人数据"是指与一个确定的或可识别的自然人相关的任何信息（数据对象）。可识别的自然人指可以直接或间接识别的人，特别是通过参考诸如姓名、身份证号码、位置数据、在线身份识别等标识符。或参考与该自然人的身体、生理、遗传、心理、经济、文化或社会身份有关的一个或多个因素。我国将个人

---

* 作者简介：夏僖澜，重庆邮电大学网络空间安全与信息法学院硕士研究生。

数据更多称为个人信息,本文也不做区分,同等使用。

目前,个人信息泄露事件频频发生,已经引起了公众恐慌。然而我国至今仍然没有一部专门的法律来保护个人信息的安全,关于个人信息的保护大多零散地规定在其他法律法规之中。如今制定专门的《个人信息保护法》的呼声越来越高。本文旨在通过分析 GDPR 中对个人数据控制者安全保障义务的规定,充分挖掘其中的立法框架和法条内涵,尝试着为我国个人信息安全保护提供一些有用的建议。

一、个人数据安全保障义务的意义

(一)个人数据安全保障义务的概念、特点

1. 个人数据安全保障义务的概念

关于"安全保障义务"的概念在各国法律的表述中不尽相同,笔者参考了德国法的相关规定。一般认为,德国法是"安全保障义务"这一概念的来源。在德国,"安全保障义务"被称为"交往安全义务",这个学说在德国经过一系列法院判例的补充,其要点演变为:"危险的制造者与维持者,都有义务采取一切必要、适当的措施保护他人和他人的绝对权利",这一点在法院的长期审判实践中已经得到了确认[①]。

个人数据的安全主要涉及个人数据主体的人身安全和财产安全等安全权益。个人数据安全保障义务指的是个人数据法律关系中的义务主体依法以必要、适当的方式保护个人数据主体在个人数据上的人身与财产等安全权益免受侵害或者在侵害发生时限制损害结果进一步扩大的约束与限制。

2. 个人数据安全保障义务的特点

个人数据安全保障义务具有传统侵权法中安全保障义务的特点,但是鉴于个人数据相关内容的复杂性,个人数据安全保障义务又具有其独特之处。

一是法益的全面性。个人数据安全,是个人数据安全保障义务所保护的法益。从私人属性上来看,个人数据安全法益同时包含了个人数据主体的人身权益和财产权益;从公共属性上来说,当个人数据达到一定的数量时,涉及的又是网络空间秩序和社会公共安全等公共法益。

二是主体的广泛性。随着信息时代的快速发展,参与到数据浪潮中的主体越来越多。不管是为了私人利益还是公共利益,只要参与到个人数据的收集、处理、利用和传输等过程的主体都对个人数据负有安全保障义务,他们可以是自然人、法人、非法人组织和国家权力机构。因此,个人数据安全保障义

---

① [德]克雷斯·冯·巴尔:《欧洲比较侵权行为法》(上卷),焦美华译,法律出版社 2001 年版第 145 页。

务主体具有相当的广泛性。

三是内容的平衡性。个人数据的价值在于个人数据的共享和合理利用。个人数据安全保障义务必要在个人数据主体权利保护和个人数据合理利用之间找到一个平衡点，以充分实现个人数据的经济价值。所以，个人数据安全保障义务内容应当具有平衡性。

四是义务履行的多样性。在不同的法律领域，义务主体履行义务的方式各有不同。在刑事领域，义务主体主要是以不作为的方式履行个人数据安全保障义务，比如不得非法买卖、提供或者获取个人数据等；在民事领域，义务的履行表现为依法收集、处理、利用和传输个人数据等；在行政法规制领域，义务主体通常要履行事前的预防和事后的补救等义务。

（二）个人数据安全保障义务的内容

安全保障义务的内容指的是负有安全保障义务的义务主体为了保障权利主体的人身与财产等安全权益不受侵害，在合理限度范围内必须做出的行为，其主要内容包含：对个人数据负有安全保障义务的主体在收集、处理、利用和运输个人数据之前为了使个人数据免受危险侵害而采取的各种预防措施，以及在个人数据遭受不法侵害时为了防止损害进一步扩大而实施的救助措施。

（三）个人数据安全保障义务的价值与功能

个人数据安全保障义务的本质是对信息化社会的反思，其依仗的法律理念和人文价值并不关涉法律条文中的某些规定，而是对处于高危险的信息化社会中的每个社会成员所享有的基本权利的维护。正如美国伦理学家彼彻姆所言："'人类权利'一语是现代的表述，在传统上一直称为'自然权利'或者在较早的美国称为'人权'……，人类权利被假定为作为一个人所必需享有的那些权利。……存在着与人的价值和才能无关的一些基本权利，我们享有这些权利，正因为我们都是人。[1]"创设法律条文的终极目的就是要保护社会成员的基本权利，维护社会的基本秩序。个人数据安全保障义务的设定就是为了保护处于弱势地位的个人数据主体应有的权益，同时通过规制行为人的行为方式，帮助其增强参与个人数据法律关系时的社会责任感，避免因为自己的不当行为给个人数据主体造成人身或财产的损失。

除了保障个人数据主体在个人数据之上的安全权益以外，个人数据安全保障义务的价值和功能还可以归于公共安全的维护之上。当个人数据的数量达到一定程度时，就进了公共数据的领域，涉及公共数据的安全。随着信

---

① [美]汤姆·L·彼彻姆：《哲学的伦理学：道德哲学引论》，雷克勤等译，中国社会科学出版社 1990 年版，第 292－313 页。

息技术的不断发展,危害公共数据安全的事件频频发生,给社会公共安全带来巨大的威胁。安全保障义务的设置就可以在很大程度上解决这一问题。它存在的价值和意义就在于,通过过错责任、无过错责任的确立,在人的行动自由和对他人的权利保护之间寻求到合理的调节方式,这既能体现对个人和社会公共安全的保护,又有利于个人自由价值的实现①。

二、个人数据控制者安全保障义务的理论基础

(一)个人数据控制者的定义

"个人数据控制者"这个概念第一次真正地在法律文本中出现,是在 1980 年世界经济合作与发展组织(OECD)发布的《隐私保护和个人数据跨境流通的指南》中,被定义为"根据各国法律能够决定个人数据内容和用途的主体,无论该数据是由其本人还是由其代理人收集、存储、处理和传播的。"之后随着计算机信息技术的不断发展,OECD 又陆续修订和颁布了关于保护个人数据的法律规范,这些法律规范中对个人数据控制者概念的界定并没有很大的改变。

GDPR 在之前颁布的法律条文的基础之上扩展了个人数据控制者的范围。数据控制者作为 GDPR 中的主体性概念,其语词构成表征了以"个人数据"为对象以及以此所产生的"控制关系",而其概括加列举的定义方式表达了认定主体构成的各要素②。在 GDPR 第 4 条第 7 款中是这样定义个人数据控制者的:"控制者"是能单独或联合决定个人数据处理目的和处理方式的自然人、法人、公共机构、行政机关或其他非法人组织。其中个人数据处理目的和方式,以及控制者或控制者提名资格的具体标准由欧盟或其成员国的法律予以规定。由此得知,个人数据控制者的类型主要有自然人、法人、公共机构、行政机关或其他非法人组织。

(二)个人数据控制者之于个人数据安全保障义务的必要性与可行性

在现实的数字社会中,已形成的通信、网络等基础设施和技术形态造成了"寡头格局",普通用户并没有接近或采集其数据的技术能力,故普通用户并不能实际控制自己的个人数据,甚至连个人数据被谁控制都无法确知③。个人数据控制者就处在这种格局中的寡头位置,对个人数据拥有强势的控制权。为了平衡个人数据控制者和个人数据主体之间明显不平等的地位,实现社会公平正义,法律必须对个人数据控制者课以安全保障义务。

---

① 熊进光:《侵权行为法上的安全注意义务研究》,法律出版社 2007 年版,第 194 页。

② 郑令晗:《GDPR 中数据控制者的立法解读和经验探讨》,载《图书馆论坛》2019 年第 3 期。

③ 肖冬梅、文禹衡:《数据权谱系论纲》,载《湘潭大学学报(哲学社会科学版)》2015 年第 6 期。

对于个人数据控制者来说,他们的安全保障义务就是对他们处理个人数据的行为可能引发的危险而负有的防范义务与制止义务。在处理个人数据的始终,个人数据控制者都需要采取一定的组织措施和技术措施来保护个人数据的安全,并且定期检测这些安全措施。一旦违反了法律规定的安全保障义务,造成了个人数据外泄等危险的发生,那么个人数据控制者必须承担相应的法律责任。从技术水平、实施成本等角度来看,个人数据控制者具备履行该义务的条件。

三、GDPR 中个人数据控制者安全保障义务评析

（一）GDPR 中个人数据控制者安全保障义务的相关规定

相较于欧盟之前出台的法律规范,GDPR 重新分配了个人数据控制者、处理者之间的义务和责任,赋予了个人数据控制者更多的责任和义务,力求进一步加大个人数据保护的力度。其中,个人数据控制者的安全保障义务就规定在了条例的第 32 条,主要包含:个人数据的匿名化和加密;确保处理系统和服务的保密性、完整性、可用性和可恢复性;及时处理事故;定期对安全措施进行检测。

1. 个人数据的匿名化和加密义务

作为个人数据控制者的企业或政府机构,他们手中都掌握了大量的个人数据,因此不可避免地会涉及个人隐私保护的问题。如果过分强调对个人隐私的保护,势必会影响到个人数据的商业价值。对个人数据进行匿名化处理在很大程度上解决了个人隐私保护与个人数据使用之间的冲突。通过匿名化方法消除用户的身份信息、敏感信息以达到隐私保护的目的,同时还能够最大化地发挥数据价值①。在 GDPR 中,对"匿名化"的定义,规定在第 4 条第 5 款:"匿名化"是一种处理个人资料的方式,即不使用额外信息便不能将个人资料归于资料主体,该处理方式需要将额外信息分开存储,并施加技术和组织措施,以确保个人资料不属于已识别或可识别的自然人。

GDPR 中重点强调的是个人数据匿名化的结果。要求经过匿名化之后,个人资料不再属于已识别或可识别的自然人,即通过单独的一条个人数据无法直接定位到具体的数据主体。另外 GDPR 中并没有对个人数据匿名化程度设立一个统一的技术标准,但是规定了经过匿名化处理之后的个人数据必须达到不能识别到自然人的程度。个人数据匿名化的最终目标是使个人数据在整个处理的过程中始终是处于匿名的状态。

在鼓励大数据发展的同时还需要考虑到如何保障个人数据的安全以防

---

① 王融:《数据匿名化的法律规制》,载《信息通信技术》2016 年第 4 期。

其丢失,所以个人数据控制者在处理个人数据之前必须对个人数据进行加密。大数据是海量数据的集合,传统的加密技术会进一步增大数据块长度[1],也就是说个人数据控制者必须要加快发展加密技术,以满足大数据时代的要求。

根据普华永道的调查数据显示,68% 的美国公司预计将花费 100 万到 1 000 万美元的投入来满足 GDPR 的合规性要求;另有 9% 的企业预计花费将超过 1 000 万美元[2]。在 GDPR 中,对个人数据加密是保障个人数据安全的重要方式,而且个人数据控制者做好数据加密的工作,在个人数据泄露的危险发生时也能在一定程度上规避起诉。如果个人数据控制者没有做好必要的加密措施,违反了 GDPR 中规定的个人数据控制者的安全保障义务,那么该个人数据控制者将要承担相应的法律责任:一是赔偿数据主体的损失;二是受到相关部门的行政处罚。

2. 处理系统和服务的保密性、完整性、可用性和可恢复性的确保义务

个人数据控制者需要确保处理系统和服务的保密性、完整性、可用性和可恢复性。保密性是为了确保个人数据在处理的整个过程中不被外泄。在 GDPR 的第 4 条第 12 款中定义了何为"个人数据外泄"。"个人数据外泄"是指引起了意外或非法破坏、遗失、更改、未经授权披露或访问传输、存储或正在处理的个人数据安全的破坏行为。个人数据外泄可能会造成极其严重的后果。例如,加拿大"婚外情交友"网站数据泄露,导致至少已经有两起自杀案件,或与此次曝光有关[3]。

完整性是指个人数据在处理过程中能够不被非法破坏、遗失、更改,保持个人数据最初的状态,这是从保护数据主体的合法权益的角度出发对个人数据控制者的要求。处理系统和服务的可用性是指处理个人数据的系统和服务能够按照要求正常使用,符合个人数据处理的目的,能够接收指令完成数据处理的工作。这是对个人数据处理系统最基本的要求。可恢复性是指当处理个人数据的系统和服务遭受意外攻击或非法破坏时,可以迅速被恢复并且继续使用,将损失的程度降到最低限度。这是衡量一个系统或服务是否安全的重要标准。个人数据控制者应当确保数据处理系统同时具备保密性、完整性、可用性和可恢复性,以保证个人数据的安全。

3. 及时处理事故与告知的义务

GDPR 要求在发生物理或技术事故的情况下,个人数据控制者应当具有

① 赵长林:《保护云中数据》,载《网络运维与管理》,2013 第 3 期。
② 沃通 WoTrus:《GDPR:"史上最严隐私条例"本周生效》,http://Baijiahao.baidu.Com/s? Id=1601214663236365663&wfr=spider&for=pc.
③ 新华网:《婚外情网站信息泄露致 2 人自杀,其中 1 人饮弹自尽》,http://www.xinhuanet.com/world/2015-08/26/c_1116371460.htm.

及时处理事故的能力,恢复数据的可用性。如果系统出现了安全漏洞没有得到及时的处理,造成的损失将是惨重的。2018 年 11 月,万豪旗下的喜达屋酒店遭遇大规模数据入侵,5 亿房客信息被黑客入侵。[①] 最令人惊奇的是,调查下来发现早在 2014 年喜达屋网络就存在着未经授权的访问活动。喜达屋酒店数据入侵事件属于 GDPR 管辖的范畴,如果被发现其违反了 GDPR 法规,那么喜达屋可能面临高达其全球年收入 4%的巨额罚款。发生了个人数据泄露的事件后,个人数据控制者还应在可行的情况下,至少在获知泄露消息之时起 72 小时以内通知监督机构。如果迟于 72 小时通知,需要向监督机构说明延迟原因。

所以,对于个人数据控制者而言,当系统出现漏洞时,必须具有及时洞察和修复的能力,并且尽可能在最短的时间内恢复数据的可用性,避免损失的进一步扩大。也就是说,个人数据控制者必须是具备相应资质的企业或者政府机构,拥有维护个人数据安全的能力。同时,在发生了个人数据泄露的事故时,个人数据控制者必须及时通知监督机构,积极履行告知义务。

4. 对安全措施进行定期检测的义务

GDPR 要求个人数据控制者定期检测用于应对个人数据泄露风险的技术措施和组织措施。个人数据控制者制定了安全措施,不是一劳永逸的。信息技术在不断地发展,不法分子的攻击技术也是在不断提升的,只有定期对配置的安全措施进行检测,及时发现可能出现的新风险并积极应对,才能降低个人数据被非法利用的可能性。依照 GDPR 的规定,如果因为个人数据控制者没有定期对个人数据处理系统进行检测和风险评估,导致了个人数据的大量泄漏,那么该个人数据控制者明显对个人数据外泄的结果存在过错,将会承担相应的法律责任。

(二) 对 GDPR 中个人数据控制者安全保障义务设定的评析

GDPR 对个人数据安全保障义务的制度设计总体上来说是比较科学合理的,具有很强的可操作性。综合工艺水平、实施成本、处理过程的性质、范围、目的,以及自然人自由和权利所面对的不同可能性和严重性风险,GDPR 对个人数据控制者在处理数据前、处理数据时和处理数据后需要采取的技术措施和组织措施都提出了明确的要求。在个人数据被处理前,GDPR 要求个人数据控制者对个人数据进行匿名化和加密,在源头上为个人数据的安全设置了保护屏障;对个人数据处理系统和服务提出了四个标准,并且要求个人数据控制者在物理或者技术事故发生时具备及时处理事故的能力,在很大程

---

① 腾讯科技:《万豪旗下喜达屋酒店遭遇大规模数据入侵,5 亿房客信息被盗》,https://tech.qq.com/a/20181130/017271.htm.

度上避免了个人数据安全风险的产生；规定个人数据控制者必须定期对技术措施以及组织措施的有效性进行检测，确保处理过程的安全性。

四、GDPR 中个人数据控制者安全保障义务对我国的借鉴

（一）我国个人数据控制者安全保障义务现状简析

在我国，个人数据控制者主要包括为了商业目的收集个人数据的企业和为了社会公共利益收集个人数据的政府机构。这些主体的安全保障义务都是零散地分布在各个法律法规中，比如《民法总则》《网络安全法》《消费者权益保护法》《政府信息公开条例》《电子商务法》等。对于个人数据控制者安全保障义务的规定相对不成熟和不完善，主要问题如下：

1. 不同部门法之间缺乏有机衔接

迄今为止，我国的法律系统中对于个人数据控制者的安全保障义务的规定都散落于各个部门法之间，这就导致了不同的部门法各自为政，条文间相互重复、交叉甚至矛盾冲突，相互之间缺乏有机衔接。在个人数据保护的司法实践中，容易出现无法恰当地适用法律条文的困境，从而不能有效地保护个人数据安全，惩戒不法侵害个人数据的行为。虽然早在 2003 年我国就已经开始了个人信息保护法的立法研究，中国社科院法学研究所在周汉华研究员的带领下，历时两年完成了《中华人民共和国个人信息保护法（专家建议稿）及立法研究报告》①。此后也有许多学者对个人数据保护方面提出了建设性意见，但是截至目前，我国关于个人数据安全保障义务的法律规定仍然没有得到整合。

2. 个人数据安全法益的内涵尚不明确

在设置个人数据控制者的安全保障义务之前，应当首先明确个人数据安全法益的全部内涵，并且根据法益内涵的不同分别纳入不同的安全义务范围，实现分层保护。然而，我国现有的法律规范中对个人数据安全法益的内涵并没有统一、全面的认识，不同法律所保护的法益相互之间没有紧密的关联性。

3. 个人数据控制者安全保障义务内容模糊

相较于 GDPR 中对个人数据控制者安全保障义务的明确规定，我国的法律条文中并没有对个人数据控制者安全保障义务的具体内容加以设置，个人数据控制者安全保障义务内容模糊。个人数据控制者难以准确地判断自己在个人数据安全保护中需要承担什么样的义务，进而导致个人数据得不到很

---

① 李畅、梁潇：《互联网金融中个人信息的保护研究——对欧盟〈GDPR 条例〉的解读》，载《电子科技大学学报（社科版）》2019 年第 1 期。

好的保护，不利于遏制个人数据安全事故的发生。

（二）GDPR 经验对我国的启示

我国立法者可以借鉴 GDPR 的立法经验，集中为个人数据控制者设立特定的安全保障义务。首先，GDPR 根据个人数据的生命周期设定全流程安全保障义务，值得借鉴，比如，我国可以建立事前保障机制义务、定期检测数据处理系统的义务和提前设置应急处理措施的义务。其次，GDPR 对个人信息泄露等违法行为进行重罚，确保权利义务得以落实，也值得我国借鉴。我国在设置安全保障义务时，应当考虑义务的违反成本，避免其沦为摆设。

（三）我国个人数据控制者安全保障义务的完善

1. 加强不同部门法之间的有机衔接

不管我国是否可以迎来个人数据保护的专门立法，都需要对我国各个部门法的相关条款进行修订，加强不同部门法之间的有机衔接，避免在法律适用过程中出现不应有的矛盾和冲突。在部门法的修订中，需要注意的是要尽可能地理清各个部门法中的关于个人数据控制者安全保障义务的条款。通过对条文的系统分析，同时借鉴 GDPR 中法律框架的设置经验，确保各法律的立法目的与条文内容相匹配，加强横向的逻辑论证与有机衔接，在纵横两个方面构建个人数据控制者安全保障义务体系。

2. 对个人数据控制者分类设定安全保障义务

个人数据控制者主要是数据从业者和政府部门，不同控制者的地位、属性与能力不同，所以个人数据安全保障义务也应有所细分。尤其是个人数据从业者，可分为具有市场垄断地位和支配地位的企业、中小企业、初创企业等，为了确保自由竞争和有序竞争，在为他们确立一致的基本保障义务要求时，又可以区别设定一些浮动的安全保障义务要求，避免一刀切带来的不利后果。

3. 明确个人数据控制者安全保障义务的具体内容

在有关个人数据安全保护的司法实践中，因为法律条文的模糊性，导致司法工作者不能很好地适用法律去规制个人数据控制者的违法行为，个人数据安全保护工作的开展遭到了很大的阻碍。当然，由于法律的滞后性，不可能事无巨细地设计出永远适用的完美规定。在设定个人数据控制者安全保障义务内容的时候，应当明确一般性、典型的安全义务内容，正如 GDPR 在第 32 条中对个人数据控制者做出的规定那样，同时将那些难以明确、不便细化的具体义务隐含在法律原则里面，以确保法律条文的灵活性。

论政府收集个人信息的公法规制

——兼议新修《政府信息公开条例》

钱宇欣[*]

（重庆邮电大学网络空间安全与信息法学院，重庆 400065）

摘　要：步入信息化时代，政府收集个人信息的能力空前提高，为了行政效率的提高，政府往往采取各种手段收集处理公民个人信息。政府收集个人信息的行为涉及多方利益主体，且个人信息关系到公民的直接利益，收集行为一定程度上可以间接获利，这使得收集信息本身变成了一种实质权力。为防止权力滥用，维护公民切实利益，利用公法规制政府收集公民个人信息的行为便显得尤为关键。信息公开的前提便是收集信息，本文从政府收集个人信息的正当性基础入手，分析 2019 年 4 月 15 日新修订的《政府信息公开条例》，研究政府收集个人信息行为的手段方法，从而提出限制政府收集处理信息权力的公法规制路径，以保障公民个人信息权利。

关键词：政府信息主体；信息收集；公法规制

一、引言

现代行政体系下，行政权日益扩张、行政活动日益复杂，国家和政府不单单是超然的法律规则制定者和执行者，同时也是个人信息最大的收集、处理、储存和利用者[①]。齐爱民认为个人信息是指个人的姓名、性别、年龄、血型、健康状况、身高、人种、地址、头衔、职业、职务、学位、生日、特征等可以直接或间接识别个人的信息[②]。不难发现"可识别性"是各类个人信息既有概念中不可或缺的特征，所谓可识别指的就是个人信息和信息主体存在某一确定或者可能的客观上的联系。无论个人信息的内涵与外延如何发展变化，当前作为个人信息判断标准的"可识别性"慢慢地成为判定是否属于个人信息的关键因

---

*　作者简介：钱宇欣，重庆邮电大学网络空间安全与信息法学院硕士研究生。

①　张新宝：《从隐私到个人信息：利益再衡量的理论与制度安排》，载《中国法学》2015 年第 1 期。

②　齐爱民：《信息法原论》，武汉大学出版社 2010 年 11 月版，第 56 页。

素，识别是个人信息的实质要素①。单纯静态地分割地分析某一信息与某信息主体是否有联系已经显得过时，在大数据时代公民个人的某个独立行为可能并不会让计算机对该公民生成精确的"画像"，举例来说：某一次简单的手机订购外卖的行为可能难以确定某位公民的偏好和口味，但是当点餐次数足够多、数据较为精确的时候计算机系统便可以生成该用户的饮食习惯，从而使得该组信息转化为可以识别的信息，与信息主体产生关联。

此外有学者认为政府收集个人信息的行为理应归为具体行政行为，以这个角度来看收集行为应为公法所规制，本文不以为然。首先政府收集公民个人信息的行为事实上并没有产生、变更和消灭行政法律关系的效果，仅看信息收集行为本身并没有给公民带来具体权利的增损；其次行政行为呈现出单方意志性，而收集个人信息如果仅按照政府意愿而行，则会与现今大为倡导的公民"个人信息自决权②"相悖，因此它不是具体行政行为，仅为行政事实行为。但是从另一个角度出发，收集行为理应属于公法规制的范畴——新修订的《中华人民共和国政府信息公开条例》（以下简称《条例》）第二条指出：政府信息指的是行政机关在履行行政管理职能中制作或者获取的信息，由此亦可见政府收集和处理个人信息的行为是基于行政权力；且其目的应当为追求公共利益，公法的规制也应当伴随着公权力运行的整个过程，包括取得、行使、被监督一系列行为，利用公法规制政府的收集行为显得更为合适。

二、收集行为的正当性基础

国家收集公民个人信息作为一项国策历史悠久，为了实现中央集权巩固统治，充分详细的子民信息必不可少，《史记·萧相国世家》就记载："汉王所以具知天下阸塞，户口多少，强弱之处，民所疾苦者，以何具得秦图书也。"随着政府职能的扩张，社会事务日趋复杂，政府需要收集的信息数量和质量呈几何上涨。与此同时，计算机技术的迅猛发展为政府收集和处理个人信息提供了极大便利，各国政府也从秉承消极政府理论的时代逐步向积极政府过渡，主动收集并处理各种公民个人信息，行政效率不断提高。大量个人信息的汇聚产生了难以预估的商业价值，公民个人信息具有直接或间接的经济效益，姓名与数字等形成的可识别的个人信息已经变成一种所谓的"权力"，享有"权力"的最大主体便是政府，而非私法上的"个人"，当一个新型"权力"出现时，探讨其正当性就显得尤为重要。然而在社会实践和新闻报道中却出现

---

① 齐爱民：《个人信息保护法研究》，载《河北法学》2008 年第 4 期。

② "信息自决权（informational self—determination）"的概念肇始于德国，其本质在于保障公民可自我决定于何时以及在何种范围内对外公开生活事实，尤其是向政府披露个人信息的权利。

了诸如"口罩实名制[①]""避孕套实名制"、计生委未经病人许可私自进入病房拍摄分娩镜头等让群众哗然的信息收集行为,这些事件一定程度上反映了政府收集公民个人信息存在乱象且亟待解决,更深刻地揭示了该类事件背后公权力行使越位的本质。政府收集公民个人信息的行为同时也需要满足道德上的确信,非基于收集目的滥收集导致了公民个人信息权利与公权力发生冲突。

然而不得不承认的是,国家活动的开展无论其是否依赖行政权,都需要收集信息,掌握内外在各事物的状态,了解民情,诸多信息的汇聚是制定行政决策的事实依据。"国家在作决策时若没有充分的信息作为其基础,即如盲人瞎马,难以做出正确的决定。尤其在全球通信及网络发达后,信息的数量及流通速度均以倍数增长,其所带来的金融革命及信息革命,更引发无数新生事物的出现。"国家活动所需要的信息,一小部分来源于各部门机关相互提供,然绝大多数必须通过对公民进行私人调查而获得。所以说,政府收集和处理个人信息不得不贯穿于大多数的行政活动之中,以达到行政效率的最大化。

政府作为国家权威性的代表,所系责任和职责重大,维护着国家安全,社会稳定,保障着人民幸福安康。卢梭认为,政府是公共意志推选出的代理其行动的个体,在公意的指导和指引下发挥作用。如果公权力做出的行为不以公共利益为目的,那么该行为的正当性基础便荡然无存。政府个人信息的收集和利用其目的自身就是为了实现公共福祉,而且该福祉必须是真实的社会公共利益,不光产生社会公共利益,也要对被收集的信息主体自身具有价值[②],所以政府收集和处理个人信息时要时刻服务于公共利益和信息主体自身的价值,倘若背离这二者,则将失去其正当性。

三、政府收集个人信息的方式和手段

前文中提到政府收集和处理个人信息贯穿于大多数的行政活动之中,比如为了调查审批城市居民最低生活保障待遇的需要,各街道办或乡镇政府会采取走访入户、邻里询问、电话问询的方法核查低保户家庭的真实状况;又比如治安处罚调查中,需要对当事人依法传唤、询问,以保障不利行政行为做出的公平合理性。个人信息的准确收集一方面有利于行政主体开展行政活动,另一方面也极大地保障了行政相对人的合法权益。鉴于我国尚无专门法律

---

① 昆明下辖的安宁市工商局 2013 年 5 月下发通知,要求安宁范围内的口罩经营户自 5 月 21 日起,销售各类口罩须执行实名制购买登记。2013 年 5 月 25 日,安宁市工商局决定立即撤销《关于加强对各类口罩销售监管工作的通知》。

② 应亮亮:《政府信息收集行为下公民权利的维护》,载《南海法学》2018 年第 6 期。

法规对政府收集个人信息的行为加以规制，所以本文只能通过零散的法条规定初步总结出政府收集个人信息的方式和手段，主要有以下几种：

（一）行政调查

行政调查指的是行政主体为了实现一定的行政目的，依照其职权对行政相对人进行收集相关信息和证据的行政活动。本文认为，行政调查行为实践中也存在不产生或者变更相应的法律后果的情形，如地震损害调查评估等，此类事实行为层面上的行政调查同时也属本前文所言的政府收集信息的行为。行政调查过程中，行政机关常常会采用以下部分方法来了解或收集公民个人信息。①询问或者讯问，行政调查中所称的询问是指行政调查人员与行政相对人进行交谈，以获得第一手信息来源根据，例如《治安管理处罚法》规定，被公安机关所询问的行政相对人，有就其姓名、住所等与案件有关的个人信息应答义务。②调取书证、物证等证据材料，证据材料记录或者反映了行政主体想要获知的公民个人信息。③登记，是日常生活中较为常见的信息收集方式，如在早期的人口普查中，政府便是采用设立登记站的形式获取公民信息。④言词审理，言词审理包括正式言词审理和非正式言词审理，常见的例如听证则是一种正式的言词审理，政府通过听证等方式大量获取公民意见乃至公民个人信息。

（二）行政检查

行政检查与行政调查二者互有交集，相较于行政调查，行政检查体现出更为强烈的职权主义思想，二者确实存在一部分内涵和外延上的区别。本文认为某些时候行政检查可以作为行政调查的一种方式和手段出现。如《人民警察法》第九条则赋予了人民警察有盘查、检查有嫌疑的行政相对人的权力[1]。通过行政检查，政府能够充分有效地集公民个人信息。

（三）电子监控系统

我国的电子监控系统主要指的是天网监控系统，简称"天网"，遍布大街小巷的电子监控设备组成了监控网络。公安机关通过监控平台，可以 24 小时不间断监控城市主干道、主要辖区及各重点地区，能够有效消除治安隐患，一系列震惊全国的大案，如 2009 年成都"06·05 公交燃烧案"、2012 年周克华案件、2013 年厦门 BRT 公交爆炸案的侦查[2]，也时见天网监控的身影，当然公安机关也能从监控画面获取并收集到公民的行为信息。同时，日益成熟的人脸

---

[1]　《人民警察法》第九条规定"为维护社会治安秩序，公安机关的人民警察对有违法犯罪嫌疑的人员，经出示相应证件，可以当场盘问、检查"。

[2]　马静华、张潋瀚：《天网监控与刑事司法——以阶段性功能实证研究为视角》，载《中国刑警学院学报》2017 年第 2 期。

识别技术的加入使得监控行为变得愈发精确和高效,也对个人信息保护带来了巨大的挑战。

(四)向企业征用数据信息

新修《条例》第十条新增"谁制作谁公开,谁保存谁公开"的信息公开主体规定,实则上也确立了政府有权依法向各企业单位获取相关信息。法条规定行政机关最初从公民、法人和其他组织获取的政府信息由保存机关公开,实践中获取信息的对象一般是企业,且这里所指的企业,主要是计算机技术迅速发展背景下崛起的互联网企业,诚然政府作为信息收集主体收集、处理了大量的公民个人信息,但是互联网企业掌握的个人信息的数量之大是绝不能忽视的。企业在为用户提供信息的时候,难免要收集和使用用户信息,数量庞杂的 App 成为企业收集信息的媒介。中消协发布的《App 个人信息泄露情况调查报告》显示,被测评的 App 普遍存在涉嫌过度收集或使用用户个人信息的情况,且绝大多数 App 提供的隐私协议存在瑕疵[①]。信息收集主体收集个人信息的初衷当然是促进社会和自身发展、服务于民众,但其过度收集的行为实质上已经侵犯了用户的个人信息权益,企业自身掌握着公民的大量信息,倘若其保管不善抑或是信息系统存在漏洞,信息泄露等问题将如同"The Sword of Damocles"时刻高悬。

所以企业收集到的个人信息原则上不得转让、披露,更不允许出售,但是当这部分信息可能涉嫌犯罪、危害社会稳定和公共利益时,企业则有配合行政主体提供相关信息的义务。权利都不是绝对的,应当是有边界的相对自由,这一点在任何宪政文化下都很容易获得理解[②]。如《反恐怖主义法》则规定企业有义务协助公安机关打击网络犯罪,特别是打击恐怖活动的行为,所以如果公安机关希望获得互联网企业的信息协助,企业应承担相应的协助义务,当然行政主体征用企业收集到的信息也应基于法定程序,受到相应的法律约束,同时也要承担违法收集、过度收集、不必要收集带来的相关责任。

四、《条例》新修对政府收集行为和个人信息保护的影响

此次是《中华人民共和国政府信息公开条例》2017 年 6 月启动实施后迎来的首次大修,新《条例》由原先的 38 条增加到 56 条,解释和修正了原有规则并对部分章节进行了功能性的再次改造,对原有的理论逻辑和框架结构重新进行了优化。虽然《条例》是以"信息公开"为主体的,但信息公开的前提是信

---

① 中消协,中消协发布《App 个人信息泄露情况调查报告》[EB/OL].http://www.cqn.com.cn/pp/content/2018-08/29/content_6213791.htm,2018-08-29.最后访问时间 2019.6.1.

② 黄良林:《设区的市政府规章权利减损规范的设定》,载《地方立法研究》2018 年第 2 期。

息的收集和处理，离开了信息的收集和处理政府亦是无米难为炊，所以研究政府信息公开的公法规制能够有助于我们追本溯源，从而研究出《条例》新修对政府信息收集行为以及对个人信息权利保护的重要影响，为进一步提出政府收集个人信息行为的公法规制确立了立法和理论层面上的支撑。

（一）立法目的修改

原有《条例》中的第一条立法目的"促进依法行政"调整为了"建设法治政府"，这样的改动实则上是大为提升了立法高度和工作标杆，原先的依法行政仅仅作为一种行政工作的基本要求，而建设法治政府则提出了更高的价值要求，是社会文明和立法水平进步的显著标志。价值要求的高标准确立能够避免行政体系走向官僚式公共行政体系，公民未被告知自身所有的个人信息是如何被分析运用，且依其个人信息作出何种政策，政策会带来什么样的影响。基于此，政府控制并掌握个人信息并通过个人信息的整合而成的个人完整图像，即可操控公民的意志。[①] 这显然是我们不想也不愿看到的。法治政府的建设能够确切保障公民的各项基本权利的实现，限制政府权力在法治轨道上运行，实现公共福祉，这使得建设法治政府的思想与公民个人信息权利保护具有相同的发展方向。

（二）重新明确政府信息的概念，保障各主体监督政府信息公开工作的权利

新修订《条例》第二条明确了政府信息的概念，原《条例》中各方对"履行职责"理解不一，此次修改增加了行政管理作为定语，与原《条例》较为宽泛的规定相比大幅度限缩了政府信息的概念。《条例》第九条规定增加了公民、法人、其他组织享有对政府信息公开工作监督的权利。此次修改表明，政府所公开的信息内容是依法行使行政职权、履行行政职责而产生的，公开的目的之一是便于各界监督行政活动，提升行政工作的透明度，体现了行政机关高度的权责一致性。一方面，行政机关行使行政职权的时候应依据现有的法律依据，另一方面行政决定的执行不能违反现有法律，即确保法律优先。落实权责一致的要求能够全面提高依法行政水平，不断推进法治政府建设，这也与前文立法目的相呼应，确切保障了行政相对人的个人信息权利。

（三）确立了"公开为常态，不公开为例外"的原则，划分个人信息公开和不公开的界限

如果对个人信息保护缺乏明确的公法保护制度，未能在个人信息公开与不公开之间划清界限。一方面不利于个人信息的保护，而另一方面也会极大影响政府信息公开的进行。新的《条例》第十五条明确了诸如个人隐私会对

---

① 张娟：《个人信息的公法保护研究》，中国政法大学，2011 年第 100 页。

第三方合法权益造成损害的政府信息不得公开,同时也规定了第三方同意公开且不损害公共利益的可以公开,本文认为此规定可以视作对公民信息自决权的一种默认。信息自决定权的精髓在于公民对自我信息的控制和选择,自身信息如何使用的选择存在于自身内心,反映了公民作为信息主体对个人信息的支配权和自主权。

此外法条后半句还提到,"行政机关认为不公开会对公共利益造成重大影响的,予以公开",这实则上是比例原则在《条例》中的进一步确定,比例原则要求政府收集和处理个人信息的时候,在依法依宪行政的同时,也需要在行政自由裁量权的范围内,权衡各方利弊,合理保护个人信息权利,使得侵害公民权利的程度最小化,以上更是灵活行政的体现。

五、如何对政府收集个人信息的行为进行公法规制

个人信息权利是信息主体的一项基本权利,既会受到其他私主体的侵犯,也容易遭到公权力主体的侵犯,正如本文引言部分所述,对公权力主体滥用公权力的行为则需要通过公法来规制、预防以及事后救济。公法的功能在于界定公权力的范围,防止公权力滥用导致的私主体利益被侵犯,实现依法行政。对政府收集个人信息的公法规制实则上是对公权力进行限制,根本目的在于保障公民的个人信息权利。本文认为公法对政府收集个人信息行为的规制主要包括三个方面:一是受限于公法的约束,公权力能够避免滥用。二是政府收集个人信息时需要被设定相关保护公民个人信息的义务。三是为公民因政府收集行为不当带来损失提供公法层面上的救济和异议途径,并使得政府承担相应责任。

(一) 政府收集信息的工作必须以合法性原则为准则

新修订《条例》第五条还新增了合法性原则,在原有条例"公正、公平、便民"的原则基础上新增加"合法"二字,合法性原则是行政活动的基本准则,而对于行政主体收集个人信息的行为而言,因为政府收集行为可能会对信息主体造成潜在的影响,具有侵益可能性,在这种语境下合法性原则进一步说则是法无授权不可为,即法律保留原则。自德国"干涉行政"观点伊始,法律保留原则便作为一项基本的宪政原则逐步确定下来[1],法律保留原则适用于公权力主体的一切行政活动,自然包括政府收集个人信息等事实行为,法律授权是政府收集个人信息权力的正当性来源。当政府收集公民个人信息时,凡是无法被证实或不说明其收集活动有法有据,信息主体便有权拒绝提供信息,所以基于法律保留原则,政府收集公民个人信息的行为必须要有法律授

---

[1] 黄学贤:《行政法中的法律保留原则研究》,载《中国法学》2004 年第 5 期。

权,而不是基于单纯的行政命令或者规范性文件,后者将被认定为不具备合法性。

（二）政府需要给自身设立保护公民个人信息的公法义务

信息主体对自己的个体信息享有决定权已经是学界共识,但是每个个体是否有足够的能力判断自己的个人信息权利大小、判断自己的信息是否值得被收集以换取某些便利显然是存在质疑的。宪法层面上的信息自决权固然需要公法保障,但如果政府只是简单地将所有选择权都转给个体是不负责任的,在与公权力对抗中,信息主体显然处于劣势地位,收集行为发生时,公民个体所做出的选择往往并非符合其个人利益。这种意义上信息自决的权利便大打折扣了,所以说政府将选择权一味地丢给民众并没有完成自己保护个人信息权利的基本义务,在给予公民选择权的同时,政府还需要为自身设立相关保护公民个人信息权利的义务,原因主要有三个方面:①信息自决权作为一种应然层面上的宪法基本权利,本身就应受到国家保护,政府作为公权力主体在不侵犯的同时,还应该积极创造条件保障信息自决权的顺畅实现。②作为信息主体的公民个人没有足够的能力辨识个人信息权利与提供信息义务的顺位关系,精准地辨识需要公权力加以指导和保护。③公民个体与政府相较而言,处于劣势地位,严重实力不对等,为防止政府凭借其优势地位通过强行收集等行为欺压信息主体,有必要为其设立相关的保护义务。

（三）设立个人信息权利被侵害后的救济和异议途径,充分体现权责一致原则,合理使用国家赔偿

公民个人作为信息主体的地位与政府这类行政主体严重不对等,即使政府在收集行为中并未使用强制性手段,也会因为其自身优势地位限制信息主体的合法权益,从而限制公民个人信息权利,甚至使得公民的正当权利受到侵害。如公民因为收集行为遭受到侵害,现有立法下缺乏相应的异议和救济途径。新《条例》沿袭原条例中关于公民、法人认为政府公开工作侵犯其合法权益的相关救济规定,必要时候甚至可以提起行政复议或者行政诉讼。所以,本文认为,当政府收集个人信息时存在违法事实侵犯公民个人信息权利的时候,应立法保障公民提出异议的权利——如允许公民个体提出行政复议以及行政诉讼,确保公民有救济途径。

当政府收集信息给公民个体带来人身和财产损害时候,受害人将享有获得赔偿的权利,相关行政主体同时也有提供赔偿的义务。政府收集个人信息的行为实际上是事实行为,所以在判断是否需要赔偿的方法上应采取过错原则,不光要看政府行为是否违反了法律,同时也要确定政府自身是否有过错,如有过错则需要承担赔偿义务,同时相关行政主体需切实担责,充分体现权责一致原则,实现公民信息权利真正的自决。科学有效的国家赔偿制度不仅

有利于限制公权力、保障私主体权利,而且能兼顾公平效率,还可以推进权力运行机制的改革和完善,进而推进依法治国总体目标的实现。

六、结语

政府收集个人信息的行为一方面是基于现代行政的考虑,有利于提高行政效率,促进社会进步和国家发展;另一方面却极有可能对公民权利产生侵害,造成公权力的滥用。现有立法对政府收集个人信息的行为缺乏规范,信息公开是以收集和处理为前提的,此次《条例》的大范围修订为规制政府收集个人信息的行为提供了思路。政府和国家不能将信息自决的权利一味地加之于公民身上,政府自身亦有保护公民个人信息的义务。此外,通过对政府收集行为异议和救济途径的设立,可以建立起个人信息事后救济制度,保障公民个人信息权利,切实有效地规范政府信息收集活动。

论用户画像中的个人信息风险与法律保护*

郑　驰**

（重庆邮电大学网络空间安全与信息法学院，重庆 400065）

摘　要：在大数据环境下，个人信息技术中的用户画像挖掘了数据价值，
　　　　同时也带来多重风险，包括数字化圆形监狱下隐私透明化、过滤
　　　　泡沫下信息同质化、工具理性下尺度偏差化。在用户画像技术风
　　　　险下，保护个人信息需要完善权利义务配置、优化告知同意规则、
　　　　采取法律与技术二元治理的路径平衡各方利益。

关键词：用户画像；个人信息；技术风险；法律保护

一、用户画像概述

（一）概念

信息技术的飞速发展推动了大数据时代的到来，大数据技术逐渐影响着
社会生活各方面。在此环境下创造价值的来源，是以个人信息为首的海量信
息[1]，用户画像是大数据技术与个人信息结合的典型代表。全国信息安全标
准化技术委员会发布的《信息安全技术　个人信息安全规范》中从个人信息利
用过程的角度界定了用户画像的概念。[2]　而就个人信息技术的角度而言，用
户画像是指，利用一系列与用户相关的信息来勾勒描述用户[3]、建立真实用户
的虚拟化模型。从用户相关信息的处理程度来看，可分为两类，一类是未经

＊　本文系重庆市研究生科研创新项目"电信运营商网络安全法律合规研究"（CYS19259）的阶段性成
　　果。
＊＊　　作者简介：郑驰，重庆邮电大学网络空间安全与信息法学院硕士研究生。
①　参见范为：《大数据时代个人信息保护的路径重构》，载《环球法律评论》2016 年第 5 期。
②　《信息安全技术个人信息安全规范》（GB/T 35273—2017）定义用户画像为：通过收集、汇聚、分析
　　个人信息，对某特定自然人个人特征，如其职业、经济、健康、教育、个人喜好、信用、行为等方面做
　　出分析或预测，形成其个人特征模型的过程。
③　参见 CUFOGLU A：User profiling：a short review，载 International Journal of Computer
　　Applications2014 年第 3 期。

处理的信息,一类是标签化后的信息。标签通常为人为规定的特征标识。①
比如出生年份为 1981 年、2001 年的用户,分别给予 80 后、00 后的标签。从信
息的来源来看,收集用户信息的方式有两种,一种是显性收集,一种是隐性收
集。显性收集指用户主动提供信息,比如用户在完善某网页个人资料时,自
行选择或是填写性别、兴趣等用户相关信息②,隐性收集为系统自动收集的用
户使用软件、浏览网页时产生的交互信息,如浏览历史等。③ 收集用户信息
后,基于画像的目的,深入分析信息,制定标签体系,进而构建用户画像。④ 构
建用户画像的维度多样,有如基于用户行为的画像、兴趣偏好的画像、人格与
情绪的画像等。⑤ 作为大数据时代的个人信息技术,用户画像建立真实用户
的虚拟化模型,并被用于个性化服务、个人征信等多个领域,一方面开发了信
息价值,释放了数据红利,另一方面对个人信息安全构成了一定的威胁。

(二)特点

1. 技术性

用户画像是运用技术手段使用个人信息的典例,与传统使用行为相比,
用户画像的过程更具技术性,涵盖专业性与不透明性。传统使用个人信息的
行为有如:公司培训员工加入 QQ 群进行信息交换,非法获取或者提供公民个
人信息,利用公民个人信息拨打电话推销公司业务。⑥ 这种使用不具有技术
上的专业性,更多体现的是组织性。而用户画像涉及算法、建模等信息技术
专业知识,通过分析用户人口学特征、网络浏览内容、网络社交活动和消费行
为等信息,抽象出一个标签化的用户模型,过程如图 1 所示。以用户浏览新闻
进行用户画像为例:画像的目的是了解用户的兴趣,推送相关新闻。首先以
隐性收集方式收集用户的行为数据,用户浏览过新闻"玩手机超 5 小时会增加
43%肥胖风险"⑦"德国拟用 AI 打击网络儿童色情犯罪,尽快解救受害人"⑧。
然后进行内容建模,构建标签体系。标签体系一般是层次化的,对于上述新
闻,健康、科技是其类别,"健康""科技"标签可以表示用户兴趣,作为粗粒度

---

① 参见马海平于俊、吕昕、向海:《Spark 机器学习进阶实战》,机械工业出版社 2018 年 9 月版,第 145
页。
② 例如百度个人资料的完善:https://zhidao.baidu.com/ihome/set/profile。
③ 参见 CUFOGLU A:《User profiling: a short review》,载《International Journal of Computer
Applications》2014 年第 3 期。
④ 参见马海平、于俊、吕昕、向海:《Spark 机器学习进阶实战》,机械工业出版社 2018 年 9 月版,第
145 页。
⑤ 参见刘海鸥、孙晶晶、苏妍嫄、张亚明:《国内外用户画像研究综述》,载《情报理论与实践》2018 年
第 11 期。
⑥ 汪启权殷锐等侵犯公民个人信息罪—审刑事判决书(2018)渝 0103 刑初 111 号。
⑦ 新闻网址为:https://jiankang.163.com/19/0805/06/ELPVS82N00388051.html。
⑧ 新闻网址为:https://tech.163.com/19/0806/16/ELTK7VR200097U81.html。

的标签，"肥胖""AI"，这些关键词作为细粒度标签，再确定一个有准确度及泛化能力的中间粒度的标签，即主题内容"打击犯罪""玩手机危害"。于是便形成了"类别（健康、科技）、主题（打击犯罪、玩手机危害）、关键词（肥胖、AI）"的三层标签体系。其中进行类别标签建模可能用到 SVM、LR 等算法，进行主题标签建模可能用到 LDA 等算法，进行关键词标签建模可能用到专门识别等算法。最后以构建的标签体系为基础建立用户画像。① 过程如图 2 所示。可见用户画像涉及信息技术知识，具有专业性；此外部分算法往往是企业的"商业秘密"，受法律保护②，具有不透明性，人们无法解读它，进而无法判断损害是否由其造成。其不透明性和专业性，将它与传统使用个人信息的行为区分开，为人们识别理解其中的技术含义、确立制约标准设立了障碍。

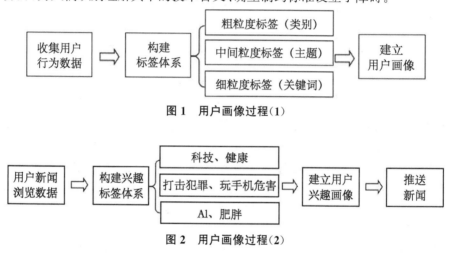

图 1　用户画像过程（1）

图 2　用户画像过程（2）

2. 个体性

在现代化的进程中，人们生活的轴线被重新分配。个体化渐渐以不同形式出现在社会各个领域。在较高的物质生活保障下，传统的阶级纽带逐渐褪色，人们开始关注自身，并且让自己成为规划和引导生活的中心，无论是财富、时间，还是生活空间、生活方式，人们对自行培育生活视野的意识越来越强。③ 而科学技术的进步，促成了个体愿望与商业经济、社会的联结。用户画像正是技术进步的产物，其创造了各个用户独特的虚拟化模型，与推荐系统结合之后，可见的结果是推送内容能够满足个体的喜好，每个用户都能拥有

---

① 参见马海平、于俊、吕昕、向海：《Spark 机器学习进阶实战》，机械工业出版社 2018 年 9 月版，第 152 页。

② 参见郑戈：《算法的法律与法律的算法》，载《中国法律评论》2018 年第 2 期。

③ 参见［德］乌尔里希·贝克：《风险社会：新的现代性之路》，张文杰、何博闻译，译林出版社 2018 年 12 月版，第 102 页，110 页。

独占性的消费类型,进而促进个体消费可能性的增长。大规模技术创新的同时,经济的繁荣似乎也是必然的结果。从一方面来看,人们把用户画像看作有待利用的事物,用以为满足需求的目的服务;但从另一方面看,随着人们和参与构造人们认同的用户画像互相起作用,两者的关系慢慢有所调整,不再单纯是工具与使用者,人们的习惯、特性会有所改变,个体的喜好逐渐被技术勾勒、引导。用户画像进一步使网络行为成为私人化、个体化的模式。正如Marshall McLuhan 所言,我们不能够逃脱出新技术的怀抱,除非我们脱离开了所处的社会,当我们持续不断地欣然接受这些新出现的技术,必然会使得自己成为某种伺服机构与新技术联系在一起。①

二、用户画像中的个人信息风险

(一)告知同意规则陷入困境

1. 相关立法

为应对数字技术经济发展带来的个人信息安全隐患,《网络安全法》第41条强调了网络运营者收集、使用个人信息的规则,在保证合法、正当、必要的原则下,必须遵循告知同意的规则②,《消费者权益保护法》第 29 条则从消费者信息的角度强调了上述规则。③《电子商务法》第 18 条对电子商务经营者利用用户画像提供搜索结果的行为进行了规制,要求搜索结果中同时包含非针对消费者个人特征的选项,以此保护消费者的自主选择权。④ 由此可见,在我国法律框架下,在使用个人信息进行用户画像时,应该经过被收集者同意。电子商务经营者需要提供非针对性结果保障消费者的自主选择权。立法以这种告知同意规则平衡个人信息所涉各方主体的利益。这一规则的缘由包

---

① [英]齐格蒙特·鲍曼、蒂姆·梅:《社会学之思》,李康译,社会科学文献出版社 2010 年 7 月版,第152 页。

② 《中华人民共和国网络安全法》第四十一条:网络运营者收集、使用个人信息,应当遵循合法、正当、必要的原则,公开收集、使用规则,明示收集、使用信息的目的、方式和范围,并经被收集者同意。

③ 《中华人民共和国消费者权益保护法》第二十九条:经营者收集、使用消费者个人信息,应当遵循合法、正当、必要的原则,明示收集、使用信息的目的、方式和范围,并经消费者同意。经营者收集、使用消费者个人信息,应当公开其收集、使用规则,不得违反法律、法规的规定和双方的约定收集、使用信息。经营者及其工作人员对收集的消费者个人信息必须严格保密,不得泄露、出售或者非法向他人提供。经营者应当采取技术措施和其他必要措施,确保信息安全,防止消费者个人信息泄露、丢失。在发生或者可能发生信息泄露、丢失的情况时,应当立即采取补救措施。经营者未经消费者同意或者请求,或者消费者明确表示拒绝的,不得向其发送商业性信息。

④ 《中华人民共和国电子商务法》第十八条:电子商务经营者根据消费者的兴趣爱好、消费习惯等特征向其提供商品或者服务的搜索结果的,应当同时向该消费者提供不针对其个人特征的选项,尊重和平等保护消费者合法权益。

括信息不对称理论、人格属性理论[①]、信息自决权理论[②]。信息主体的同意，在这些理论下，都应该具备出于自由意志、能为真正选择的要素[③]，否则，告知同意中的同意便无保障信息主体利益的功能。

2. 用户协议缺陷

在实践中，个人信息控制者一般通过与信息主体订立用户协议，以落实告知同意规则，合法收集使用个人信息。但用户协议存在缺陷，理论上的告知同意规则在实践中运行存在困境。

第一，用户协议条款冗长复杂，有限理性人难以做最优决策。在大数据环境下个人信息安全高度复杂，为达到"明示"的要求，协议内容冗长，用户画像占据的内容有限。作为有限理性人的用户，对环境、协议内容认识有限[④]。用户难以在冗长协议中了解用户画像的影响。此外，我国网民以中等教育水平群体为主[⑤]，面对复杂的协议，信息主体很可能未完全理解相关条款即点击同意，理性在用户同意中并未发挥作用。

第二，用户协议存在数量困境。在互联网时代，有众多移动应用可供用户选择。截至 2019 年 2 月，我国市场上监测到的移动应用程序在架数量为 449 万款[⑥]，至 2019 年二季度，移动网民人均安装 App 总量为 56 款[⑦]，用户在这个时代，需要使用各种应用获得便捷服务，每个应用至少提供一份用户协议。理性用户没有时间、精力阅读众多协议，对内容缺乏了解即点击同意，数量困境下的同意具有瑕疵。

第三，用户协议存在捆绑化困境。部分应用提供的用户协议存在"一揽子协议"的情况，捆绑与核心业务无关的条款。对于此类协议，用户只能全盘接受，或者全盘拒绝[⑧]，用户如果拒绝授权，将无法使用应用。以新浪微博 App 为例，新浪微博 App 的核心业务是为用户提供信息交流的社交平台，而

[①] 杜换涛：《论个人信息的合法收集——〈民法总则〉第 111 条的规则展开》，载《河北法学》2018 年第 10 期。

[②] 王利明：《论个人信息权的法律保护——以个人信息权与隐私权的界分为中心》，载《现代法学》2013 年第 4 期。信息自决权指"个人依照法律控制自己的个人信息并决定是否被收集和利用的权利"。

[③] 杜换涛：《论个人信息的合法收集——〈民法总则〉第 111 条的规则展开》，载《河北法学》2018 年第 10 期。

[④] 吴泓：《信赖理念下的个人信息使用与保护》，载《华东政法大学学报》2018 年第 1 期。

[⑤] 第 43 次《中国互联网络发展状况统计报告》。

[⑥] 第 43 次《中国互联网络发展状况统计报告》。

[⑦] 极光（Aurora Mobile，NASDAQ:JG）发布《2019 年 Q2 移动互联网行业数据研究报告》https://www.jiguang.cn/reports/402。

[⑧] 《个人信息安全规范草案：用户应有权拒绝个性化推送》https://tech.sina.com.cn/i/2019-02-02/doc-ihqfskcp2536175.shtml。

新浪《微博个人信息保护政策》个人信息的收集规定包含无关条款,如:用户已知悉并同意,在现行法律法规允许的范围内,微博可能会将你非敏感的个人信息用于市场营销,使用方式包括但不限于:向你通告或推荐微博的服务或产品信息,以及其他此类根据你使用微博服务或产品的情况所认为你可能会感兴趣的信息等。[①] "通告""推荐"背后涉及对用户有风险的用户画像等个人信息处理技术在协议中只字未提,而"市场营销"实际并不是用户必须授权同意微博处理个人信息的理由,用户只为社交买单。在注册时用户必须同意该协议,否则图标为灰色,无法进行下一步操作。应用采取这种方式,强制收集、使用信息主体的个人信息,用户难以真正选择。由此,欠妥的用户协议使告知同意规则陷入困境。

(二) 不合理画像,侵犯用户权益

1. 数字化圆形监狱下隐私透明化

用户画像使得个体处于数字化圆形监狱,隐私趋于透明。圆形监狱的概念由功利主义代表人物边沁提出,其特点是圆形构造造成的全方位监视以及明暗设计对囚犯心理的暗示。监狱长在监狱中心的眺望塔上能够看到外围一圈囚禁室内每个囚犯的一举一动,而处在光亮中的囚犯却无法得知黑暗的眺望塔中是否有人监视。这种不可确认的状况使得囚犯随时保持警惕心,不触犯戒律,如同处于无休止的监视之下。而大数据时代的来临、机器学习的发展,使人们身处于一座数字化圆形监狱之中。[②] 首先,隐性收集个人信息的技术在眺望塔的百叶窗之后,记录个体的行为轨迹,悄悄监视,而个体却没有圆形监狱中囚徒的警惕性,不经意展露的信息悄然成为技术收集个人隐私的养分。其次,以个人信息等数据为养料的大数据技术,除了永续监控,还能永续学习,通过与实践的反复训练,使人们的隐私透明化。以用户画像为例,即使A用户的某项个人信息缺少,也可以通过调用模型训练其他个人信息完整、行为与A相似的用户的数据,形成标签,进而推测A用户的个人信息,准确度在一定条件下可以达到70%。[③] 采取这类标签扩散模型进行个人隐私的推测具有可能性,再结合不易察觉的隐性收集个人隐私,个体逐渐处于完全的光亮之中,隐私有透明化的趋势。

2. 过滤泡沫下信息同质化

用户画像与推荐算法结合,过滤相反观点,创建同质化信息泡沫空间,阻碍个体多样性发展。这种结合通过刻画多维度用户画像,形成更符合用户偏

---

① 《微博个人信息保护政策(修订版)》https://weibo.com/signup/v5/privacy。
② 徐晓露:《"圆形监狱":大数据时代的隐忧》,载《青年记者》2014年第1期。
③ 马海平、于俊、吕昕、向海:《Spark机器学习进阶实战》,机械工业出版社2018年9月版,第151页。

好的个性化推荐服务，能够为企业带来显著的商业价值。Netflix 于 2006 年举办旨在提高该公司 Cinematch 系统推荐准确率的大奖赛后，服务模式很快从美国范围内的 DVD 租赁服务转型为国际范围的互联网流媒体视频订阅服务。① 但同时，这种结合过滤掉了相反的见解、知识，只让与自己意识形态相同的信息呈现出来，信息走向同质化，阻碍个体多样性的发展。正如埃利·帕雷瑟在《过滤泡沫》一书中的忧虑，像谷歌类的搜索引擎提供的信息也逐渐个性化，它创造独一无二的信息世界给用户。这将限制人们获取信息的方式和渠道，人们对于文化、新闻的视野越发狭窄，最后的结果是，人们的日常生活以及政治观点将受到不良影响。② 有同样担忧的还有凯斯·桑斯坦，他在《信息乌托邦：众人如何生产知识》一书中提及"信息茧房"。③ 在信息茧房中，人们只听那些自己选择和能够愉悦自己的东西，这可能是一个温暖、友好的地方，但这是有代价的，他们无法周全考虑，对自己已有的意见确信不疑，沉迷于自己的茧房，放弃广泛分散的有益的新知识。因此，在不够成熟的用户画像构建与过滤泡沫的共同作用下，用户获取的信息内容更加单一，不仅有局限用户视野的风险，甚至可能加剧思想的僵化、意见的极端化，在人与人之间拉开信息异质化的鸿沟。

3. 工具理性下尺度偏差化

在 P2P 借贷等互联网金融发展的推动下，对用户进行个人信用画像成为一项关键需求，用以实现企业利润最大化。然而在以用户画像为工具，检测借贷等行为是否合理时，趋向仅以工具判断结果为尺度，片面强调工具的有用性、确定性，忽视用户的话语权与主体地位，尺度有偏差化倾向。以芝麻信用为例，它能够分析淘宝、支付宝等的交易情况，从用户信用历史、身份特质、行为偏好、履约能力、人脉关系五个维度对个人信用进行画像，得出个人信用综合分。④ 该分数直接影响蚂蚁金服产品对用户的贷款额度，租房、住宿等的优惠。⑤ 随着 2018 年 2 月 22 日中国人民银行发布"设立经营个人征信业务的机构许可信息公示表"⑥，国内首个个人征信机构设立，获得许可证的百行

① ［美］弗朗西斯科·里奇、利奥·罗卡其、布拉哈·夏皮拉：《推荐系统：技术、评估及高效算法》，李艳民、吴宾等译，机械工业出版社 2018 年 7 月版，第 250 页。
② Eli Pariser. The Filter Bubble：What the Internet is Hiding from You. The Penguin Press，2011：9.
③ ［美］凯斯·R·桑坦斯：《信息乌托邦：众人如何生产知识》，毕竞悦译，法律出版社 2008 年 10 月版，第 7 页。
④ 芝麻信用官网个人信用页面：http://www.xin.xin/#/detail/1-2-0。
⑤ 芝麻信用官网信用借还页面：http://www.xin.xin/#/detail/1-0。
⑥ 《中国人民银行设立经营个人征信业务的机构许可信息公示表》，http://www.pbc.gov.cn/rmyh/105208/3485339/index.html。

征信有限公司能够整合芝麻信用管理公司、腾讯征信有限公司等 8 家公司的用户个人信息,从各个角度为上亿用户的信用画像,这意味着作为工具的用户画像结果对个人生活将更具影响。然而信用画像的主要评级要素、占比权重均未公开、不透明,某一个要素的调整都可能使部分用户无法获得贷款或是其他生活服务,背后折射出技术运行过程的隐蔽性、用户知情权的缺失以及工具对个体的深度影响。如何评定用户信用画像中相关算法的正当性,如何分配各要素的权重,对这些能够直接决定用户有无相关资格、影响用户权益的技术工具,用户却没有话语权。用户画像工具专业性特点导致的不平衡的局面中,用户权益有受损的风险,譬如大数据杀熟对平等权的挑战,算法偏差影响比赛结果的公正性[①],古希腊哲学家普罗泰戈拉曾说,"人是万物的尺度"[②],而当用户缺少知情权、话语权时,技术工具恐将成为人的尺度。

三、个人信息法律保护措施

(一)完善用户画像权利义务配置

我国关于个人信息保护的法律法规,主要集中在《网络安全法》第四章,以及《工信部电信和互联网用户个人信息保护规定》等行政法规中,在现有法律法规中,对于用户画像相关权利义务内容,缺少更细化的规定。然而信息不对称、经济实力的差距使用户处于相对弱势的地位。面对个人信息所蕴藏的经济价值,资本的逐利性将进一步使用户权益受到威胁。为防止各方主体地位不平衡的加剧,我国可以借鉴欧盟国家对个人信息进行较为严格的保护。

在欧盟的立法或指令中,个人信息被赋予为人格权的地位,上升到基本权利的高度,企业在个人信息上的活动空间受到限制。[③] 在 2016 年生效,2018 年开始适用的欧盟《一般数据保护条例》针对用户画像有更加严格、具体的要求,围绕个人信息保护配置了一系列权利义务内容。《一般数据保护条例》以自动化处理定义画像。在数据控制者关于画像的义务方面,如果存在自动化决策的情况(包括画像),那么数据控制者在收集数据主体个人信息时,不仅需要提供数据控制者的身份、处理个人信息的目的、存储期限、数据主体享有的权利等,还需要提供画像等自动化决策的逻辑程序、预期后果与意义,以此保证处理的合理性、透明性。对于可能对自然人产生重大影响的

---

① 2016 年由人工智能担任评委的 Beauty.AI 2.0 国际选美比赛的获奖者大多为白人面孔,因为训练数据并未包含足够多的非白人面孔。转引自郑志峰:《人工智能时代的隐私保护》,载《法律科学(西北政法大学学报)》2019 年第 2 期。

② 北大哲学系外国哲学史教研室编译:《西方哲学原著选读(上卷)》,商务印书馆 1981 年 6 月版,第 54 页。

③ 龙卫球:《数据新型财产权构建及其体系研究》,载《政法论坛》2017 年第 4 期。

画像等个人信息的处理,数据控制者必须在处理前评估这种处理对个人信息保护的影响。在数据主体关于画像的权利配置上,如果个人信息正在被处理,那么数据主体有权访问其个人信息以及画像等自动化决策的逻辑程序、预期后果与意义;数据主体有权随时拒绝为了直接营销目的而进行的用户画像等个人信息处理;有权随时拒绝为了公共利益或者第三方利益而对其进行的用户画像。对于由画像等自动化处理产生的,对数据主体由严重影响的决策,数据主体有权拒绝,除非(a)这种决策对于订立合同是必须的,或者是(b)被相关法律授权的,或者是(c)基于数据主体明确同意,在(a)(c)情况下,数据控制者应当采取措施,保证数据主体有一定的人为干预权,以便其能表达对决策的异议等观点。此外,欧盟数据保护委员会发布基于画像的决策的标准与条件,以确保《一般数据保护条例》的一致性适用。①

具体到我国,可以在立法上确立用户画像中个人信息控制者的义务、个人信息主体的权利。个人信息控制者的义务包括:第一,明示用户画像逻辑程序、预期后果的义务,如用户画像使用的训练数据、模型;第二,用户画像前风险评估义务,如进行个人信用画像前,对用户画像技术的风险评估。个人信息主体的权利包括:第一,随时访问对自己进行的用户画像的逻辑程序与预期后果的权利;第二,拒绝某些用户画像的权利,比如拒绝用于推送商业广告的用户画像;第三,对用户画像的异议权,当画像结果对用户有严重影响时,用户有提出异议的权利。

(二) 优化告知同意规则

告知同意规则是指,信息控制者需要公开、明示收集、使用个人信息的目的、方式等,并且取得信息主体得同意,在此基础上收集、使用个人信息。我国在立法上确认信息主体的同意是信息控制者收集、使用个人信息的前提,从而将同意一般化以保障信息主体的控制。但告知同意规则存在的上述困境,一方面为信息控制者利用个人信息设限,另一方面未能实现保障信息主体控制的目标。而在美国与欧盟的个人信息保护中,并未将信息主体的同意置于如此高的位置。在美国的个人信息保护制度中,个人对信息的控制受到一定约束,在美国关于个人信息保护的立法上有所体现,目前美国法上并没有明文规定收集个人信息必须经过信息主体的同意,如在联邦层面的立法,严格限制个人同意的范围②;在州立法层面,2018 年 7 月加利福尼亚州通过的《2018 加州消费者隐私权法》规定收集消费者个人信息的企业应在收集前或

---

① General Data Protection Regulation,Article4,13,35,15,21,22,70。
② 高富平:《个人信息保护:从个人控制到社会控制》,载《法学研究》2018 年第 3 期。

收集时告知消费者[①],并未规定须取得消费者的同意。[②] 在欧盟《一般数据保护条例》中,数据主体的同意只是处理个人数据的六个合法性来源之一,其他五个条件为个人信息的使用保留了空间,此外数据留存有三种情况:基于原始收集目的,完全匿名后,基于统计目的且符合成员国规定的保障措施条件,也为个人信息的使用保留了路径。

个人信息具有的自主价值、使用价值使其所涉主体、利益更加多元,需要平衡用户保护个人信息的利益以及信息业者利用个人信息的利益,以谋求安全与发展。[③] 在优化告知同意规则路径层面,可以采取设立相关行业标准、国家标准,推动行业自律的方式,以使信息控制者在内部进行有效探索,进而解决信息控制者内部治理机制脱节于外部法律要求的问题。在优化告知同意规则的方式上,对于告知内容,除了对收集信息种类的告知,还可告知使用个人信息的场景、处理个人信息对用户权益的影响大小。如收集浏览记录用于用户画像以及商品推荐,拒绝收集将无法获取个性化推荐服务。告知的形式可以是增强式告知,比如将重点内容摘要放在用户协议之首,或是采取不同颜色标记、配图等方式增强告知效果。[④] 对于同意,赋予用户更多自主选择权,区分开核心业务与非核心业务需要收集的个人信息,用户分项同意,获得相应的服务[⑤];在明显位置,设置可撤回同意的权限。以此提升信息主体话语权,实现"人是目的"的合理期待,帮助信息控制者了解市场的真正需求,提高数字化生存能力。

(三)二元治理规制技术

网络技术的发展正在影响社会治理模式。用户画像技术涉及的利益方反映了技术进步中的力量博弈,政府的公权力、企业的技术优势、用户的消费力。企业创新技术,政府使技术决策正当化,尽量降低技术带来的负面影响。[⑥] 技术力量塑造未来的能力有目共睹,而伴随而生的黑箱问题、专业化壁垒不免使人忧虑,公权力创设的制度可能存在灰色地带,信息来源只是技术专家决策桌上的碎片。此外由于在网络社会中,权力走向分散化以及扁平化[⑦],监管错综复杂。因此可以采取从法律治理到法律与技术二元治理的路

---

① 何波:《2018 加州消费者隐私权法简介与评析》,载《中国电信业》2018 年第 7 期。
② California Consumer Privacy Act of 2018. https://oag.ca.gov/system/files/initiatives/pdfs/17-0039%20%28Consumer%20Privacy%20V2%29.pdf.
③ 张新宝:《从隐私到个人信息:利益再衡量的理论与制度安排》,载《中国法学》2015 年第 3 期。
④ 洪延青:《网络运营者隐私条款的多角色平衡和创新》,载《中国信息安全》2017 年第 9 期。
⑤ 《信息安全技术个人信息安全规范》(GB/T 35273—2017)》。
⑥ [德]乌尔里希·贝克:《风险社会:新的现代性之路》,张文杰、何博闻译,译林出版社 2018 年 12 月版,第 273 页。
⑦ 郑智航:《网络社会法律治理与技术治理的二元共治》,载《中国法学》2018 年第 2 期。

径转变①,在法律引导之下推动技术治理,用法律的价值指引技术的发展。

对于用户画像这类使用个人信息、与个人密切相关的技术,在法律制度层面,出台《个人信息保护法》,借鉴《一般数据保护条例》,对用户个人敏感信息、未成年个人信息予以特别保护,为使用此类个人信息进行用户画像等活动设置严格条件。此外,完善侵犯个人信息的责任制度,与《消费者权益保护法》《网络安全法》《刑法》《电子商务法》相关条文衔接。在技术治理层面,激励社会各方主体参与,提高技术透明度。技术治理包括企业内的治理以及行业的治理。在企业内部,设置有专业背景的个人信息技术监督人员,对企业处理个人信息技术进行批评监督,实现内部的透明化。"批判意味着进步",当技术反对技术的时候,由人类塑造的未来才能得到外部世界的理解和评估。② 在行业组织内,确立技术透明的原则,降低算法黑箱带来的副作用。对于用户画像技术,鼓励适度公开画像维度、要素以及算法,如个人信用画像涉及的履约历史等评级要素内容、权重、算法。此外鼓励企业提供服务时,对来源于用户画像的服务进行特殊标注,并允许用户知晓自己的画像、调整画像特征。③ 通过自治与秩序的结合,提高技术的合理性、透明度、安全性。

四、结语

亚里士多德这样理解法律与其他事物的关系,"要使事物合于正义(公平),须有毫无偏私的权衡;法律恰恰正是这样一个中道的权衡"④。要使技术走向合乎正义,需要法律介入调整各种关系。在发展用户画像等个人信息技术时,要合理评估技术自身的风险,采取软法硬法结合、多主体参与的方式激励技术进步;与此同时,也要保障个人权益,维护人自身的尊严与发展。

---

① 洪延青:《网络运营者隐私条款的多角色平衡和创新》,载《中国信息安全》2017年第9期。

② 前引[德]乌尔里希·贝克:《风险社会:新的现代性之路》,张文杰、何博闻译,译林出版社2018年12月版,第234页。

③ 《用户能查看、修改Twitter平时根据用户的行为标记出来的用户兴趣爱好》。https://tech.sina.com.cn/roll/2018-06-16/doc-ihcyszsa0972095.shtml。

④ [古希腊]亚里士多德:《政治学》,吴寿彭译,商务印书1983年3月版,第169页。